SHUIGONG DABA YU DIJI
Moxing Shiyan ji Gongcheng Yingyong

水工大坝与地基
模型试验及工程应用

张　林　陈建叶◎主编

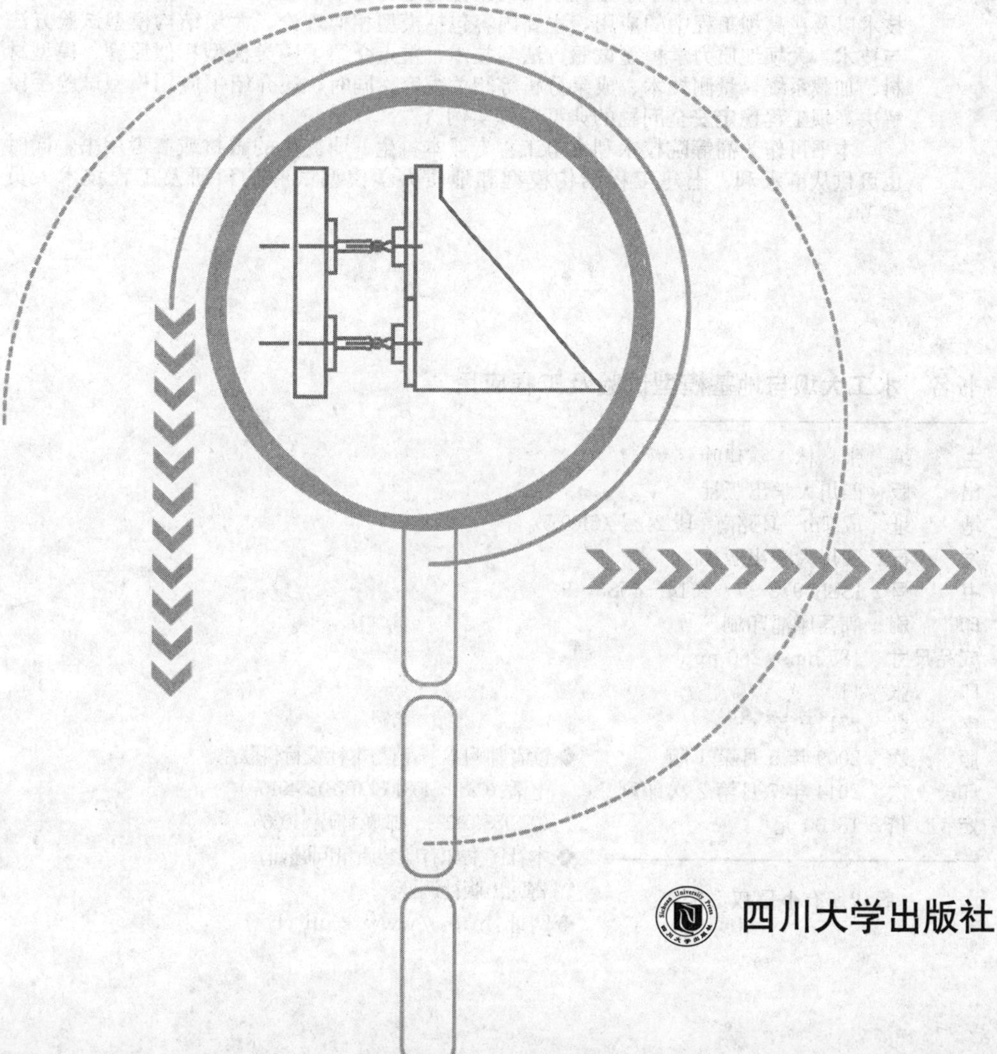

四川大学出版社

责任编辑：毕　潜
责任校对：段悟吾
封面设计：墨创文化
责任印制：王　炜

图书在版编目(CIP)数据

水工大坝与地基模型试验及工程应用 / 张林，陈建叶主编. —成都：四川大学出版社，2009.9
ISBN 978-7-5614-4583-9

Ⅰ.水… Ⅱ.①张…②陈… Ⅲ.大坝-水工模型试验 Ⅳ.TV64

中国版本图书馆 CIP 数据核字（2009）第 167350 号

内容提要

本书较系统地介绍了水工大坝结构模型与地质力学模型试验的有关理论、方法和技术以及在高坝工程中的应用，主要内容包括模型相似理论、大坝结构模型试验方法与技术、大坝地质力学模型试验方法与技术，重点介绍了两类模型相似原理、模型材料、加载系统、量测技术、成果分析等相关内容。同时，还介绍了应用模型试验手段解决高坝工程稳定安全问题的典型工程实例。

本书可作为高等院校水利水电工程专业本科生、研究生的教材或参考用书，同时也可供从事水利、土建工程结构模型和地质力学模型试验的科研及工程技术人员参考。

书名　水工大坝与地基模型试验及工程应用

主　　编　张　林　陈建叶
出　　版　四川大学出版社
地　　址　成都市一环路南一段 24 号 (610065)
发　　行　四川大学出版社
书　　号　ISBN 978-7-5614-4583-9
印　　刷　郫县犀浦印刷厂
成品尺寸　185 mm×260 mm
印　　张　11
字　　数　271 千字
版　　次　2009 年 9 月第 1 版
印　　次　2014 年 7 月第 2 次印刷
定　　价　18.00 元

◆读者邮购本书，请与本社发行科联系。
电话：(028)85408408/(028)85401670/
(028)85408023　邮政编码：610065
◆本社图书如有印装质量问题，请寄回出版社调换。
◆网址：http://www.scup.cn

前 言

我国正在兴建和即将建设众多的高坝大库与水电站工程，如金沙江上的向家坝、溪洛渡、白鹤滩、乌东德，澜沧江上的小湾、糯扎渡，雅砻江上的锦屏一级、二级，大渡河上的瀑布沟、大岗山、双江口等。这些高坝地处高山峡谷，地质条件复杂，其工程规模与建坝技术难度均为世界水平。

为了保证这些水工大坝的顺利建设及安全运行，必须解决好大坝结构强度和高坝地基稳定问题，数值分析与物理模型是解决上述问题的两种有效途径。数值分析以计算力学为基础，随着有限元分析方法和电子计算机技术的迅速发展得以广泛应用；物理模型以实验力学为基础，随着试验方法与技术的不断发展和创新而具有独特的优势，尤其是本书介绍的大坝结构模型试验与大坝地质力学模型试验是解决上述问题的重要方法之一。一直以来，国内外许多高坝工程均采用计算分析与试验研究相结合的方法，充分发挥各自的优势，相互验证和互为补充，以此全面分析和论证大坝的结构强度与稳定安全问题。

全书共分 8 章。第 1 章介绍了相似现象的基本概念、相似原理、相似关系的分析方法、线弹性与弹塑性模型相似关系；第 2 章讲述了大坝结构模型试验的目的及意义、试验分类、相似要求、模型材料、加载系统、量测技术及成果分析；第 3 章对大坝地质力学模型试验方法与技术进行了阐述，重点介绍了破坏试验的三种方法，即超载法、强度储备法和综合法的基本原理及理论依据，地质力学模型材料的发展及新型模型材料——变温相似材料，对地基岩石力学指标测试技术进行了概述。第 4 章至第 8 章列举了国内外部分高坝工程模型试验实例，试验类型包含了结构模型试验和地质力学模型试验、三维整体模型试验和平面模型试验、拱坝模型试验和重力坝模型试验，并附有相关的试验照片。

本书得到国家自然科学基金项目（编号 50879050）“基于变温相似材料的高坝地基整体稳定地质力学模型降强法试验研究”的资助，是国家特色专业（四川大学水利水电工程专业）的建设成果之一。书中的许多观点与成果凝聚着四川大学水工结构研究室老一辈模型试验工作者的智慧结晶，特别是李朝国教授和陈世英教授，长期以来在模型材料研究方面不断探索，研制出了新型模型材料——变温相似材料，并在试验方法与技术方面给予作者精心指导和真诚教诲，在此，作者表示衷心的感谢！

本书由张林、陈建叶主编，其中第3.3节由徐进编写，陈媛、胡成秋、董建华、杨宝全、谢立诚、罗晶等参加了本书部分内容的编写、插图描绘、初稿校对等相关工作。陈建康教授、张立勇副教授对本书的编写给予了关心和指导，王兆雄副教授对本书的修改提出了许多宝贵意见，付出了辛勤劳动，作者所在教研室的老师和同事们对本书的出版给予了大力支持与帮助，在此一并致谢！

本书的撰写参考了大量的相关文献和专业书籍，谨向文献的作者表示感谢！

由于作者水平与经验所限，本书难免有一些错误和不妥之处，敬请读者不吝指正。

编　者

2009年8月于四川大学

目 录

第 1 章　模型相似理论

1.1　物理现象相似

自然界的一切物质体系中，存在着各种不同的物理变化过程。物理现象相似，是指几个物理体系的形态和某种变化过程的相似。

通常所说的“相似”，有下面三种类型：

①相似，或同类相似，即两个物理体系在几何形态上，保持所对应的线性尺寸成比例，所对应的夹角相等，同时具有同一物理变化过程。

②拟似，或异类相似，即两个物理体系物理性质不同，但它们的物理变化过程遵循同样的数学规律或模式；

③差似，或变态相似，即两个物理体系在几何形态上不相似，但具有同一物理变化过程。

本书所要讨论的是第一种相似，即几何形状相似体系进行的同一物理变化过程，这些体系中的对应点上同名物理量之间具有固定的比数。因此，我们找到这些体系中两个物理现象的同名物理量之间的固定比数，就可以用其中的一个物理现象去模拟另外一个物理现象。

1.2　相似现象的几个基本概念

要用一个物理变化过程去模拟另外一个物理变化过程，就要找到这两个物理体系的同名物理量之间的固定比数，这个固定比数可以用相似系数（相似常数）、相似指标及相似判据（相似准数）三个概念来描述。

相似系数：是指在模型与原型中，任一物理变化过程的同名物理量都保持着固定的比例关系，称为该物理量相似；阐明这种比例关系的量，叫做相似系数。在相似现象中，物理量相似的条件是相似系数为常数，因此，相似系数也叫相似常数。

相似指标：是指在模型与原型之间，若有关物理量的相似系数是互相制约的，它们相互之间以某种形式保持着固有的关系，则这种关系称为相似指标，记为 C_i。

相似判据：既然相似指标是表示相似现象中各相似系数之间的关系，而相似系数代表了某个物理量之间所保持的比例关系，所以，相似现象中各物理量之间应具有的比例关系可由相似指标导出。这种比例关系是一个定数，称为相似判据或相似准数，通常写成 $K=idem$。

1.3 相似理论

相似理论的内容就是揭示相似的物理现象之间存在的固有关系，找出同名物理量之间的固定比数，以及将相似理论应用在科学试验及工程技术实践中。

本书所要讨论的相似理论主要应用于实验力学中的水工结构模型试验。结构模型试验的任务是将作用在原型水工建筑物的力学现象，在缩尺模型上重现，从模型上测出与原型相似的力学现象，如应力、位移等，再通过模型相似关系推算到原型，从而达到用模型试验来研究原型的目的，以校核或改进设计方案。可见，相似理论是模型试验的基础，模型试验是用来预演和测定工程中物理现象的手段。因此，在模型试验研究中，应依照相似理论来进行模型设计和建立工程与模型之间物理量的换算关系。

1.3.1 相似第一定理——相似现象的性质

相似第一定理可表述为：“彼此相似的现象，以相同文字符号的方程所描述的相似指标为 1，或相似判据为一不变量。”

相似指标等于 1 或相似判据相等是现象相似的必要条件。相似指标和相似判据所表达的意义是一致的，互相等价，仅表达式不同。

相似第一定理是由法国科学院院士别尔特朗（J Bertrand）于 1848 年确定的，其实早在 1686 年，牛顿（Isaac Newton）就发现了第一相似定理确定的相似现象的性质。现以牛顿第二定律为例，说明相似指标和相似判据的相互关系。

设两个相似现象，它们的质点所受的力 F 的大小等于其质量 m 和受力后产生的加速度 a 的乘积，所受力的方向与加速度的方向相同，则对第一个现象有

$$F_1 = m_1 a_1 \tag{1-1}$$

对第二个现象有

$$F_2 = m_2 a_2 \tag{1-2}$$

因为两现象相似，各物理量之间有下列关系：

$$C_m = \frac{m_2}{m_1},\quad C_F = \frac{F_2}{F_1},\quad C_a = \frac{a_2}{a_1} \tag{1-3}$$

式中，C_m，C_F，C_a 这些两相似现象的同名物理量之比就为相似系数。

将（1－3）式代入（1－2）式，得

$$\begin{gathered} C_F \cdot F_1 = C_m m_1 \cdot C_a a_1 \\ \frac{C_F}{C_m C_a} \cdot F_1 = m_1 a_1 \end{gathered} \tag{1-4}$$

对比（1－4）式和（1－1）式可知，必须有下列关系才能成立：

$$\frac{C_F}{C_m C_a} = C_i = 1 \tag{1-5}$$

式中，C_i 称为相似指标或相似指数，它是相似系数的特定关系式。

若将（1－4）式移项，可得如下形式：

$$\frac{F_1}{m_1 a_1} = \frac{C_m C_a}{C_F} = \frac{1}{C_i} = 1$$

同理，由（1－2）式可得

$$\frac{F_2}{m_2a_2}=1$$

则

$$\frac{F_1}{m_1a_1}=\frac{F_2}{m_2a_2}=\frac{F}{ma}=K=idem \tag{1-6}$$

式中，K 为各物理量之间的常数，称为相似现象的“相似判据”或“相似不变量”，它是相似物理体系的物理量的特定组合关系式；$idem$ 表示同一个数的意思。

由（1－6）式可见，两相似现象中，它们对应的质点上的各物理量虽然是 $F_1\neq F_2$，$m_1\neq m_2$，$a_1\neq a_2$ 等，但它们的组合量$\frac{F}{ma}$的数值保持不变，这就是“两物理量相似，其相似指标等于1”的等价条件。总之，以牛顿第二定律为例，可得相似指标和相似判据的关系如下：

牛顿第二定律　$F=ma$

相似系数　$C_F=\frac{F_2}{F_1}$，$C_m=\frac{m_2}{m_1}$，$C_a=\frac{a_2}{a_1}$

相似指标　$\frac{C_F}{C_mC_a}=1$

相似判据　$\frac{F}{ma}=idem$

物理现象总是服从某一规律，这一规律可用相关物理量的数学方程式来表示。当现象相似时，各物理量的相似常数之间应该满足相似指标等于1的关系。应用相似常数的转换，由方程式转换所得相似判据的数值必然相同，即无量纲的相似判据在所有相似系统中都是相同的。

1.3.2 相似第二定理（π定理）——相似判据的确定

相似第二定理可表述为：“表示一现象的各物理量之间的关系方程式，都可换算成无量纲的相似判据方程式。”该定理又称为 π 定理。

这样，在彼此相似现象中，其相似判据可不必用相似常数导出，只要将各物理量之间的方程式转换成无量纲方程式的形式，其方程式的各项就是相似判据。例如，一等截面直杆，两端受一偏心距为 L 的轴向力 F，则其外侧面的应力 σ 可表示为

$$\sigma=\frac{F}{A}+\frac{FL}{W} \tag{1-7}$$

式中，A 为杆的截面积；W 为抗弯截面模量。

用 σ 除（1－7）式两端，得

$$1=\frac{F}{\sigma A}+\frac{FL}{W\sigma} \tag{1-8}$$

（1－8）式即为无量纲方程式，其中$\frac{F}{\sigma A}$，$\frac{FL}{W\sigma}$就是相似判据。

若有这种类型的两个相似现象，它们的无量纲式分别为：

对第一个现象：

$$\frac{F_1}{\sigma_1A_1}+\frac{F_1L_1}{W_1\sigma_1}=1 \tag{1-8a}$$

对第二个现象：
$$\frac{F_2}{\sigma_2 A_2}+\frac{F_2 L_2}{W_2 \sigma_2}=1 \tag{1-8b}$$
因为两现象相似，各物理量之间的关系式为
$$F_2=C_F F_1,\ A_2=C_A A_1,\ L_2=C_L L_1,\ \sigma_2=C_\sigma \sigma_1,\ W_2=C_W W_1$$
将上述关系代入（1－8b）式，得
$$\frac{C_F}{C_\sigma C_A}\cdot\frac{F_1}{\sigma_1 A_1}+\frac{C_F C_L}{C_\sigma C_W}\cdot\frac{F_1 L_1}{W_1 \sigma_1}=1 \tag{1-8c}$$
对比（1－8a）式和（1－8c）式可知，要使两现象相似，必须有
$$\left.\begin{aligned} C_1=\frac{C_F}{C_\sigma C_A}=1 \\ C_2=\frac{C_F C_L}{C_\sigma C_W}=1 \end{aligned}\right\} \tag{1-8d}$$
根据相似的第一定律可知，C_1，C_2 都是彼此相似的现象的相似指标，将各相似关系及各物理量代入（1－8d）式，得
$$\frac{F_2}{F_1}\div\left(\frac{\sigma_2}{\sigma_1}\times\frac{A_2}{A_1}\right)=1$$
即
$$\frac{F_2}{\sigma_2 A_2}=\frac{F_1}{\sigma_1 A_1}=\frac{F}{\sigma A}=K_1=idem$$
又
$$\frac{F_2 L_2}{F_1 L_1}\div\frac{\sigma_2 W_2}{\sigma_1 W_1}=1$$
即
$$\frac{F_2 L_2}{\sigma_2 W_2}=\frac{F_1 L_1}{\sigma_1 W_1}=\frac{FL}{\sigma W}=K_2=idem$$
由上看出，无量纲方程中的各项，即是相似判据。

如果现象用偏微分方程描述，则相似第二定理可将偏微分方程无量纲化，从而将有量纲的偏微分方程变换为无量纲的常微分方程，使之易于求解，这种方法广泛用于数学方程式的理论分析中。常用 π 定理将各物理量之间的方程式转换成无量纲方程式的形式，其应用将在 1.4 节进行详细介绍。

1.3.3 相似第三定理——相似现象的必要和充分条件

相似第一定理阐述了相似现象的性质及各物理量之间存在的关系，相似第二定理证明了描述物理过程的方程经过转换后可由无量纲综合数群的关系式表示，相似现象的方程形式应相同，其无量纲数也应相同。第一、第二定理是把物理现象相似作为已知条件的基础上，说明相似现象的性质，故称为相似正定理，是物理现象相似的必要条件。但如何判别两现象是否相似呢？1930 年，前苏联科学家 M B 基尔皮契夫和 A A 古赫曼提出的相似第三定理补充了前面两个定理，是相似理论的逆定理，提出了判别物理现象相似的充分条件："在几何相似系统中，具有相同文字符号的关系方程式，单值条件相似，且由单值条件组成的相似准数相等，则两物理现象是相似的。"简单地说，现象的单值量相似，则两物理量现象相似。

所谓单值条件，是指从一群现象中把某一具体现象从中区分处理的条件。单值条件相似

应包括几何相似、物理相似、边界条件相似、力学相似和初始条件相似。所谓单值量，是指单值条件中所包含的各物理量，如力学现象中的尺寸、弹性模量、面积力、体积力等。因此，各单值量相似，当然包括各单值量的单值条件也相似，则两现象自然相似。

综上所述，用以判断相似现象的是相似判据，它描述了相似现象的一般规律。所以，在进行模型试验之前，总是先求得被研究对象的相似判据，然后按照相似判据确定的相似关系开展模型设计、试验测试和数据整理等工作。

1.3.4　相似条件

前面已经提到，不同的物理体系有着不同的变化过程，物理过程可用一定的物理量来描述。物理体系的相似是指在两个几何相似的物理体系中，进行着同一物理性质的变化过程，并且各体系中对应点上的同名物理量之间存在固定的相似常数。

两个相似的物理体系之间一般存在以下几方面的相似条件。

（1）几何相似

几何相似是指原型和模型的外形相似，对应边成比例，对应角相等。如图 1－1 所示。

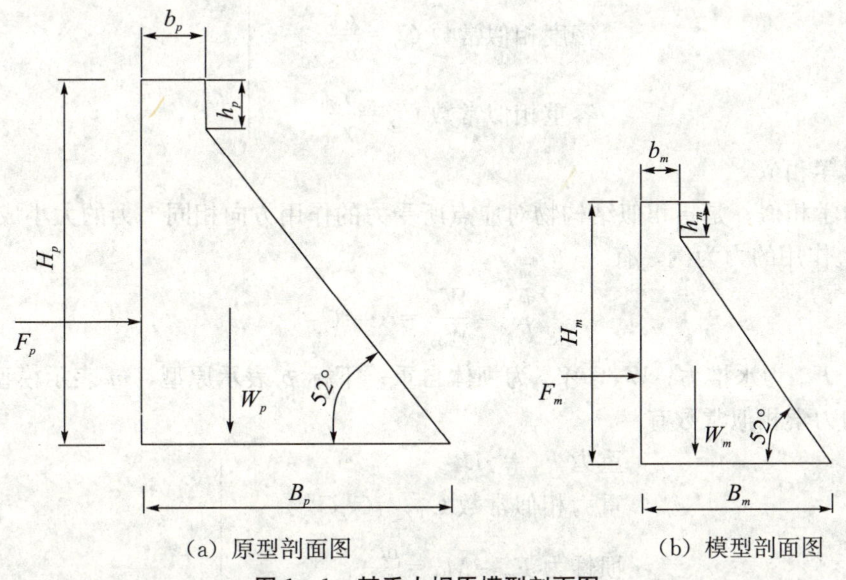

（a）原型剖面图　　（b）模型剖面图

图 1－1　某重力坝原模型剖面图

两个重力坝剖面相似，则有

$$\frac{H_p}{H_m}=\frac{B_p}{B_m}=\frac{h_p}{h_m}=C_l,\ \frac{\theta_p}{\theta_m}=C_\theta \tag{1-9}$$

两个几何相似的体系就是同一几何体系通过不同的比例放大或缩小而得，常见的相似常数有

$$\left.\begin{aligned} C_l&=\frac{L_p}{L_m} \\ C_\theta&=\frac{\theta_p}{\theta_m} \end{aligned}\right\} \tag{1-10}$$

式中，L 为某一线段的长度；θ 为两条边的夹角；C_l，C_θ 为几何相似常数或几何比尺；下

标 p 表示原型，m 表示模型（下同）。

（2）物理相似

物理相似是指原型和模型材料的物理力学性能参数相似，常见的相似常数有

$$\left.\begin{aligned}&\text{应力相似常数 } C_\sigma=\frac{\sigma_p}{\sigma_m}\\&\text{应变相似常数 } C_\varepsilon=\frac{\varepsilon_p}{\varepsilon_m}\\&\text{位移相似常数 } C_\delta=\frac{\delta_p}{\delta_m}\\&\text{弹性模量相似常数 } C_E=\frac{E_p}{E_m}\\&\text{泊松比相似常数 } C_\mu=\frac{\mu_p}{\mu_m}\\&\text{体积力相似常数 } C_X=\frac{X_p}{X_m}\\&\text{密度相似常数 } C_\rho=\frac{\rho_p}{\rho_m}\\&\text{容重相似常数 } C_\gamma=\frac{\gamma_p}{\gamma_m}\end{aligned}\right\}\tag{1-11}$$

（3）力学相似

所谓力学相似，是指相似结构物对应点所受力的作用方向相同，力的大小成比例。以图 1－1 中坝上作用的力为例，有

$$\frac{F_p}{F_m}=\frac{W_p}{W_m}=\cdots=C_F\tag{1-12}$$

式中，F_p，F_m 为水推力；W_p，W_m 为坝体自重；下标 p 表示原型，m 表示模型。

常见的力学相似常数有

$$\left.\begin{aligned}&\text{重力 } F_\gamma=\gamma L^3\\&\text{重力相似常数 } C_{F\gamma}=C_\gamma C_l^3\\&\text{惯性力 } F_a=Ma=\frac{\rho L^4}{t^2}\\&\text{惯性力相似常数 } C_{Fa}=C_\rho C_l^4 C_t^{-2}\\&\text{弹性力 } F_e=E\varepsilon A\\&\text{弹性力相似常数 } C_{Fe}=C_E C_\varepsilon C_l^2\end{aligned}\right\}\tag{1-13}$$

（4）边界条件相似

要求模型与原型在与外界接触的区域内的各种条件（包括支撑条件、约束条件、边界荷载和周围介质等）保持相似。

（5）初始条件相似

对于动态过程，各物理量在某瞬间的值一方面取决于该现象的变化规律，另一方面取决于初始条件，即各变量的初始值，如初始位移、初始速度及加速度等。

完全满足各种相似条件的模型称为完全相似模型。实际上，获得完全相似模型是很困难

的，一般只能根据研究重点满足主要的相似条件实现基本相似。

1.4　相似关系的分析方法

要保持原型和模型相似，必须使某个或某几个特定的相似系数相等（或相似指标等于1）。确定了相似系数，各物理量的相似常数之间就建立了一定的关系，我们选择模型试验中各物理量的比尺也就有了可遵循的规则。

因此，研究两体系相似的一个主要问题，就是找出必须保持为同量的相似系数。确定相似系数的方法一般有如下三种：

①根据相似定义，相似体系中同名物理量之间成一固定的比例。对力学体系，我们根据某体系中不同的作用力之间所保持的固定关系，寻求表示这种体系主要特征的相似系数。对此，主要采用牛顿普遍相似定律。

②研究体系中各物理因素的量的因次之间的关系，得出一系列无因次的相似系数，这就是因次分析法。

③分析描述这种体系的物理方程式——这类相似体系必须共同遵守的量的规律，得出相似系数。

下面分别对这三种方法进行介绍。

1.4.1　牛顿的普遍相似定律

两个几何相似的体系中对应点上的力互相平行，且互成比例（就是对应的力之间有一定的相似常数），则这两个体系是力学相似的。

力学现象常常很复杂，要研究现象的相似，必须从这类现象所共同遵守的规律出发。某一具体的动力现象遵循某些具体的规律，而力学现象（指经典力学范围内的现象）的最一般的规律是牛顿定律，其中具体规定了量的关系的是牛顿第二定律，即

$$\boldsymbol{F}=M\frac{\mathrm{d}\boldsymbol{v}}{\mathrm{d}t} \tag{1-14}$$

对第一体系有

$$\boldsymbol{F}_1=M_1\frac{\mathrm{d}\boldsymbol{v}_1}{\mathrm{d}t_1}$$

对第二体系有

$$\boldsymbol{F}_2=M_2\frac{\mathrm{d}\boldsymbol{v}_2}{\mathrm{d}t_2}$$

令各同名物理量之间的相似常数各为 α_F，α_M，α_v，α_t，代入以上方程式，有

$$\alpha_F\boldsymbol{F}_2=\alpha_M M_2\frac{\alpha_v\mathrm{d}\boldsymbol{v}_2}{\alpha_t\mathrm{d}t_2}$$

$$\frac{\alpha_F\alpha_t}{\alpha_M\alpha_v}\boldsymbol{F}_2=M_2\frac{\mathrm{d}\boldsymbol{v}_2}{\mathrm{d}t_2}$$

式中左端的系数显然应等于 1，即

$$C=\frac{\alpha_F\alpha_t}{\alpha_M\alpha_v}=1 \tag{1-15}$$

这就是力学体系的相似指标。$\frac{\alpha_F\alpha_t}{\alpha_M\alpha_v}=1$ 也就是$\frac{F_1t_1}{M_1v_1}/\frac{F_2t_2}{M_2v_2}=1$ 或$\frac{F_1t_1}{M_1v_1}=\frac{F_2t_2}{M_2v_2}$。

如果推广到其他相似体系，则有

$$\frac{F_1t_1}{M_1v_1}=\frac{F_2t_2}{M_2v_2}=\frac{F_3t_3}{M_3v_3}=\cdots$$

或

$$\frac{Ft}{Mv}=idem \tag{1-16}$$

因此，所有相似体系中，$\frac{Ft}{Mv}$都应等于同一数值。这一数值称为相似准数或相似判据。相似准数相同是物理体系相似的必要条件。

相似指标和相似准数所表示的意义是一致的。以各物理量的相似常数组合起来的乘积——相似指标等于 1，就是以这些物理量按同一结构形式组合起来的乘积——相似准数等于同一量。如果有

$$\frac{\alpha_F\alpha_t}{\alpha_M\alpha_v}=1$$

则有

$$\frac{Ft}{Mv}=idem$$

如果有

$$\frac{\alpha_A\alpha_B^2}{\alpha_C\alpha_D^3}=1$$

则有

$$\frac{AB^2}{CD^3}=idem \tag{1-17}$$

$\frac{Ft}{Mv}$这一准数表示了牛顿的相似律。这一准数的形式还可以进行变换。准数中包含质量 M，但我们所研究的对象常常不是单个的质点，而是连续介质。某一部分连续介质的质量和它的体积有关，所以用密度 ρ 乘以体积 l^3 来表示质量是很方便的。时间 t 也是体系运动的坐标，可用 l/v 表示，因为 l 和 v 是体系本身的几何特性和运动特性。将如下变换：

$$\alpha_M=\alpha_\rho\alpha_l^3,\quad \alpha_v=\frac{\alpha_l}{\alpha_t}$$

代入$\frac{\alpha_F\alpha_t}{\alpha_M\alpha_v}=1$，得

$$\alpha_F=\alpha_\rho\alpha_l^2\alpha_v^2 \tag{1-18}$$

也就是

$$\frac{F_1}{F_2}=\frac{\rho_1l_1^2v_1^2}{\rho_2l_2^2v_2^2},\quad \frac{F_1}{\rho_1l_1^2v_1^2}=\frac{F_2}{\rho_2l_2^2v_2^2}=\cdots=K$$

或

$$K=\frac{F}{\rho l^2v^2}=idem \tag{1-19}$$

K 就是从牛顿第二定律导出的力学体系的相似准数，称为牛顿数 Ne，即

$$Ne=\frac{F}{\rho l^2 v^2}=idem \tag{1-20}$$

这一准数表明，在力学相似的体系中，对应的力之间的比例与其对应长度的平方、对应速度的平方和密度的一次方的乘积之间的比例相同，这就是牛顿普遍相似定律。

将牛顿普遍相似定律中的惯性力与各种力相比，就可求得使各种力保持相似所需满足的判据。以重力相似准则为例，在体系处于重力作用下时，重力 $F=mg$，其与惯性力相比，由式（1－17）推导如下：

$$\begin{gathered}\alpha_F=\alpha_m\alpha_g=\alpha_\rho\alpha_v^2\alpha_l^2=\alpha_\rho\alpha_l^3\alpha_g,\\ \frac{\alpha_\rho\alpha_v^2\alpha_l^2}{\alpha_\rho\alpha_l^3\alpha_g}=1,\\ \frac{\alpha_v^2}{\alpha_g\alpha_l}=1,\ \frac{v^2}{gl}=idem,\ \frac{v}{\sqrt{gl}}=Fr\end{gathered} \tag{1-21}$$

这一判据称为弗洛德数。对重力作用下的相似体系，它们的弗洛德数必须相同。这种方法在水力学中比较常见，雷诺数 Re 以及韦伯数 We 的相似判据均可由这种方法得到。

1.4.2　齐次原理与白汉金 π 理论

（1）量纲齐次原理

①量纲的基本概念。

各种物理量的数值要经过量测并用各种度量单位来表示。所谓对某一物理量的“量测”，就是先制定或选定一个单位，再把该物理量同这个单位比较，得一倍数。一个物理量 E 就是以一个数值 e 和一个单位 U 结合在一起来表示。如质量 5 千克就是一个数值“5”和一个单位“千克”合在一起表示了这一物理量（质量）的大小。如果单位改变，则数值也相应地改变，但这个物理量不变。客观事物不因我们人为选定的量度标准而改变。例如一长度为 3 米，如果单位减小 100 倍，改为厘米，则数值加大 100 倍，由 3 改为 300，但这个物理量并不改变，300 厘米和 3 米所表示的是同一长度。

自然现象的变化有一定的规律，各个物理量并不是互不相关的，而是处在符合这些规律的一定关系之中。当我们还不知道物理现象的物理量间的关系，但已知影响该物理现象的物理量时，可用量纲分析法模拟该物理量。一般选择几个物理量的单位，就能求出其他物理量的单位。我们把这几个物理量叫做基本物理量，基本物理量的单位叫做基本单位。量纲是物理学中的一个重要概念。将一个物理导出量用若干个基本量的乘方之积表示出来的表达式，称为该物理量的量纲式，简称量纲（dimension）。量纲又称为因次，它是在选定了单位制之后，由基本物理量单位表达的式子。它可以定性地表示出物理量与基本量之间的关系，可以有效地应用它进行单位换算，可以用它来检查物理公式的正确与否，还可以通过它来推知某些物理规律。

②基本量纲和导出量纲。

在国际单位制（SI）中，七个基本物理量长度、质量、时间、电流、热力学温度、物质的量、发光强度的量纲符号分别是 L，M，T，I，Θ，N，J。按照国家标准（GB3101—93），物理量 Q 的量纲记为 $\dim Q$，国际物理学界沿用的习惯记为 $[Q]$。在工程中，一般采用长度 L、力 F 和时间 T 作为基本物理量，某物理量 K 的量纲式可用如下的符号表示：

$$[K]=[L^\alpha F^\beta T^\gamma] \tag{1-22}$$

式中，α，β，γ 分别称为物理量 K 对长度、力和时间的量纲。

静力结构模型试验中常用的物理量见表 1－1。

表 1－1　常用物理量及其单位

物理量		符号	量纲	米制（米千克力秒制）				国际单位制			
				单位名称	单位符号		导出单位	单位名称	单位符号		导出单位
					中文	国际			中文	国际	
基本物理量	长度	L	$[L]$	米	米	m		米	米	m	
	时间	T	$[T]$	秒	秒	s		秒	秒	s	
	力	F	$[F]$	公斤力	公斤力	kgf		牛顿	牛［顿］	N	
导出物理量	应力	σ	$[FL^{-2}]$				$\mathrm{kgf \cdot m^{-2}}$	帕斯卡	帕［斯卡］	Pa	$\mathrm{N \cdot m^{-2}}$
	密度	ρ	$[FT^2L^{-4}]$				$\mathrm{kgf \cdot s^2 \cdot m^{-4}}$				$\mathrm{N \cdot s^2 \cdot m^{-4}}$
	比重	γ	$[FL^{-3}]$				$\mathrm{kgf \cdot m^{-3}}$				$\mathrm{N \cdot m^{-3}}$
	应变	ε	$[0]$								
	泊松比	μ	$[0]$								

③无量纲量或量纲为零。

某些物理量与三个基本单位都无关，如应变 ε、泊松比 μ、摩擦系数 f、角度 θ 等，这些物理量叫做无量纲量。

另外，还有一些物理量与三个基本单位中的某一个无关，便可说这个物理量的单位对该基本单位的量纲为零。如应力 σ 对时间 T 的量纲为零等。

④量纲的齐次原理或量纲的和谐性。

先举两个例子。

牛顿第二定律公式 $F=ma$ 的量纲：

左边的量纲为$[F]$；右边的量纲为$[m][a]=[F\cdot L^{-1}\cdot T^2]\cdot[L\cdot T^{-2}]=[F]$。

简支梁受均布荷载 q 作用下的挠度公式 $y=\dfrac{qx}{24EI}[x^3+l^3-2lx^2]$的量纲：

等式左边的量纲为$[y]=[L]$；

等式右边的量纲为

$$\left[\frac{qx}{EI}\right]\cdot[x^3]=[q]\cdot[x]\cdot[E^{-1}]\cdot[I^{-1}]\cdot[x^3]$$

$$=[FL^{-1}]\cdot[L]\cdot[F^{-1}L^2]\cdot[L^{-4}]\cdot[L^3]$$

$$=[L]$$

式中，l 为简支梁长度；E 为弹性模量；I 为惯性矩。

从以上两个例子的量纲分析可以看出：

a. 不管物理方程的形式如何，等式两端的量纲式相同。不难理解，在一个物理方程中，不能把以长度计的物理量和以时间计的物理量来相加或相减。

b. 一个由若干项之和（或之差）组成的物理方程组，所包含的各项的量纲相同。

c. 物理方程式中所包含的导出量的量纲，当用基本的量纲表示后，则方程式各项的量纲组合应相同。

d. 任一有量纲的物理方程可以改写为量纲为一的项组成的方程而不会改变物理过程的规律性。

以上便是“量纲的齐次原理”或称“量纲的和谐性”。

量纲分析法，就是利用量纲之间的和谐性去推求各物理量之间的规律性的方法。

(2) 白汉金 π 理论

任一物理过程，包含有 $k+1$ 个有量纲的物理量，如果选择其中 m 个作为基本物理量，那么该物理过程可以由 $[(k+1)-m]$ 个量纲为一的数所组成的关系式来描述。因为这些量纲为一的数用 π 来表示，故称为 π 定理。π 定理又称为白金汉（Buckingham）定理。

设已知某物理过程含有 $k+1$ 个物理量（其中一个因变量，k 个自变量），我们不知道这些物理量之间所构成的函数关系式，但可以写成一般的表达式为

$$N=f\ (N_1,\ N_2,\ N_3,\ \cdots,\ N_k) \tag{1-23}$$

则各物理量 N，N_1，N_2，N_3，N_4，N_5，…，N_k 之间的关系可用下列普遍方程式来表示：

$$N=\sum_i \alpha_i (N_1^{a_i}, N_2^{b_i}, N_3^{c_i}, N_4^{d_i}, N_5^{e_i}, \cdots, N_k^{n_i}) \tag{1-24}$$

式中，α 为量纲一的系数；i 为项数；a，b，c，d，e，…，n 为指数。

假设我们选用 N_1，N_2，N_3 三个物理量的量纲作基本量纲，则各物理量的量纲均可用这三个基本物理量的量纲来表示：

$$\left.\begin{aligned} N&=N_1^{x}\cdot N_2^{y}\cdot N_3^{z}\\ N_1&=N_1^{x_1}\cdot N_2^{y_1}\cdot N_3^{z_1}\\ N_2&=N_1^{x_2}\cdot N_2^{y_2}\cdot N_3^{z_2}\\ N_3&=N_1^{x_3}\cdot N_2^{y_3}\cdot N_3^{z_3}\\ N_4&=N_1^{x_4}\cdot N_2^{y_4}\cdot N_3^{z_4}\\ &\vdots\\ N_k&=N_1^{x_k}\cdot N_2^{y_k}\cdot N_3^{z_k} \end{aligned}\right\} \tag{1-25}$$

或写成普通方程式：

$$\left.\begin{aligned} N&=\pi N_1^{x}\cdot N_2^{y}\cdot N_3^{z}\\ N_1&=\pi_1 N_1^{x_1}\cdot N_2^{y_1}\cdot N_3^{z_1}\\ N_2&=\pi_2 N_1^{x_2}\cdot N_2^{y_2}\cdot N_3^{z_2}\\ N_3&=\pi_3 N_1^{x_3}\cdot N_2^{y_3}\cdot N_3^{z_3}\\ N_4&=\pi_4 N_1^{x_4}\cdot N_2^{y_4}\cdot N_3^{z_4}\\ &\vdots\\ N_k&=\pi_k N_1^{x_k}\cdot N_2^{y_k}\cdot N_3^{z_k} \end{aligned}\right\} \tag{1-26}$$

式中，π，π_1，π_2，π_3，π_4，…，π_k 为量纲一的比例系数。

由量纲的和谐性可知式（1-26）方程组各式等号两边的量纲应相等，因此，方程组第二式的 $x_1=1$，$y_1=0$，$z_1=0$，得 $N_1=\pi_1 N_1$，故 $\pi_1=1$，即 $N_1=1\cdot N_1$。

同理，第三式 $N_2=\pi_2\cdot N_2$，故 $\pi_2=1$，即 $N_2=1\cdot N_2$。

第四式 $N_3=\pi_3\cdot N_3$，故 $\pi_3=1$，即 $N_3=1\cdot N_3$。

这就是说，我们选作基本物理量的三个 π 均等于1，这样式（1－26）可写作

$$\left.\begin{aligned}&N=\pi N_1^x \cdot N_2^y \cdot N_3^z\\&N_1=\pi_1\ N_1=1\cdot N_1\\&N_2=\pi_2\ N_2=1\cdot N_2\\&N_3=\pi_3\ N_3=1\cdot N_3\\&N_4=\pi_4\ N_1^{x_4}\cdot N_2^{y_4'}\cdot N_3^{z_4}\\&\vdots\\&N_k=\pi_k\ N_1^{x_k}\cdot N_2^{y_k}\cdot N_3^{z_k}\end{aligned}\right\}\qquad(1-27)$$

将式（1－27）代入式（1－24），得

$$\begin{aligned}N&=\pi N_1^x \cdot N_2^y \cdot N_3^z\\&=\sum_i \alpha_i\left[1\cdot 1\cdot 1\cdot \pi_4^{d_i}\cdot \pi_5^{e_i}\cdot \cdots \cdot \pi_k^{n_i}\cdot N_1{}^{(a_i+x_4d_i+x_5e_i+\cdots+x_kn_i)}\cdot\right.\\&\left.N_2{}^{(b_i+y_4d_i+y_5e_i+\cdots+y_kn_i)}\cdot N_3{}^{(c_i+z_4d_i+z_5e_i+\cdots+z_kn_i)}\right]\end{aligned}\qquad(1-28)$$

由于量纲的和谐性，上式等号右边每一项的量纲都应与等号左边的量纲相同，即

$$N_1^x\ N_2^y\ N_3^z=N_1{}^{(a_i+x_4d_i+x_5e_i+\cdots+x_kn_i)}\cdot N_2{}^{(b_i+y_4d_i+y_5e_i+\cdots+y_kn_i)}\cdot N_3{}^{(c_i+z_4d_i+z_5e_i+\cdots+z_kn_i)}$$

由此可得

$$\left.\begin{aligned}(a_i+x_4\,d_i+x_5\,e_i+\cdots+x_k\,n_i)=x\\(b_i+y_4\,d_i+y_5\,e_i+\cdots+y_k\,n_i)=y\\(c_i+z_4\,d_i+z_5\,e_i+\cdots+z_k\,n_i)=z\end{aligned}\right\}\qquad(1-29)$$

将式（1－29）代入式（1－28），得

$$N=\pi N_1^x\cdot N_2^y\cdot N_3^z=\sum_i \alpha_i\left[1\cdot 1\cdot 1\cdot \pi_4^{d_i}\cdot \pi_5^{e_i}\cdot\cdots\cdot \pi_k^{n_i}\cdot N_1^x\cdot N_2^y\cdot N_3^z\right]$$

以 $N_1^x\cdot N_2^y\cdot N_3^z$ 除上式各项，得

$$\pi=\sum_i \alpha_i\left[1\cdot 1\cdot 1\cdot \pi_4^{d_i}\cdot \pi_5^{e_i}\cdot\cdots\cdot \pi_k^{n_i}\right]$$

上式也可写成

$$\pi=f\left[1\cdot 1\cdot 1\cdot \pi_4\cdot \pi_5\cdot\cdots\cdot \pi_k\right]\qquad(1-30)$$

式中量纲一的数可应用式（1－25）来求，即

$$\pi_k=\frac{N_k}{N_1^{x_k}\,N_2^{y_k}\,N_3^{z_k}}\qquad(1-31)$$

式中，N_1，N_2，N_3 为选择的三个基本物理量；x_k，y_k，z_k 可由分子分母的量纲相等来确定。式（1－30）就是白金汉 π 定理。

π 定理告诉我们，如果物理现象规定的物理量有 n 个，其中 k 个是基本物理量，则独立的纯数有 $n-k$ 个。我们把无量纲数叫做纯数。这些独立的纯数也叫做 π 项。

现以承受一个集中荷载的悬臂梁（图 1－2）为例，来说明如何应用 π 定理求相似判据。

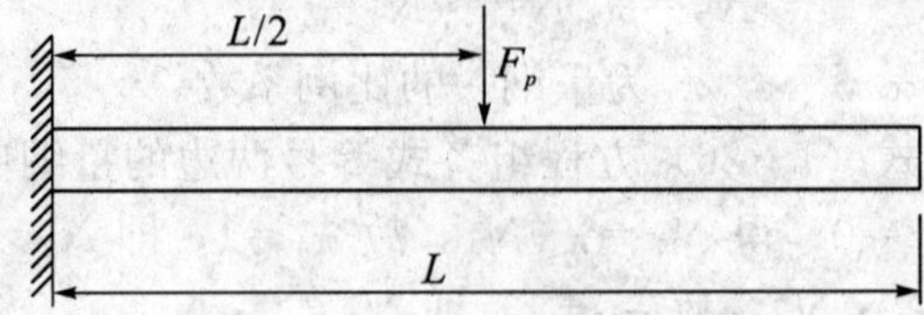

图 1－2　承受集中荷载的悬臂梁

已知图示矩形固端悬臂梁，长度为 L，梁中部受集中力 F_p 作用，若未知其物理方程，求解：

①用 π 定理求梁挠度的相似判据，已知 $y=f(F, L, M, E, I)$。

②若 $C_E=5$，$C_L=6$，求 $F_m=?$

已知梁挠度公式表示为

$$y=f(F, L, M, E, I)$$

式中，y 为位移；F 为集中荷载；L 为悬臂梁长度；M 为弯矩；E 为材料的弹性模量；I 为惯性矩。其量纲式为

$$[y]=[L],\ [F]=[F],\ [L]=[L],\ [M]=[FL],\ [E]=[FL^{-2}],\ [I]=[L^4]$$

由于基本物理量为力和长度，所以只可能有 $6-2=4$ 个独立的纯数，并且可写成函数关系：

$$f(\pi_1, \pi_2, \pi_3, \pi_4)=0$$

任选 M 和 F 为不能组成独立纯数的量，则有

$$\pi_1=\frac{y}{M^\alpha F^\beta}\to\frac{[L^{(1-\alpha)}]}{[F^{(\alpha+\beta)}]}$$

$$\pi_2=\frac{L}{M^\alpha F^\beta}\to\frac{[L^{(1-\alpha)}]}{[F^{(\alpha+\beta)}]}$$

$$\pi_3=\frac{E}{M^\alpha F^\beta}\to\frac{[L^{(-2-\alpha)}]}{[F^{(\alpha+\beta-1)}]}$$

$$\pi_4=\frac{I}{M^\alpha F^\beta}\to\frac{[L^{(4-\alpha)}]}{[F^{(\alpha+\beta)}]}$$

因 π_1，π_2，π_3，π_4 为独立的纯数，所以 L 和 F 的指数应该为零，因此，可求得 α 和 β 的数值，并得到

$$\pi_1=\frac{y}{MF^{-1}}=\frac{F}{M}y \tag{1-32a}$$

$$\pi_2=\frac{F}{M}L \tag{1-32b}$$

$$\pi_3=\frac{EM^2}{F^3} \tag{1-32c}$$

$$\pi_4=\frac{F^4}{M^4}I \tag{1-32d}$$

由梁的应力公式可推断

$$\sigma=\varphi(F, M, L)$$

显然只可能有两个独立的纯数 π_5 和 π_6，因此可得

$$\varphi(\pi_5, \pi_6)=0$$

又任选 M 和 L 为不能组成独立纯数的量，则有

$$\pi_5=\frac{\sigma}{M^\alpha F^\beta}\to\frac{[L^{(-2-\alpha)}]}{[F^{(\alpha+\beta-1)}]}$$

$$\pi_6=\frac{L}{M^{\alpha}F^{\beta}}\rightarrow\frac{[L^{(1-\alpha)}]}{[F^{(\alpha+\beta)}]}$$

又因为 π_5 和 π_6 为独立的纯数，所以 L 和 F 的指数应为零，由此可求得 α 和 β 的数值，并得到

$$\pi_5=\frac{\sigma}{M^{-2}F^3}=\frac{\sigma M^2}{F^3} \tag{1-33a}$$

$$\pi_6=\frac{F}{M}L \tag{1-33b}$$

因此，由式（1－32）及式（1－33）可得如下相似关系式：

$$\frac{F_m}{M_m}y_m=\frac{F_p}{M_p}y_p \tag{1-34a}$$

$$\frac{F_m}{M_m}L_m=\frac{F_p}{M_p}L_p \tag{1-34b}$$

$$\frac{M_m^2}{F_m^3}E_m=\frac{M_p^2}{F_p^3}E_p \tag{1-34c}$$

$$\frac{F_m^4}{M_m^4}I_m=\frac{F_p^4}{M_p^4}I_p \tag{1-34d}$$

$$\frac{\sigma_m M_m^2}{F_m^3}=\frac{\sigma_p M_p^2}{F_p^3} \tag{1-34e}$$

由式（1－34b）得

$$\frac{M_p}{M_m}=\frac{F_p}{F_m}C_L \tag{1-35a}$$

将式（1－35a）代入式（1－34c），得

$$\frac{F_p}{F_m}=C_E C_L^2\Rightarrow F_m=\frac{F_p}{C_E C_L^2} \tag{1-35b}$$

将式（1－35b）代入式（1－34e），得

$$C_\sigma=\frac{\sigma_p}{\sigma_m}=\frac{F_p}{F_m C_L^2} \tag{1-35c}$$

由式（1－34a）和式（1－34c）得

$$\frac{y_p}{y_m}=\frac{F_m M_p}{F_p M_m}=\sqrt{\frac{E_m F_p}{E_p F_m}} \tag{1-35d}$$

式（1－35a）～式（1－35d）就是该梁的相似判据。

若 $C_E=5$，$C_L=6$，则由式（1－35b）可得 $F_m=\frac{F_p}{5\times6^2}=\frac{F_p}{180}$。由此，我们只要知道原型的力 F_P，就可以通过上面的式子得到模型上应该加多大的力。

量纲分析的优点在于可根据经验公式进行模型设计。由于在上述公式的基本物理量中只有一个长度物理量，所以量纲分析只适用于几何相似的结构模型。

1.4.3　方程分析法

方程分析法中所用的方程主要是指微分方程，此外也有积分方程和积分—微分方程。这

种方法的优点是结构严密，能反映对现象来说最为本质的物理定律，故可指望在解决问题时结论可靠，分析过程程序明确，分析步骤易于检查，各种成分的地位一览无遗，有利于推断、比较和校验。

通过科学试验和理论研究，人们已经找到某些物理现象中各物理量之间的函数关系，即物理定律。对于这些物理现象，应在模型上重现这个物理定律。线弹性体弹性力学已是变形体力学中比较完善的学科。可以说，弹性力学已给出了受载线弹性体各物理量的函数关系。因此，可从弹性力学的基本方程求出相似判据。

本书将在下一节详细介绍用方程分析法求出相似判据。

1.5　弹、塑性阶段的相似关系

对于承受静力荷载作用的弹性体，可从弹性力学的基本方程式求出相似判据。而对于结构模型破坏试验以及地质力学模型试验，模型的工作阶段分为弹性阶段和塑性阶段。根据模型的相似要求，模型不仅在弹性阶段的应力和变形应与原型相似，在超出弹性阶段后直至破坏时的应力、变形和强度特性也应与原型相似。因此，结构模型破坏试验和地质力学模型试验的相似关系需分两个阶段分别研究。

由力学理论可知，影响物理现象发生的各物理量之间存在相互关系，各相关物理量不能建立独立的相似关系，而要受到弹性力学或弹塑性力学基本方程的约束。根据相似理论，原型与模型相似的必要条件是描述原型与模型力学现象的数学方程应相同，相似指标应等于1。由此，可从弹性力学和弹塑性力学的基本方程出发，推导出各相似指标和相似条件。只有满足了这些相似条件，模型的力学现象才会与原型的力学现象相似。

1.5.1　弹性阶段的相似关系

由弹性力学可知，结构受力后处于弹性阶段时，模型内所有点均应满足弹性力学的几个基本方程和边界条件。

(1) 平衡方程

原型的平衡方程为

$$\left.\begin{aligned}(\frac{\partial\sigma_x}{\partial x})_p+(\frac{\partial\sigma_{yx}}{\partial y})_p+(\frac{\partial\sigma_{zx}}{\partial z})_p+X_p=0\\(\frac{\partial\sigma_y}{\partial y})_p+(\frac{\partial\sigma_{zy}}{\partial z})_p+(\frac{\partial\sigma_{xy}}{\partial x})_p+Y_p=0\\(\frac{\partial\sigma_z}{\partial z})_p+(\frac{\partial\sigma_{xz}}{\partial x})_p+(\frac{\partial\sigma_{yz}}{\partial y})_p+Z_p=0\end{aligned}\right\}\tag{1-36}$$

模型的平衡方程为

$$\left.\begin{aligned}(\frac{\partial\sigma_x}{\partial x})_m+(\frac{\partial\sigma_{yx}}{\partial y})_m+(\frac{\partial\sigma_{zx}}{\partial z})_m+X_m=0\\(\frac{\partial\sigma_y}{\partial y})_m+(\frac{\partial\sigma_{zy}}{\partial z})_m+(\frac{\partial\sigma_{xy}}{\partial x})_m+Y_m=0\\(\frac{\partial\sigma_z}{\partial z})_m+(\frac{\partial\sigma_{xz}}{\partial x})_m+(\frac{\partial\sigma_{yz}}{\partial y})_m+Z_m=0\end{aligned}\right\}\tag{1-37}$$

将相似常数 C_σ，C_l，C_X 代入式（1－36），得

$$\left.\begin{aligned}(\frac{\partial \sigma_x}{\partial x})_m+(\frac{\partial \sigma_{yx}}{\partial y})_m+(\frac{\partial \sigma_{zx}}{\partial z})_m+\frac{C_X C_l}{C_\sigma}X_m=0\\(\frac{\partial \sigma_y}{\partial y})_m+(\frac{\partial \sigma_{zy}}{\partial z})_m+(\frac{\partial \sigma_{xy}}{\partial x})_m+\frac{C_X C_l}{C_\sigma}Y_m=0\\(\frac{\partial \sigma_z}{\partial z})_m+(\frac{\partial \sigma_{xz}}{\partial x})_m+(\frac{\partial \sigma_{yz}}{\partial y})_m+\frac{C_X C_l}{C_\sigma}Z_m=0\end{aligned}\right\} \tag{1-38}$$

比较式（1－37）与式（1－38），可得相似指标为

$$\frac{C_X C_l}{C_\sigma}=1 \tag{1-39}$$

（2）几何方程

原型的几何方程为

$$\left.\begin{aligned}(\varepsilon_x)_p=(\frac{\partial u}{\partial x})_p\\(\varepsilon_y)_p=(\frac{\partial v}{\partial y})_p\\(\varepsilon_z)_p=(\frac{\partial w}{\partial z})_p\end{aligned}\right\} \tag{1-40a}$$

$$\left.\begin{aligned}(\gamma_{xy})_p=(\frac{\partial u}{\partial y})_p+(\frac{\partial v}{\partial x})_p\\(\gamma_{yz})_p=(\frac{\partial v}{\partial z})_p+(\frac{\partial w}{\partial y})_p\\(\gamma_{zx})_p=(\frac{\partial u}{\partial z})_p+(\frac{\partial w}{\partial x})_p\end{aligned}\right\} \tag{1-40b}$$

模型的几何方程为

$$\begin{aligned}(\varepsilon_x)_m=(\frac{\partial u}{\partial x})_m\\(\varepsilon_y)_m=(\frac{\partial v}{\partial y})_m\\(\varepsilon_z)_m=(\frac{\partial w}{\partial z})_m\end{aligned} \tag{1-41a}$$

$$\left.\begin{aligned}(\gamma_{xy})_m=(\frac{\partial u}{\partial y})_m+(\frac{\partial v}{\partial x})_m\\(\gamma_{yz})_m=(\frac{\partial v}{\partial z})_m+(\frac{\partial w}{\partial y})_m\\(\gamma_{zx})_m=(\frac{\partial u}{\partial z})_m+(\frac{\partial w}{\partial x})_m\end{aligned}\right\} \tag{1-41b}$$

将相似常数 C_ε，C_δ，C_l 代入式（1－40a）、（1－40b），得

$$\left.\begin{aligned}\frac{C_\varepsilon C_l}{C_\delta}(\varepsilon_x)_m=(\frac{\partial u}{\partial x})_m\\\frac{C_\varepsilon C_l}{C_\delta}(\varepsilon_y)_m=(\frac{\partial v}{\partial y})_m\\\frac{C_\varepsilon C_l}{C_\delta}(\varepsilon_z)_m=(\frac{\partial w}{\partial z})_m\end{aligned}\right\} \tag{1-42a}$$

$$\left.\begin{aligned}\frac{C_\varepsilon C_l}{C_\delta}(\gamma_{xy})_m &= \left(\frac{\partial u}{\partial y}\right)_m + \left(\frac{\partial v}{\partial x}\right)_m \\ \frac{C_\varepsilon C_l}{C_\delta}(\gamma_{yz})_m &= \left(\frac{\partial v}{\partial z}\right)_m + \left(\frac{\partial w}{\partial y}\right)_m \\ \frac{C_\varepsilon C_l}{C_\delta}(\gamma_{zx})_m &= \left(\frac{\partial u}{\partial z}\right)_m + \left(\frac{\partial w}{\partial x}\right)_m\end{aligned}\right\} \tag{1-42b}$$

比较式（1－41a）、(1－41b）与式（1－42a）、(1－42b)，可得相似指标为

$$\frac{C_\varepsilon C_l}{C_\delta}=1 \tag{1-43}$$

(3) 物理方程

原型的物理方程为

$$\left.\begin{aligned}(\varepsilon_x)_p &= \left[\frac{\sigma_x-\mu(\sigma_y+\sigma_z)}{E}\right]_p \\ (\varepsilon_y)_p &= \left[\frac{\sigma_y-\mu(\sigma_x+\sigma_z)}{E}\right]_p \\ (\varepsilon_z)_p &= \left[\frac{\sigma_z-\mu(\sigma_x+\sigma_y)}{E}\right]_p\end{aligned}\right\} \tag{1-44a}$$

$$\left.\begin{aligned}(\gamma_{xy})_p &= \left[\frac{2(1+\mu)}{E}\tau_{xy}\right]_p \\ (\gamma_{yz})_p &= \left[\frac{2(1+\mu)}{E}\tau_{yz}\right]_p \\ (\gamma_{zx})_p &= \left[\frac{2(1+\mu)}{E}\tau_{zx}\right]_p\end{aligned}\right\} \tag{1-44b}$$

模型的物理方程为

$$\begin{aligned}(\varepsilon_x)_m &= \left[\frac{\sigma_x-\mu_m(\sigma_y+\sigma_z)}{E}\right]_m \\ (\varepsilon_y)_m &= \left[\frac{\sigma_y-\mu_m(\sigma_x+\sigma_z)}{E}\right]_m \\ (\varepsilon_z)_m &= \left[\frac{\sigma_z-\mu_m(\sigma_x+\sigma_y)}{E}\right]_m\end{aligned} \tag{1-45a}$$

$$\left.\begin{aligned}(\gamma_{xy})_m &= \left[\frac{2(1+\mu_m)}{E}\tau_{xy}\right]_m \\ (\gamma_{yz})_m &= \left[\frac{2(1+\mu_m)}{E}\tau_{yz}\right]_m \\ (\gamma_{zx})_m &= \left[\frac{2(1+\mu_m)}{E}\tau_{zx}\right]_m\end{aligned}\right\} \tag{1-45b}$$

将相似常数 C_ε，C_σ，C_E，C_μ 代入式（1－44a)、(1－44b)，得

$$\left.\begin{aligned}(\varepsilon_x)_m &= \frac{C_\sigma}{C_\varepsilon C_E}\left[\frac{\sigma_x - C_\mu \mu(\sigma_y + \sigma_z)}{E}\right]_m \\ (\varepsilon_y)_m &= \frac{C_\sigma}{C_\varepsilon C_E}\left[\frac{\sigma_y - C_\mu \mu(\sigma_x + \sigma_z)}{E}\right]_m \\ (\varepsilon_z)_m &= \frac{C_\sigma}{C_\varepsilon C_E}\left[\frac{\sigma_z - C_\mu \mu(\sigma_x + \sigma_y)}{E}\right]_m\end{aligned}\right\} \tag{1-46a}$$

$$\left.\begin{aligned}(\gamma_{xy})_m &= \frac{C_\sigma}{C_\varepsilon C_E}\left[\frac{2(1+C_\mu \mu)}{E}\tau_{xy}\right]_m \\ (\gamma_{yz})_m &= \frac{C_\sigma}{C_\varepsilon C_E}\left[\frac{2(1+C_\mu \mu)}{E}\tau_{yz}\right]_m \\ (\gamma_{zx})_m &= \frac{C_\sigma}{C_\varepsilon C_E}\left[\frac{2(1+C_\mu \mu)}{E}\tau_{zx}\right]_m\end{aligned}\right\} \tag{1-46b}$$

比较式（1－45a）、（1－45b）与式（1－46a）、（1－46b），可得相似指标为

$$\frac{C_\sigma}{C_\varepsilon C_E} = 1; \quad C_\mu = 1 \tag{1-47}$$

(4) 边界条件

原型的边界条件为

$$\left.\begin{aligned}(\bar{\sigma}_x)_p &= (\sigma_x)_p l + (\sigma_{xy})_p m + (\sigma_{zx})_p n \\ (\bar{\sigma}_y)_p &= (\sigma_{xy})_p l + (\sigma_y)_p m + (\sigma_{zy})_p n \\ (\bar{\sigma}_z)_p &= (\sigma_{zx})_p l + (\sigma_{zy})_p m + (\sigma_z)_p n\end{aligned}\right\} \tag{1-48}$$

模型的边界条件为

$$\left.\begin{aligned}(\bar{\sigma}_x)_m &= (\sigma_x)_m l + (\sigma_{xy})_m m + (\sigma_{zx})_m n \\ (\bar{\sigma}_y)_m &= (\sigma_{xy})_m l + (\sigma_y)_m m + (\sigma_{zy})_m n \\ (\bar{\sigma}_z)_m &= (\sigma_{zx})_m l + (\sigma_{zy})_m m + (\sigma_z)_m n\end{aligned}\right\} \tag{1-49}$$

将相似常数 $C_{\bar{\sigma}}$，C_σ 代入式（1－48），得

$$\left.\begin{aligned}\left(\frac{C_{\bar{\sigma}}}{C_\sigma}\right)(\bar{\sigma}_x)_m &= (\sigma_x)_m l + (\sigma_{xy})_m m + (\sigma_{zx})_m n \\ \left(\frac{C_{\bar{\sigma}}}{C_\sigma}\right)(\bar{\sigma}_y)_m &= (\sigma_{xy})_m l + (\sigma_y)_m m + (\sigma_{zy})_m n \\ \left(\frac{C_{\bar{\sigma}}}{C_\sigma}\right)(\bar{\sigma}_z)_m &= (\sigma_{zx})_m l + (\sigma_{zy})_m m + (\sigma_z)_m n\end{aligned}\right\} \tag{1-50}$$

比较式（1－49）与式（1－50），可得相似指标为

$$\frac{C_{\bar{\sigma}}}{C_\sigma} = 1 \tag{1-51}$$

可见，当模型满足相似关系式（1－39）、式（1－43）、式（1－47）、式（1－51）时，原型与模型的平衡方程、相容方程、几何方程、边界条件和物理方程将恒等。我们把这些式子叫做模型弹性阶段的相似判据。

(5) 相似关系在重力坝模型中的应用

重力坝承受的主要荷载是水压力、扬压力和坝体自重，水压力和扬压力是以面力形式作用，自重是以体积力形式作用，则有

$$\left.\begin{aligned}\bar{\sigma}_p&=\gamma_p h_p\\\bar{\sigma}_m&=\gamma_m h_m\\C_{\bar{\sigma}}&=C_\gamma C_l\\X_p&=\rho_p g\\X_m&=\rho_m g\\C_X&=C_\rho\end{aligned}\right\}\tag{1-52}$$

根据式（1－39）、式（1－43）、式（1－47）、式（1－51），可得重力坝模型试验的相似关系为

$$\left.\begin{aligned}C_\mu&=1\\C_\gamma&=C_\rho\\C_\sigma&=C_\gamma C_l\\C_\varepsilon&=\frac{C_\gamma C_l}{C_E}\\C_\delta&=\frac{C_\gamma C_l^2}{C_E}\end{aligned}\right\}\tag{1-53}$$

式中，σ，τ 为正应力及剪应力；u，v，w 为相应于直角坐标系 x，y，z 方向的位移；ε 为正应变；γ 为剪应变；l，m，n 为方向余弦；X，Y，Z 为体力；下标 m 表示模型，下标 p 表示原型；E_m，μ_m 为模型材料的弹性模量和泊松比；G_m 为其剪切弹性模量，且

$$G_m=\frac{E_m}{2(1+\mu_m)}$$

C_i 为原型和模型间相同的物理量之比，叫做相似常数，见 1.3.4 节中的内容。

1.5.2　塑性阶段的相似关系

模型受力超出弹性阶段后，在塑性阶段的应力、应变依然要遵循平衡方程、几何方程和边界条件，因此，由平衡方程、几何方程和边界条件推导的相似关系式（1－39）、式（1－43）、式（1－51）在塑性阶段依然适用。但由于在塑性阶段，应力、应变之间的关系不再服从弹性阶段的虎克定律，因而需按塑性阶段的物理方程推导相应的相似关系。此外，破坏试验还要求模型的强度特性也应与原型相似。

（1）*物理方程*

原型的物理方程为

$$\left.\begin{aligned}(\varepsilon_x-\varepsilon_0)_p&=\left\{\frac{1+\mu}{E[1-\varphi(\bar{\varepsilon})]}(\sigma_x-\sigma_0)\right\}_p\\(\varepsilon_y-\varepsilon_0)_p&=\left\{\frac{1+\mu}{E[1-\varphi(\bar{\varepsilon})]}(\sigma_y-\sigma_0)\right\}_p\\(\varepsilon_z-\varepsilon_0)_p&=\left\{\frac{1+\mu}{E[1-\varphi(\bar{\varepsilon})]}(\sigma_z-\sigma_0)\right\}_p\end{aligned}\right\}\tag{1-54a}$$

$$\left.\begin{aligned}(\gamma_{xy})_p &= \left\{\frac{2(1+\mu)}{E[1-\varphi(\bar{\varepsilon})]}\tau_{xy}\right\}_p\\(\gamma_{yz})_p &= \left\{\frac{2(1+\mu)}{E[1-\varphi(\bar{\varepsilon})]}\tau_{yz}\right\}_p\\(\gamma_{zx})_p &= \left\{\frac{2(1+\mu)}{E[1-\varphi(\bar{\varepsilon})]}\tau_{zx}\right\}_p\end{aligned}\right\}\tag{1-54b}$$

式中，ε_0 为体积应变；σ_0 为体积应力；$\varphi(\bar{\varepsilon})$ 为应变函数。

模型的物理方程为

$$\left.\begin{aligned}(\varepsilon_x-\varepsilon_0)_m &= \left\{\frac{1+\mu}{E[1-\varphi(\bar{\varepsilon})]}(\sigma_x-\sigma_0)\right\}_m\\(\varepsilon_y-\varepsilon_0)_m &= \left\{\frac{1+\mu}{E[1-\varphi(\bar{\varepsilon})]}(\sigma_y-\sigma_0)\right\}_m\\(\varepsilon_z-\varepsilon_0)_m &= \left\{\frac{1+\mu}{E[1-\varphi(\bar{\varepsilon})]}(\sigma_z-\sigma_0)\right\}_m\end{aligned}\right\}\tag{1-55a}$$

$$\left.\begin{aligned}(\gamma_{xy})_m &= \left\{\frac{2(1+\mu)}{E[1-\varphi(\bar{\varepsilon})]}\tau_{xy}\right\}_m\\(\gamma_{yz})_m &= \left\{\frac{2(1+\mu)}{E[1-\varphi(\bar{\varepsilon})]}\tau_{yz}\right\}_m\\(\gamma_{zx})_m &= \left\{\frac{2(1+\mu)}{E[1-\varphi(\bar{\varepsilon})]}\tau_{zx}\right\}_m\end{aligned}\right\}\tag{1-55b}$$

将相似常数 C_ε，C_σ，C_E，C_μ 代入式（1－54），得

$$\left.\begin{aligned}(\varepsilon_x-\varepsilon_0)_m &= \frac{C_\sigma}{C_\varepsilon C_E}\left\{\frac{1+C_\mu\mu}{E[1-\varphi(C_\varepsilon\bar{\varepsilon})]}(\sigma_x-\sigma_0)\right\}_m\\(\varepsilon_y-\varepsilon_0)_m &= \frac{C_\sigma}{C_\varepsilon C_E}\left\{\frac{1+C_\mu\mu}{E[1-\varphi(C_\varepsilon\bar{\varepsilon})]}(\sigma_y-\sigma_0)\right\}_m\\(\varepsilon_z-\varepsilon_0)_m &= \frac{C_\sigma}{C_\varepsilon C_E}\left\{\frac{1+C_\mu\mu}{E[1-\varphi(C_\varepsilon\bar{\varepsilon})]}(\sigma_z-\sigma_0)\right\}_m\end{aligned}\right\}\tag{1-56a}$$

$$\left.\begin{aligned}(\gamma_{xy})_m &= \frac{C_\sigma}{C_\varepsilon C_E}\left\{\frac{2(1+C_\mu\mu)}{E[1-\varphi(C_\varepsilon\bar{\varepsilon})]}\tau_{xy}\right\}_m\\(\gamma_{yz})_m &= \frac{C_\sigma}{C_\varepsilon C_E}\left\{\frac{2(1+C_\mu\mu)}{E[1-\varphi(C_\varepsilon\bar{\varepsilon})]}\tau_{yz}\right\}_m\\(\gamma_{zx})_m &= \frac{C_\sigma}{C_\varepsilon C_E}\left\{\frac{2(1+C_\mu\mu)}{E[1-\varphi(C_\varepsilon\bar{\varepsilon})]}\tau_{zx}\right\}_m\end{aligned}\right\}\tag{1-56b}$$

比较式（1－54a)、(1－54b）与式（1－56a)、(1－56b)，可得相似指标为

$$\left.\begin{aligned}C_\varepsilon &= 1\\C_\mu &= 1\\C_\sigma &= C_E\end{aligned}\right\}\tag{1-57}$$

式中，$C_\varepsilon=1$ 的物理意义是使模型的变形与原型的变形保持几何相似，即模型的破坏形态与原型的破坏形态满足几何相似。

（2）强度特性

模型自加载开始直至破坏的整个过程中，模型材料的强度特性，即应力－应变曲线和强

度包络线与原型材料相似，如图 1－3、图 1－4 所示。

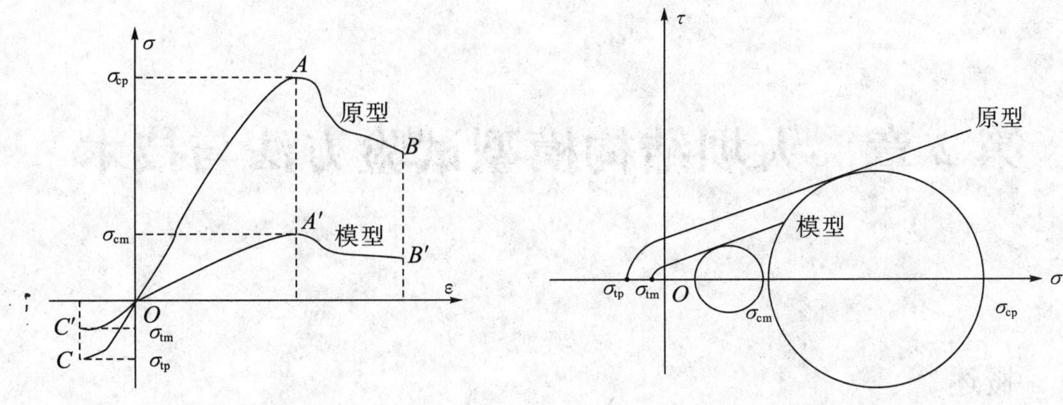

图 1－3　应力－应变曲线的相似图　　　　图 1－4　强度包络线的相似图

根据应力、应变的相似关系，模型材料的应力－应变曲线是原型材料应力－应变曲线在纵坐标方向缩小 C_σ 倍，在横坐标方向保持不变（$C_\varepsilon=1$）得到的；模型材料的强度包络线是原型材料强度包络线在纵、横坐标方向均缩小 C_σ 倍得到的。这表明模型材料的抗拉 $C_{\sigma t}$、抗压 $C_{\sigma c}$、抗剪强度 C_τ 都与原型材料的强度相似，即

$$C_{\sigma c}=C_{\sigma t}=C_\tau=C_\sigma \tag{1-58}$$

根据库伦（Coulomb）强度理论，抗剪断强度 $\tau=c'+f'\sigma$，则抗剪断凝聚力 c' 和抗剪断摩擦系数 f' 存在以下的相似关系：

$$\left.\begin{aligned}C_c&=C_\sigma\\C_f&=1\end{aligned}\right\} \tag{1-59}$$

通过式（1－58）、式（1－59），可使岩体和地基中各构造面或软弱夹层的抗拉、抗压、抗剪断强度满足相似，从而达到通过破坏试验研究原型破坏机理的目的。

第 2 章 大坝结构模型试验方法与技术

2.1 概述

水工建筑物的设计要满足安全、经济、适用三大原则，强度和稳定是反映安全的两大指标。其中强度反映在应力水平上；稳定则反映结构物的超载能力，一般用安全系数来表示。工程实践中，应力分析的方法有：以材料力学法为主的理论分析，以弹性理论为基础的有限元法，线弹性应力模型试验方法；稳定分析的方法有：以刚体极限平衡法为主的理论计算，以弹塑性理论为基础的有限元法，弹塑性模型破坏试验法。工程实践表明，以上的理论分析、科学与工程计算、模型试验三种方法是解决工程问题的有效的科学方法。三种方法均经历了长时间的发展和实践运用，其中，水工结构模型试验的发展大体经历了三个阶段，即创立阶段、推广阶段、深入发展阶段。

第一阶段：创立阶段是指从 20 世纪初到 40 年代中期。这一期间，由于大坝、水电站的建设和发展以及人们对水工物理模型认识的发展和相似理论的建立和完善，结构模型试验开始在设计中得到应用。这期间人们研究了许多用于结构模型的材料，如橡皮、石膏、光弹性材料等，并且开始对水工结构建筑物和其他的结构物进行了结构模型试验。在这个阶段，美国人威尔逊用橡皮制作过重力坝结构模型，其后又有人用橡皮制作过拱坝模型。法国、意大利、葡萄牙、日本、前苏联、英国等一些国家都结合工程实际开展了结构模型试验。特别是 30 年代，由于电阻应变片的问世，推动了量测技术的发展，同时也为结构模型试验的发展和推广开辟了广阔的前景。

第二阶段：20 世纪 40 年代中期到 60 年代末期是结构模型试验的推广阶段。在这一阶段，由于世界上水坝建设的迅速发展，水工结构模型试验也随之得到了极大的推广和应用。1959 年 6 月，在马德里举行的结构模型国际研讨会，全面讨论了结构模型的相似理论、试验技术及其实际应用情况。世界著名的意大利贝加莫结构模型试验研究所（ISMES），就是在 1951 年建立的，该所进行了大量的模型试验，用地质力学模型对大坝的稳定性进行研究，并给出了很有意义的成果，其特点是用大比例尺的模型，一般为 1∶20～1∶80。另一个著名的实验室是葡萄牙里斯本国家土木工程研究所（LNEC），建立于 1947 年。该所多用小比例尺的模型，一般为 1∶200～1∶500。在此期间，其他国家也相继开展了这方面的研究工作。

我国从 20 世纪 50 年代开始，在部分大专院校、科研院所，如清华大学、华东水利学院、武汉水利电力大学、成都工学院、中国水利水电科学研究院、长江科学院等，也相继建立了结构模型实验室，并开始针对实际水电工程开展了结构模型试验。试验初期是以线弹性应力模型试验为主，广东流溪河水电站拱坝（坝高 78 m）结构模型是我国第一个混凝土坝的结构模型；1958 年至 1959 年，进行了丹江口水利枢纽工程坝体应力及厂房坝段基础沉陷预测的光弹结构模型试验；1959 年至 1960 年，对长江三峡水利枢纽坝型选择比较方案的宽缝重力坝坝体应力问题，包括宽缝不同宽度、坝体不同坝坡等内容进行了系统的结构模型试验研究。到了 60 年代，结构模型在水电工程中的应用越来越多，试验技术也进一步完善提高。例如，开始了对地基地质构造的模拟研究；进行了拱坝和重力坝结构及破坏试验；进行了丹江口厂房不均匀基础沉陷和混凝土斜坡抗滑稳定结构模型试验；乌江渡拱坝（比较方案）进行了脆性材料整体结构模型试验等。这个时期的特点是：结构模型试验数量多，参与模型试验研究工作的单位多，直接用于解决工程设计实际问题多，而且在试验技术、材料研究、量测手段等方面都有了很大的发展。

第三阶段：20 世纪 70 年代开始直到现在，结构模型试验进入了新的发展阶段，即深入发展阶段。随着现代测试技术和模拟理论的发展、模型材料研究的深入以及新的模型试验技术的应用（如地质力学模型和离心模拟技术）等，进一步扩大了水工结构模型试验研究领域，推动了水工结构模型试验在工程中的广泛应用。例如，运用水工结构模型对坝体和基岩联合作用、重力坝的坝基抗滑稳定、拱坝的坝肩及地下洞室围岩的稳定、岩石边坡稳定和破坏机理等多个方面都进行了大量的试验研究工作。在这期间，随着长江葛洲坝水利枢纽工程、三峡水利枢纽工程以及其他一些水电站的兴建，水工结构模型试验在工程中的应用范围越来越广，研究的深度越来越深。例如，葛洲坝二江、大江电站厂房等结构应力模型试验研究；二江泄水闸和船闸建筑物的抗滑稳定和破坏试验研究；乌江渡工程混凝土拱围堰、拱形重力坝整体模型试验及清江隔河岩拱坝、二滩拱坝等三维地质力学模型研究。特别是在长江三峡水利枢纽工程中，结构模型试验发挥了巨大的作用。早在 1959 年就进行过三峡结构模型的试验工作，从 80 年代开始，结构模型试验为三峡工程的可行性研究、前期准备、初步设计和技术施工设计等不同阶段提供了大量的试验研究数据和成果。例如，船闸高边坡应力及稳定分析结构模型试验；厂房坝段应力和基础稳定结构模型试验；多孔洞溢流坝坝体应力分析结构模型试验等。同时在地质力学模型试验方面，随着材料学科的发展，在模型材料和实验方法上有了突破和创新。四川大学水工结构研究室经过多年研究，在模型材料上有重大突破，研制了新型的模型材料——变温相似材料，从而在一个模型上实现了强度储备法或综合法试验。变温相似材料及其试验模拟新技术已先后成功应用于多座大中型水电工程的试验研究中。

随着有限元分析方法和电子计算机技术的迅速发展，科学与工程计算方法得到了广泛的应用，一些小型工程和一般的结构问题，通常只进行计算分析就能满足工程的要求，不一定再进行结构模型试验。但是，随着我国水能资源的大力开发，越来越多的水工建筑物将修建在地质构造复杂的地基上，复杂的结构问题（如坝体内开设大孔口、拱坝设置诱导缝或周边切缝、坝体加高的应力分析等）以及复杂的地质构造问题往往需要多种方法进行分析和研究。模型试验是仿真的物理实体，能同时考虑多种因素，模拟多种复杂的地质构造和较复杂的建筑物，在基本满足相似原理的条件下，能更真实地反映地质构造和工程结构的空间、时间关系，避开了数学和力学上的困难，通过加载使模型从弹性阶段发展到塑性阶段以至最终的破坏，其试验过程和试验结果能给人以直观的概念和感受，便于从全局上把握工程整体力学特征、变形趋势和破坏机理，从而做出相应的判断。另外，通过物理模型试验，还可以对各种数值分析的结果进行校核和验证，充分发挥各种科学手段的优越性，并在相互比较中找出各自的缺陷所在，以求得到科学研究的不断改进和发展。对大中型工程采用模型试验和数值分析相结合的方式，可以从不同角度进行全面分析，从而相互验证、互为补充，以此全面分析和论证重大工程技术问题。当前在国内外许多重大工程安全稳定的研究中，模型试验和数值分析相结合的方法已成为主导，并为工程实际提供了可靠的依据。

本章主要介绍研究水工建筑物（主要是坝体）的结构模型应力试验和结构模型破坏试验，本章中将结构模型应力试验和结构模型破坏试验统称为结构模型试验。地质力学模型试验也属于破坏试验，但其研究重点是坝与地基的联合作用问题，将在下一章作重点介绍。

2.2 结构模型试验的目的及意义

水工结构模型试验的目的如下：

①研究水工建筑物在正常工作状态下的结构性态，也就是研究建筑物及基础在设计荷载作用下的应力和变形状态。

②研究水工建筑物结构本身的极限承载能力或安全度，以及在外荷载作用下结构的变形破坏机理及其演变过程，以确定结构的薄弱环节，从而对结构进行改进，使其各部分材料都能最大限度地发挥作用，或者对结构加固方案进行验证与优选。

③引入断裂力学的原理研究水工建筑物（主要是拱坝）设置诱导缝后结构的应力、变形及开裂破坏特征，还可以对诱导缝的位置进行优选。

④研究建筑物在设计荷载下或超载条件下，基础变形对上部建筑物应力分布的影响。

水工结构模型是将原型结构按相似原理做成模型。模型不仅要模拟建筑物及其基础的实际工作状况，同时还要考虑多种荷载组合（正常的和非正常的）以及复杂的边界条件。根据模型试验观测和采集到应力、应变、位移等数据，再经过模型相似率的换算，则可求得原型建筑物上的力学特征，以此解决工程设计中提出的复杂结构问题。所以，水工结构模型试验是一项非常重要的有意义的试验研究工作。

2.3 结构模型试验的分类

2.3.1 按受力阶段分类

结构模型试验分为结构模型应力试验和结构模型破坏试验两大类。结构模型应力试验通常是指线弹性结构应力模型试验，主要研究结构物本身在受力处于弹性范围内的应力应变分布情况及变化规律等，图 2-1 为重力坝结构应力模型。结构模型破坏试验亦可以称为弹塑性应力模型试验，与结构模型应力试验不同之处在于破坏模型的加载不限制在弹性范围内，而是将荷载继续增加直至模型破坏，即模型丧失承载能力为止。广义上，无论沿结构破坏还是沿基础破坏的试验都应属于破坏试验。这里的结构模型破坏试验主要是指沿结构破坏的一类，模型研究的重点仍是结构本身，图 2-2 为普定碾压混凝土拱坝结构破坏模型。

2.3.2　按结构类型分类

根据工程结构类型和工作条件的不同，结构模型试验可以分为整体模型、半整体模型和平面模型三种类型。整体模型多用于研究空间结构，如拱坝、连拱坝等；半整体模型用于研究独立坝段或局部结构，如重力坝的几个坝段、大头坝等；平面模型则用于研究重力坝、空腹重力坝、拱坝等平面问题，图 2－3 为沙牌碾压混凝土拱坝平面结构模型。

图 2－1　重力坝结构应力模型

图 2－2　普定碾压混凝土拱坝结构破坏模型

图 2－3　沙牌碾压混凝土拱坝平面结构模型

2.3.3　按材料本构关系分类

根据材料的本构关系，可以将结构模型分为线弹性结构模型和弹塑性结构模型。线弹性模型试验用于研究结构物受力在弹性范围内时的应力应变分布；而在此基础上再加载直至破坏，则属于结构模型破坏（即弹塑性破坏）试验。

此外，还可以根据模型设计分为静力结构模型试验、动力结构模型试验、温度应力模型试验和地下模型试验等。在本章中，按受力阶段分类的方法，即把结构模型试验分为结构模型应力试验和结构模型破坏试验进行介绍。

2.4 结构模型试验的相似性要求

2.4.1 结构线弹性应力模型的相似性要求

结构的线弹性应力模型试验可以简称为线弹性模型试验。通常通过这种模型试验来研究水工混凝土建筑物在正常或非正常工作条件下的结构性态，即研究在正常或特殊设计荷载作用下，建筑物（例如坝体）的应力和变形状态。这是经常采用的一种很重要的模型试验，它能反映出建筑物的实际工作状态，可为工程设计和科学研究工作提供可靠的试验数据。

从第 1 章模型弹性阶段的相似关系的推导可知，线弹性模型需要满足相似条件，其相似判据有：

①$\frac{C_\sigma}{C_X C_L}=1$。

②$C_\mu=1$。

③$\frac{C_\varepsilon C_E}{C_\sigma}=1$。

④$\frac{C_\varepsilon C_L}{C_\delta}=1$。

⑤$\frac{C_{\bar{\sigma}}}{C_\sigma}=1$。

其中，混凝土坝在自重和水压力作用下的相似判据有：

①$C_\gamma=C_\rho$。

②$C_\sigma=C_\gamma C_L$。

③$C_\varepsilon=\frac{C_\gamma C_L}{C_E}$。

④$C_\delta=\frac{C_\gamma C_L^2}{C_E}$。

概括地说，线弹性模型除了要满足几何相似和荷载强度相似条件外，还要满足原型和模型材料性能在弹性阶段相似的要求，即原型材料和模型材料的弹性模量 E 和泊松比 μ 应满足相似条件。具体地说，原型材料和模型材料的泊松比应该相等，即 $\mu_p=\mu_m$。式中，μ_p，μ_m 分别表示原型材料和模型材料的泊松比。

当坝体和坝基的弹性模量不同时，如图 2-4 所示，必须满足的相似条件为

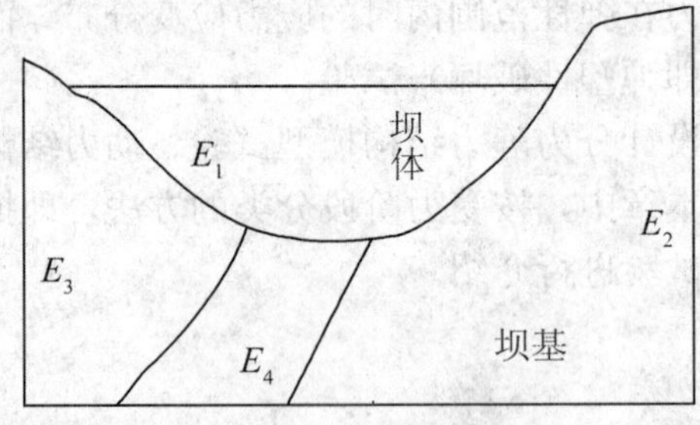

图 2-4 坝体和坝基弹性模量不同的结构模型

$$\frac{E_{1p}}{E_{1m}}=\frac{E_{2p}}{E_{2m}}=\frac{E_{3p}}{E_{3m}}=\frac{E_{4p}}{E_{4m}}=C_E$$

式中，E_{1p}，E_{1m}，…，E_{4p}，E_{4m}分别代表原型及模型的相应弹性模量值。当坝基中有地质构造如断层、软弱带等时，对线弹性模型而言，必须考虑其弹性模量之间的相似关系，即 C_E 应为常数。

在线弹性模型中模拟具有不同弹性模量的结构或地基时，主要有两种方法：一种是研制不同弹性模量的材料并满足相似关系的要求；另一种是在模拟坝基的材料上穿孔以按需要降低其弹性模量，葡萄牙国家土木工程研究所就常用这种方法，这种方法的缺点是使坝基模型成为各向异性的介质，而且无法测定坝基的应力，其优点则是不管坝基和坝体弹性模量的比值如何，可以预先浇制大块体，便于雕制模型。

2.4.2　结构模型破坏试验的相似性要求

结构模型破坏试验与结构线弹性应力模型试验的不同点是模型的加载不限制在结构模型材料的弹性范围内，而是继续加载直至结构模型破坏而丧失承载能力为止。应该说，无论是结构的破坏还是地基的破坏都属于破坏试验，但本章讨论的破坏试验主要是指结构本身的破坏，而对于地基与其上部结构相互作用下的破坏试验，本书将其作为地质力学模型试验，并在下一章进行介绍。

如前所述，结构模型破坏试验的目的是研究水工建筑物结构本身的极限承载能力或安全度，以及在外荷载作用下结构的变形破坏机理及其演变过程，以确定结构的薄弱环节，从而对结构进行改进，使其各部分材料都能最大限度地发挥作用，或者对结构加固方案进行验证与优选。另外，引入断裂力学的原理研究水工建筑物（主要是拱坝）设置诱导缝后结构的应力、变形及开裂破坏特征，还可以对诱导缝的位置进行优选。

从第 1 章模型塑性阶段的相似关系的推导可知，结构模型破坏试验需要满足相似条件，除了弹性阶段的相似判据，还应该满足如下相似判据：

①$\begin{cases}C_\varepsilon=1,\\C_\mu=1,\\C_\sigma=C_E。\end{cases}$

②$C_{\sigma c}=C_{\sigma t}=C_\tau=C_\sigma$。

③$C_c=C_\sigma$；$C_f=1$。

$C_{\sigma t}$，$C_{\sigma c}$ 分别为原、模型材料的抗拉、抗压强度的相似常数；C_c，C_f 分别为原、模型材料的凝聚力（抗剪强度）和摩擦系数的相似常数。

另外，对于研究诱导缝的开裂问题，还应引进断裂力学的相似原理，即原型与模型的开裂条件相似，也就是满足原型和模型的应力强度因子比和断裂韧度比相似，即

$$\left.\begin{aligned}&C_{KI}=\frac{K_{Ip}}{K_{Im}}=\frac{K_{ICp}}{K_{ICm}}=\frac{F_p\sigma_p\sqrt{\pi a_p}}{F_m\sigma_m\sqrt{\pi a_m}}=C_FC_\sigma C_a^{\frac{1}{2}}\\&K_{Ip}=K_{ICp},\ K_{Im}=K_{ICm}\end{aligned}\right\}$$

式中，K_I 为应力强度因子；K_{IC} 为材料的断裂韧度；C_a 为原、模型裂纹长度之比，即 $C_a=\dfrac{a_p}{a_m}$；C_F 为原、模型有限宽度修正系数之比，$C_F=\dfrac{F_p}{F_m}$，与裂纹的长度和间距有关。

2.5　结构模型试验的模型材料

2.5.1　模型材料的分类

由结构模型试验的分类可以知道，如果按材料的本构关系，可以将结构模型分为线弹性结构模型及弹塑性结构模型。线弹性结构模型中，其材料的本构关系属于线弹性力学研究的范畴，其应力应变关系服从广义虎克定律，在试验中可按照虎克定律将测得的应变换算成应力。但在弹塑性模型即结构模型破坏试验中，当试验在超载阶段，材料已超出其弹性范围，进入弹塑性阶段，此时试验测得的应变不能用来换算成应力，但可以作为判断结构安全度和开裂破坏的参考依据，从定性的角度去分析结构物的变形破坏特征。

2.5.2　结构模型试验材料选择

（1）结构模型试验材料的基本要求

模型试验在各试验阶段，即应力阶段和破坏阶段，由于结构受力情况存在差异，研究弹性范围内线弹性应力模型，与研究超出弹性范围直至破坏的弹塑性模型试验，对模型的相似要求、试验研究目的有着不同的材料要求。而在满足量测仪器的精度和便于模型加工制作等方面，两者对模型材料的要求存在相同之处。总结起来，两者都必须考虑以下要求：

①模型材料满足各向同性和连续性，与原型材料的物理、力学性能相似，且在正常荷载下无明显残余变形。

②两者泊松比相等或至少相近。

③要求模型材料的弹性模量应有较大的可调范围，以供选择，并且能满足试验要求的强度和承载能力。

④模型材料具有较好的和易性，便于制模、施工和修补。物理、力学、化学、热学等性能稳定，受时间、温度、湿度等变化的影响小。

⑤材源丰富，价格便宜，容易购买。

（2）应力模型对材料的特殊要求

结构应力模型试验研究的多为混凝土坝或浆砌石坝，在设计荷载作用下，原型坝中的混凝土或浆砌石基本处于弹性阶段，可以认为原型材料服从弹性力学中的假设和定律，即等向、均质、服从虎克定律等。因此，模型材料除必须满足上述共同要求外，还需满足以下要求：

①混凝土和石膏等模型材料在较小应力范围内存在非弹性残余应变，重复多次加载、卸载，其应力应变关系才趋于直线。选择材料弹性模量大于 2.0×10^{3} MPa 时，非弹性变形影响微小，可以忽略不计；小于 2.0×10^{3} MPa 时，可以通过模型测试前反复多次预压降低其影响。

②泊松比对应力应变影响较大，而结构应力模型以测应力应变为主要目的，对泊松比要求则更高。混凝土结构的泊松比 μ 为 0.17 左右，模型材料也应使 μ 值尽量接近 0.17。

（3）破坏模型对材料的特殊要求

结构模型破坏试验，特别是研究碾压混凝土坝诱导缝方案时，因为要实现开裂破坏过程相似，除对材料有上述共同要求外，必须满足模型材料和原型材料在弹性阶段和非弹性阶段的应力应变关系曲线完全相似，特别是非弹性变形也应满足相似。

2.5.3　石膏材料

在结构模型试验中，常采用的模型材料有石膏、石膏硅藻土、石膏重晶石粉、轻石浆等。其中石膏材料，主要是指纯石膏和石膏硅藻土，由于其可塑性和均匀性好，制作简易，且有可通过改变水膏比和添加其他混合材料，达到试验所需的物理力学参数等优点，在结构模型试验中已广泛应用于模拟混凝土坝及地基。纯石膏和石膏硅藻土材料的不同组成以及相应物理力学参数见表 2－1（根据中国水利水电科学研究院部分试验资料汇编而成）。

表 2－1　石膏模型材料组成及性能

材料	材料组成（质量比）				材料力学性能			
	容重 γ (g/cm^3)	石膏	水	外加剂	抗压强度 (MPa)	抗拉强度 (MPa)	弹性模量 (MPa)	泊松比 μ
纯石膏	1	0.7		12.9	1.9	6280	0.197	1.047
	1	1.0		5.3	1.3	3490	0.198	0.844
	1	1.3		4.0	1.0	2320	0.169	0.714
	1	1.5		2.9	0.7	1650	0.200	0.632
	1	2.0		1.5	0.3	1000	0.204	0.482
硅藻土	1	2.0	0.3	1.1	0.3	858	0.179	0.573
	1	2.0	0.5	1.3	0.3	974	0.188	0.645
	1	2.0	0.8	1.5	0.3	1200	0.200	0.716
	1	2.0	1.0	2.0	0.5	1560	0.189	0.752
	1	2.0	1.5	3.0	0.6	1960	0.195	0.884

（1）纯石膏材料

石膏作为结构模型材料已有 50 多年的历史。它属于脆性材料，其抗压强度远大于抗拉强度，泊松比为 0.2 左右；通过加水或掺入不同掺合料，可使模型材料的弹性模量在 0.08×10^3 MPa～10×10^3 MPa 之间。石膏材料成型方便，易于加工，性能稳定，非常适合于制作线弹性应力模型。

石膏模型材料系天然石膏矿石（主要成分为二水硫酸钙 $CaSO_4\cdot 2H_2O$，俗称生石膏），经煅烧脱水并磨细而成，由于煅烧温度、时间和条件的不同，所得石膏的组成与结构也就不同。结构模型试验常用的材料是 β 型半水石膏（$CaSO_4\cdot\frac{1}{2}H_2O$，俗称熟石膏或普通建筑石膏），属于气硬性胶凝材料，制作模型时，加水后重新水化成二水石膏，并很快凝结硬化，实现模型的浇制。化学反应过程如下：

$$CaSO_4\cdot\frac{1}{2}H_2O+1\frac{1}{2}H_2O=CaSO_4\cdot 2H_2O \tag{2-1}$$

上述化学反应过程为放热反应，并形成胶体微粒状的晶体，二水石膏的结晶体再互相联结，形成粗大的晶体，便构成了硬化的石膏。石膏的凝结速度主要取决于水膏比的大小，当拌合用水较少时，凝结速度过快，浇模时操作会有困难。有时可在石膏浆中掺入适量的缓凝剂，例如亚硫酸酒精废液或磷酸氢二钠等，用量为石膏重量的0.5%～1.0%，它可以延缓石膏初凝时间。必须注意的是，对于石膏及其掺合料，由于原料产地、煅烧工艺、磨细度的不同，其材料性质亦各有差异，在多次混合或不同批号的材料之间，其材料性质并不一定能保持不变，因此，对每批浇制的石膏原料，应选用同一厂家生产的同一批石膏，并且对每批浇制的模型材料，都需要进行有关性能测定。另外，半水石膏在凝结和硬化的初期，体积略有膨胀（约1%），但是进一步硬化和干燥时，体积又会有所收缩，而且收缩随水膏比的增大更显著。

硬化后的石膏，其性质（主要指强度和变形特性）与石膏粉的磨细度、水膏比（拌合用水和石膏的重量比）等因素有关。对同一批石膏材料而言，其物理性质主要取决于水膏比的大小。因为半水石膏变成二水石膏的硬化过程中，用水量不到石膏重量的1/5，未参加反应的多余水分在干燥过程中蒸发出来，结果使得石膏块体内部形成很多微小的气孔。因此，随着拌合水量的增多，材料的强度、弹性模量及容重等物理力学参数亦随之降低。石膏之所以广泛应用于作弹性范围内的模型材料，也正是利用了它的这种特性。

石膏和混凝土、岩石等材料相同，均属于脆性材料，抗压强度远大于抗拉强度。但是石膏材料的抗压强度值与抗拉强度值之比 n 要比混凝土、岩石等小一些，若以抗拉强度为相似判据，则抗拉强度相似系数要偏大些，因此计算原型拉应力时要进行修正，具体方法这里则不阐述。

石膏的弹性模量也与水膏比有关，当水膏比介于1.0～2.0时，其压缩弹性模量 E 与水膏比 K 值的关系可以采用以下经验公式估算：

$$E=3.6\left(\frac{1}{K}-0.1K\right) \tag{2-2}$$

式中，E 的单位为GPa。

石膏的泊松比随水膏比的变化不显著，其泊松比为0.2左右，可近似认为与混凝土泊松比0.17相近。

(2) *石膏硅藻土*

石膏硅藻土材料也是具有较好的线弹性的模型材料，在水膏比不变的情况下，随着硅藻土掺入量的增大，材料的极限强度、弹性模量以及容重等随之增大，其应力应变关系曲线和纯石膏材料也相似，见表2－1。这种材料由于容重比石膏高，并且可以根据要求配置成不同容重，因此适应性很广，但其线弹性性能不及纯石膏，且其材料配置较纯石膏材料相对复杂。当采用纯石膏材料，不能通过施加外荷载模拟重力时，可采用石膏硅藻土通过材料本身满足容重相似的要求。

2.6 结构模型的设计与制作

在进行模型试验之前，必须做好模型试验的设计工作，这是关键的第一步，它关系到试验的全过程。模型试验设计包括模型材料和模型比尺、尺寸的选择，坝基模拟范围的确定，加载和量测方法的选择和试验程序的设计等。这几项内容是相互关联的，要进行全面考虑。

2.6.1　模型设计的主要内容

(1) 准备工作

模型设计前要做好准备工作，简单地说，包括以下几个方面：

①检查试验操作所必需的硬件设施是否满足要求，确认实验室是否具有必要的保证试验精度、方便试验操作以及保证安全的条件和设施，加载设备和量测设备是否满足试验需求，等等。

②收集外来资料，如地形地质条件（包括地质构造的物理力学指标）、荷载及其组合方式（包括各种特征水位、淤沙高程等）、建筑材料的物理力学特性、枢纽建筑物所采用方案、基本数据及与试验有关的设计图纸等。

(2) 模型设计的主要内容

一般来说，模型设计需要在一定的相关工作经验积累的基础上进行，其主要内容如下：

①根据原型工程的设计资料和设计要求，拟订出可能采用的综合试验方案。

②选定合适的模型范围，确定模型的比例尺，合理简化模型地基的地形、地质条件和建筑物的尺寸。

③选择模型材料，确定相似常数，制定模型制作工艺方案。

④确定模型加载、量测的程序和方法等。

模型方案设计时，应当尽量考虑一个模型可以设计获得多个试验方案的成果，即尽量采取综合模型试验方案。以某个拱坝模型为例说明如下：

a. 先做非溢流坝的坝体应力试验。

b. 在坝顶开设不同宽高比尺寸的溢流口，再做坝体应力的对比试验。

c. 在坝身开设多个矩形大泄水孔，进行孔边及坝体的应力试验。

d. 在孔口上下游两侧加粘闸墩补强后，再进行孔边及坝体应力的改善情况试验。

e. 在坝体下游面加粘劲肋再测坝体应力。

f. 最后对选定的方案进行超载安全度试验。

2.6.2　确定合适的模拟范围

以水电工程为例，模型模拟范围在理论上应为原型坝址上、下游受荷载作用影响范围内的区域，但有时这样的要求往往需要模型做得很大，特别是对高拱坝，为一般的试验场地所不许可。根据以往试验经验，仅要求做到模型由于周边模型槽导致的增载应力较小即可，由此来选定合适的模型模拟范围。具体来说，有如下要求：

①重力坝断面模型试验：上游坝基长度一般不小于 $0.8H$，下游坝基长度一般不小于 $1.5H$，基础深度一般不小于 $0.8H$（H 为最大坝高）；

②拱坝模型试验：上游坝基长度一般不小于 $0.8H$，下游坝基长度一般不小于 $1.5H$，两岸山体厚度不小于该高程拱端（或重力墩）厚度的 4～5 倍，基础深度一般不小于 $0.8H$（H 为最大坝高）。

③对做破坏试验的模型，其模拟范围应包括地基内主要地质构造及其可能滑动面在内。

以上要求多是根据试验经验总结出的数据，仅供参考。在面对实际工程时，应该具体分析对待，不断修正和完善。例如，对于特别重要、精度要求很高的结构应力试验或坝肩稳定试验，模型上、下游基础的影响宽度及坝基的影响深度，均宜选用不小于3倍坝底宽度。当需要考虑包括地基内特殊构造时，上述尺寸需要作出特别调整。同时，还要考虑到模型材料的因素，调整模型比尺。

2.6.3 模型比尺 C_L 的正确选择

模型比尺的选取是十分重要的，因为它一方面要保证试验的精度，另一方面又要考虑到制作模型的工作量和经济指标。从相似比关系 $C_\sigma = C_\gamma C_L = C_E$ 可知，上述的四项中，C_γ 常通过自重相似或施加外力满足容重相似，使其等于1，其余三项中，只要定出其中一项，便可以从相似判据中得出其余两项，因而几何比尺的确定将决定选择材料各项性能指标。通过计算比较，当 C_L 太大时，虽然模型体积很小，制作工作量小，但其模型材料的强度和变形模量太低，且模型的加工精度及位移量测精度也要求过高，要达到要求是很困难的；而当 C_L 较小时，模型材料的强度及变形模量均较易满足，且加工较为方便，量测仪器也好布置，精度比较高。此外，模型比尺应结合试验场地的实际情况，当场地确定后，模型的大小必须控制在试验场地的范围以内，同时还必须给加载系统和量测系统的布置留出必要的空间。

当模拟范围确定以后，模型比尺的选择应根据原型工程特点及试验任务要求，结合试验场地大小及试验精度要求等综合分析。以混凝土高坝为例，意大利贝加莫结构模型试验研究所（ISMES）采用的比例尺一般为1∶20～1∶80；葡萄牙里斯本国家土木工程研究所（LNEC）采用的比例尺一般为1∶200～1∶500；我国则多采用1∶100～1∶300。

2.6.4 模型的制作

模型的制作分为模型槽制作、坝基砌筑、坝体浇制及拼接等部分，其中模型槽制作和坝体浇制需在前期完成，坝基砌筑和坝体拼接则依后有序进行。

（1）模型槽制作

模型槽即为模型的模拟边界，在选择模型的几何比尺之后，模型的边界也是确定的。模型槽的主要作用是承担坝基的边界约束作用和布置加载系统时承受千斤顶的反推力，同时，在模型槽内布置若干辅助线，将有助于模型砌筑和拼接时的放样和定位。此外，模型槽还起到保护模型和方便交通的作用。模型槽需建立在牢固的基础上，受外界干扰和气候影响要小。当结构模型为整体模型（如拱坝整体结构模型）时，此时模型一般较大，常用混凝土制作模型槽，并在模型槽上布置传压系统。当结构模型为局部模型时，模型相对较小，如模拟重力坝或支墩坝的若干坝段，可用钢化玻璃配合钢结构制作模型槽；当模型为拱坝的某层拱圈时，常搭建平台。

（2）坝基砌筑

坝基在模型槽制作好之后便可以砌筑，实际工程中地基材料一般不与坝体材料相同，且地基中存在各种结构面和节理裂隙。当地基为均质岩体时，模型中常采用石膏预置；当地基地质条件复杂时，常采用石膏掺重晶石粉等压制成的各种大、小块体，来分别模拟各种地质构造（如断层、蚀变带等）以及节理裂隙和连通率。但由于结构模型试验无论结构应力模型试验还是结构模型破坏试验，均以研究结构物（坝体）本身为重点，当对地基未作特殊要求时，可以对地基的模拟进行适当简化，只重点模拟对坝体应力应变影响相对较大的因素。

模型坝基的加工视具体情况而异。当坝体与坝基为同一均质材料时，对于小模型，坝体与坝基可一次浇成并雕刻成型；对于大模型，可将坝体与坝基分别加工成型。当坝体与坝基不是相同的均质材料时，坝体部分单独加工成型，并采用相应于坝基模型弹性模量的材料预制块，根据模型模拟的坝基范围，由简化的地形图及地质构造资料，分层分块加工成坝基模型。

(3) 坝体浇制及拼接

坝体的制作及粘结历时较长，一般先于或者与模型槽制作同步进行。坝体浇制分为下面几个步骤。

①模坯制作工艺及要求。坝体模坯常采用石膏材料制作，浇制前，应对所使用的石膏粉做准备实验，测定其物理力学指标，然后才能选用。对存放较久的袋装石膏，由于受潮影响，各袋质量不一，浇制的块体物理力学性能差别较大。即使是新购的石膏粉，由于天然石膏纯度上的差别，且在炉中煅烧程度不一，出场的石膏粉各袋的质量也有所差异。因此，浇制毛坯前最好能将使用的石膏混合拌匀再使用。

浇制坝体模坯时，先称好石膏粉和水的重量，将石膏粉逐步倒入盛水的桶中，边倒边搅拌，且搅拌要均匀及时，在石膏浆初凝前约 1.5～2.0 分钟时倒入预先装配好的木制模具中凝固即可，这时应特别注意防止漏浆。为了保证模坯质量，首先必须严格控制好水膏比，因为水分含量的多少直接影响块体的弹模和强度的高低。其次，根据材料的配合比拌合材料，必须使浇制的块体质量均匀，这既要注意搅匀，又要掌握好入模的时间。入模过晚，部分石膏浆已初凝；入模过早，石膏将可能产生离析现象，造成质量不均匀。同时要控制好石膏浆的入模高度，倒入石膏浆过高，带入空气，如气泡排不出，形成气孔，也会影响质量或产生过大的各向异性。当浇制拱坝坝体时，由于模坯较大，石膏浆较多，在条件可能的情况下，一次拌浆入模较为理想，同时注意排气，使气泡达到最少。因为模型拱坝常是倒置浇筑的，气泡不易排出。一般用一个下部接有大直径橡皮管的漏斗，先将石膏浆倒入漏斗，再进入坝体木模，以保证注浆高度。

关于模坯浇筑用的木模，一般用干燥、坚硬、变形小的木料制成，特别是拱坝木模，宜采用柏木或其他硬杂木，不宜采用松杉木。制作的坝体木模应比模型实际尺寸大些，使浇出的坝体模坯的厚度有一定的富余量，不宜将木模尺寸制成和坝体一样精确。因为浇制出来的模坯表面往往是一层硬壳并附有油污，力学性能也不稳定，而且模坯干燥过程中可能产生变形或局部损坏，加之制作木模的精度也难以准确等，这些势必影响几何尺寸。另外，为了雕刻坝体的需要和防止坝底损坏，木模应比模型坝体的高度适当高些，整个坝体弧长也应适当做长些，因为制作模坯时的不少气孔往往出现在拱弧端面附近，这些富余量待坝体雕刻成型后再按要求刮去。浇制好并已撤木模后的模坯如图 2－5、图 2－6 所示。

②模坯的干燥。模坯预置好后，待其硬化即可脱模。由于坝体模坯潮湿将降低电阻应变片的绝缘电阻，为了防止受潮影响，除做好应变片的表面防潮外，更重要的是要求模型材料必须干燥，并达到一定的绝缘度，否则会降低应变片的绝缘电阻，使其灵敏度降低，形成量测误差，甚至无法量测。因此，模型材料的干燥是保证量测质量的重要环节之一。只有模型材料达到一定的干燥程度后，其物理力学性能才稳定，所测得的数据才可靠。

石膏或石膏硅藻土材料浇制的模坯不易干燥，因为石膏极易吸潮，若试验进程允许，在每年的 5 月浇坯，经 6～8 月的高温天气自然干燥，效果甚好，且受热均匀，比人工干燥的

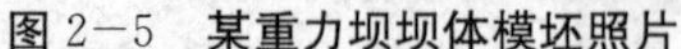

图 2-5　某重力坝坝体模坯照片

图 2-6　某拱坝坝体模坯照片

质量高。当然，也可用人工加热的方法进行干燥，有条件时可设烘房，用电炉或远红外板、远红外灯等进行烘烤。当采用 20 cm×30 cm 的远红外板烘烤时，必须注意，应严格控制温度不得超过 40℃～45℃，且模坯受热要均匀。温度过高，会形成脱水现象，致使模坯表面呈粉状，强度和弹模明显降低，这是不允许的。因此，烘烤时可在模坯表面悬挂温度计监测，以便及时调整烘烤温度。

根据以往实践，模坯干燥后，当绝缘度达到 1000 MΩ 以上即可储存待用，加工拼装时，其绝缘度一般均在 500 MΩ 以上。将这些加工成型的块体粘结成型，即便不用酚醛清漆封闭，其绝缘度亦可达 200 MΩ 以上，足以满足应变量测之需。

毛坯烘干后，其体型起始阶段会有所缩小，因此，毛坯大小应根据情况比实际模型稍大，但也不能过大，造成不必要的材料浪费和毛坯搬运难度的增大。若坝体较大或坝体较重，搬运时容易损坏，常将坝体分成几部分制作，同时一般情况要准备两个毛坯，一个备用，以防止另一个损坏而影响试验进度。干燥后一般还要检查坝体的干燥程度和均匀性，可采用超声波仪或声波仪检验其内部质量的均匀性，以便选择优质的块体制作模型。

③模坯雕刻与加工。由于毛坯较实际坝体大小要大，在拼结前和拼结后，要对毛坯进行多次修整。模坯加工既可人工加工，也可用机械加工，对于复杂的模型如拱坝坝体的雕刻加工，为保证加工精度，一般采用雕刻机进行加工，最后用人工精加工成型，对平面模型试验的模坯，亦可用机械刨平拼装，可大大缩短模型制作周期。

模型雕刻加工质量必须严格控制。如对拱坝模型而言，雕刻误差限制在 1 mm 以内。因此，加工必须精细。当采用人工加工模坯时，更应该严格控制几何形状和尺寸，反复用预先制作好的样板校正，而且宜由专人负责加工，以保证质量。

④坝体粘结与拼装。当地基砌筑到一定程度时，就应该把坝体粘结在基础上。若坝体分块，则坝的粘结也分步进行。但粘结时，必须保证坝体不能发生偏移，且不能对地基产生较大的附加应力和变形。

模型的粘结，首先需选用粘结剂。在石膏应力模型试验中，对粘结剂的要求是：具有一定的粘结强度，弹性模量与被粘结的模型块相近，固化后在室温下性能稳定。常用的粘结剂有以环氧树脂为主要成分的粘结剂、淀粉—石膏粘结剂、桃胶—石膏粘结剂等。此外，酵母石膏，即在一定的水膏比的石膏浆中加 3%左右的酵母，主要起缓凝的作用，可用于拱坝整体模型地基岩体的粘结。

选定粘结剂后，在模型进行粘结前，为了预防粘结液渗入而影响粘结质量和强度，应在粘结面上涂 2～3 次防潮清漆，每涂一次清漆，要待完全干燥后再涂下一次。粘结面在粘结前应拂刷干净，不留粉尘，以免影响粘结质量。

粘结时，应在两个粘结面上均匀涂抹上一层粘结剂，数量不可太少，应以粘结时在模型块上加压后缝面四周能挤出一些粘结剂为宜。粘结时应注意将气泡排净，以保证全面积粘合均匀。每粘结一层，都要有控制定位的措施，以防错位。

粘结时，应对粘结面上及其附近的应变片采取保护措施，以防粘结剂影响应变片的工作性能。常用的办法是应变片表面用蜡封好后，再在其表面涂凡士林，并盖上一层电容纸防渗。

2.7　结构模型荷载模拟及加载系统

目前，在结构模型试验中需要模拟的主要荷载有水荷载、自重荷载、淤沙压力、温度荷载等，其中面力荷载有上下游水（沙）荷载，体力荷载有自重、渗透水压力，另外还有地震荷载等。在静力模型试验中，对于地震荷载以及渗透压力、温度荷载等，目前的试验手段还不能准确模拟，若要模拟，一般采用近似方法进行等效荷载模拟。在结构应力模型试验中，可以考虑多种工况的荷载组合，从而测得各种工况下坝体的应力分布和位移分布。在破坏试验中，只能考虑一种荷载组合进行试验，通常考虑对稳定最不利的荷载组合进行模拟。

2.7.1　模型荷载的模拟

在结构模型试验中，可以考虑多种工况的荷载组合，从而测得各种工况下坝体的应力分布和位移分布。无论重力坝或拱坝，承受的荷载主要为自重和水沙荷载，重力坝还要考虑扬压力，而拱坝的温度荷载是影响应力应变分布情况的主要因素之一。两种坝型的加载方式存在异同，如图 2－7 所示，左图为重力坝，右图为拱坝，图中主要描述两者自重加载模拟及水沙荷载等的竖向分布，对于后者在坝体上游面的平面分块加载模拟，将在下一章地质力学模型试验部分介绍。

（1）竖向荷载

重力坝模型在模拟重力方面，由于重力坝或支墩坝靠自身重力维持稳定，其体型较大，重力是影响应力和变形的主要荷载因素。在模拟独立坝段的重力时，由于纯石膏材料较轻，不能满足容重相似，需要施加外力来实现重力荷载相似。常用的方法是在各坝段重心处采用拉杆挂砝码的方法来弥补重力荷载不足。这种方法的弱点是重心以上部位不受荷载，但下部荷载基本相似。当试验精度要求较高时，可将坝段沿高度方向分成若干层，计算出每层的重力差值，采用同样的方法在各自重心施加自重，这样可以有效地模拟重力坝的重力分布情况。

拱坝由于其应力分布情况相当复杂，研究拱坝的应力分布和变形情况对坝型的优化和材料的最佳利用意义重大。而拱坝特别是双曲拱坝在重力的模拟上，施加外荷载受模型限制，且双曲拱坝加载时可能产生不等效弯矩。因此，在拱坝的重力模拟时，常采用容重相似的方法，即模型与原型材料容重相等。常采用石膏硅藻土或在石膏材料中添加其他高容重材料（如重晶石粉、铁粉等）来增加模型材料的容重，然而，满足容重相似，势必对材料的弹、塑性相似产生影响。但是在荷载较高时，影响相对较小。

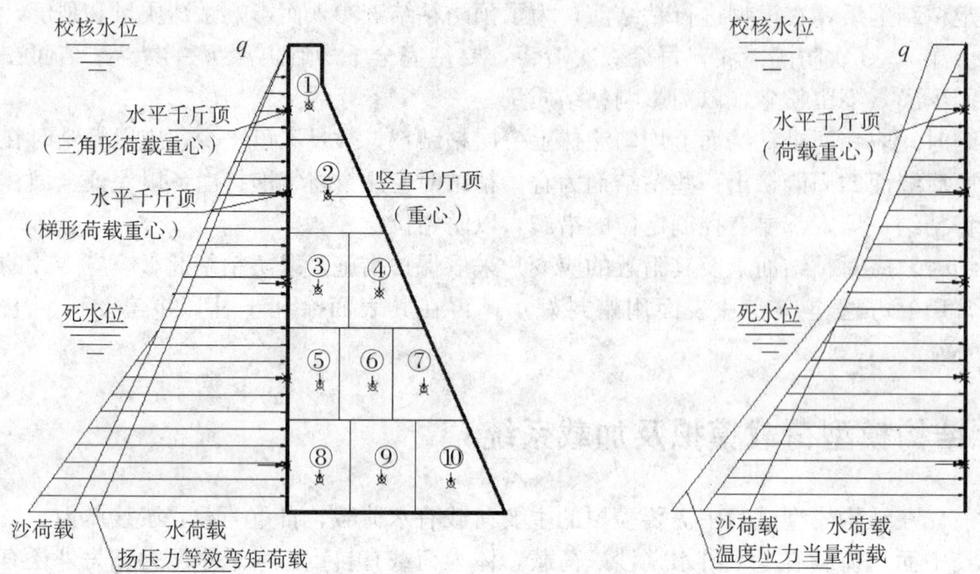

图 2-7 重力坝和拱坝坝体荷载分布及加载示意图

对于拱坝平面应力模型试验，由于拱圈以上重力不便施加且拱圈自重亦不便模拟，试验中，可采取面力替代体力，即在拱圈上部施加相当于竖向力差值大小的面力；或不模拟重力，而通过结合有限元计算进行修正。

(2) 水荷载

在施加水荷载时，重力坝和拱坝可以采用类似的方法施行，也是将各坝段根据情况分成若干层，计算出每层的三角形或梯形水荷载的大小，在每层荷载的重心处施加荷载，与施加重力荷载不同之处在于，水荷载一般采用千斤顶来施加荷载。千斤顶出力的选择应根据分块承受的荷载决定，并通过传压板，多次传压，使荷载有效地传递到坝面。坝面应尽可能采取减摩措施克服边界摩阻效应。这种加载方法，力的分布情况基本与实际情况相似。

(3) 扬压力

重力坝的扬压力是影响稳定的重要因素，但是结构模型主要研究结构物的应力应变状态及其破坏机理，由于在结构模型中扬压力模拟受限，因而一般情况下不作模拟。当确有必要模拟时，常对扬压力进行等效模拟，即通过自重折减等方式实现竖向力的模拟，通过增加水荷载模拟扬压力产生的弯矩。这样将实现坝体应力状态基本等效，只是会增大坝体的剪应力，但影响一般较小。

(4) 温度应力

拱坝温度应力在模型中的模拟尚未能得到有效解决，模型试验中，一般将温度荷载简化为当量荷载进行处理。

2.7.2 模型加载系统

模拟体力加载，常用分散的集中力代替自重，或者用集中力转变成面力代替体力。

模拟面力加载，目前有三种方法，即液体加载、气压加载和油压千斤顶加载，其中又以油压千斤顶加载最为常见。

(1) 油压千斤顶加载

油压千斤顶加载在有的书中将其归为液压加载系统的一类，但考虑到这类加载方式在模型试验中很常用，因此特别进行专门的阐述。

采用油压千斤顶加载的主要好处在于：

①能够根据需要连续调节千斤顶内的油压，改变压力强度，满足量测精度要求，还可以通过不同压强的试验值校核应力与变形大小。

②加压方向和大小可改变，能做自重加水压荷载的试验，适用于压力方向需要调整的模型试验。能不断增加压力强度，满足大压力的需要以及破坏试验的超载要求。

③在千斤顶底部安装压力传感器可以很好控制实际加载的大小，减小试验中模拟荷载出现偏差的几率。当设有稳压装置时，还可以满足模型试验对加载的稳定性要求。

油压千斤顶加载装置由高压油泵（电动或手动）、稳压器、分油器、油压千斤顶、量测仪表和传压垫块所组成，如图 2－8、图 2－9 所示。

图 2－8　WY－300/V 型自控油压稳压装置

图 2－9　高压油泵

稳压器实际上就是一个有足够容积的高压容器，其作用是使油压压强相对稳定。分油器把油泵或稳压器供给的高压油分配给各个油压千斤顶。它是一个内部为空心的矩形或圆形截面的压力钢容器，上面装置有与油泵或稳压器以及和油压千斤顶连接的接头。油压千斤顶根据它的活塞直径大小分为不同的规格。为了使集中力均匀作用在模型上，常设置传压垫块，一般是用钢板、木板或石膏块，并加上一薄层橡皮或毛毡。其中的垫块起到与坝面吻合的传力作用，橡皮起到垫层与定位作用，同时减少与加载面摩擦作用。在试验中，常在千斤顶的顶头和钢板垫块之间另加一个一头与千斤顶顶面吻合、另一头与钢板面吻合的圆形金属垫块，这样有利于传力和顶头定位。此外，钢板、垫块及橡皮间要用胶水粘结实，对于相邻的垫块间应有一定的间隔，以适应坝体受力变形而不影响各个垫块的传力；对于破坏试验，间距要适当加大，特别是坝踵，以便于在试验过程中对上游面以及坝踵开裂进行实时监测。

在选择千斤顶的型号、规格以前，要先根据相似原理，计算出模型上需施加的单位面力强度，再进行面力的分块计算和千斤顶的选择与布置。

(2) 液体加载

在结构模型试验中，水银是模拟坝面水压力的理想液体。水银液体压力呈三角形分布，其密度较大，为 13.6 g/cm^3，能使模型产生较大的变形，有利于提高量测精度。特殊情况下，也可采用其他不同容重的液体。

为了使水银液体作用于模型坝面，需要特制的橡胶袋盛水银或其他液体，这种橡胶袋是用高含胶量的橡胶板或锦纶丝橡胶板制造而成的。该橡胶袋内的净空可装水银厚约 1 cm～2 cm。在袋的底部处接两根小铜管或高压橡胶管，一根接水银筒，另一根接测压管。在袋的顶端接有相同管子，作为通气之用，以保证筒内水银面上的压力等于大气压力。水银袋与模型之间通常垫有泡沫塑料或毛毡，以减小与模型表面可能产生的摩擦力。在拱坝试验中的水银橡胶袋，其形状尺寸应与坝面吻合，并稍留余地，特别是高度应高出坝顶 5 cm 左右，以保证橡胶袋与模型坝面完全吻合。

根据试验经验，水银加载支承模板的形状尺寸应与加载坝面相适应，并具有足够的强度和刚度。从这个要求出发，对于形状单一或平面模型的水银加载模板，宜用木材制作；两侧模板，宜采用有机玻璃制作。边侧与模型侧面间的空隙距（1.5 mm 左右）应严格控制等距。有时加载装置要设置水银筒，可以采用提高水银筒、用气压或水压等办法使水银流入袋内，其液面高程可由测压管量测。

由于水银有毒，水银加载系统在使用前，要经过严格的检查和加固，特别是加载橡胶袋及管口接头处，均需保证不漏；在水银加载时，应防止空气在测压管内阻塞水银，在卸载时应控制水银筒降低的高程，务必使测压橡胶管内充满水银。为了保证加载的准确，模板与加载坝面间的距离要相对固定，需要预先放好样线控制，这对保证量测数据的稳定是必须的，还可以防止模型不会误被模板顶坏。为了将坝面高程精确地表示到测压标高尺板上，可用装清水、两头接有连通橡胶管的玻璃管定位，测压板的标高尺板位置要严格固定，不允许上下移动。

由于水银一旦使用不慎会对人的健康产生较大危害，因此，现在一般不采用这种加载方式。加之水银的比重是一个常数，所以一般只有线弹性应力模型试验加载时才采用。

（3）气体加载

考虑到水银的毒性，从而出现了气压加载的方法。该方法是用乳胶做成气压袋，根据静水压力的分布规律，用多条气压袋充气对模型加载，以阶梯状的压力分布代替三角形压力分布。每条气压袋用橡皮管与气压加载控制部分（即测压管）或压力定值器连接。根据需要的压力数值，把测压管或压力定值器指针调整到所需压力位置，以保证气压袋的压力恒定。气压加载只适用于线弹性应力模型试验。虽然气压强度可以改变，但是，由于气压袋能承受的压力有限，为了安全起见，气压加载方法一般不用于破坏试验。

2.8 结构模型试验量测技术

试验量测的任务是通过模型试验获得所需的各种参量，并将他们变为分析问题所依据的数据、图表或曲线等，而量测技术则是为了实现这一目的而制定的合理方案和具体手段。量测的物理量通常包括应力（实际上是量测应变）、荷载、位移、裂缝等。结构模型的量测系统主要包括对结构物及其基础的应变量测和位移量测两部分。测点布置时，据结构物的重要部位和试验的目的，在某些典型部位（如坝踵、坝肩、拱冠等）、变形较关注的部位（如断层上下盘、蚀变带等）以及其他部位（如坝基面等），选择相应的测点，通过数据分析和对比，找出应力分布和破坏发展的规律。

目前，在量测方法上，大体上可以归纳为三类，即机械法、光测法和电测法。

机械法是一种早期使用的较为直观的方法，从简单的千分表到精密杠杆引伸仪都属于这一类。机械法具有设备简单、无需电源、抗外界干扰能力强和稳定可靠等优点，故仍为目前某些试验的量测手段；但由于具有设备体积大、灵敏度低、不能远距离观测及自动记录等缺点，所以在近代模型试验中除少数场合外，大都已被电测法所取代。

光测法主要有光测弹性应力分析法和近年发展起来的激光全息干涉法、散斑干涉法以及云纹法等。由于模型材料多为脆性材料，具有不透光性，光测法仅在某些用于表面涂层法或光弹贴片法的应力量测中使用。

电测法具有灵敏度高、变换部位尺寸小、容易多点自动量测和记录、易于与通用仪器及信号处理设备接口等优点。电测法的主要不足之处是内部应力量测比较麻烦，在应力集中的测点量测精度较差。此外，电测法在量测中的累积误差处理不当时会增大误差，故要求有较高和较为严格的使用技术。随着微型电阻应变片的生产，以及粘贴技术和量测仪器的进步，电测法的不足之处已得到很大改善，应用愈加广泛。目前，它是量测应变和位移以及其他一些参量的主要方法，应用较为广泛。电测法的基本原理以及量测应变和位移、监测裂缝的方法，将在下面详细阐述。

2.8.1　电测法的基本原理

(1) 电测法基本原理

电测法的基本原理是将被测物理量（应变、荷载、位移等）转换成相应的电学数值（如电压、电流、电感），然后利用电学仪器进行量测和分析处理。电测系统的组成，大致可由如图 2－10 所示的图框来表示。

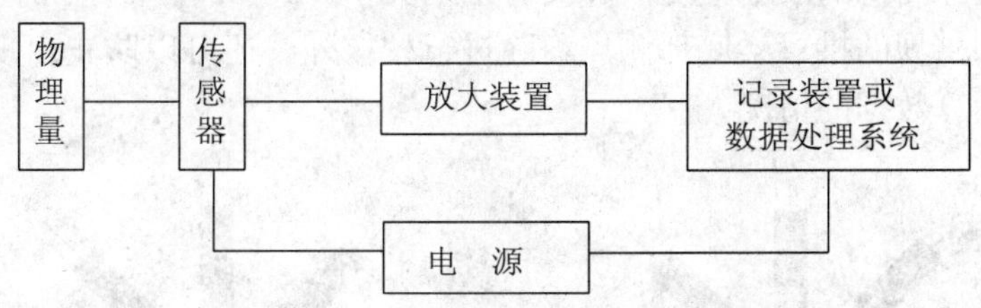

图 2－10　电测法的基本原理图

由图 2－10 可以看出，电测法的量测系统主要包括以下四个部分：

①感应部分。通常称为传感器或应变计，它附着在被测结构上，当结构受力后，使非物理量转换为电学量，是一种基本转换元件。

②放大部分。由传感器传递出来的电学讯号非常微弱，必须经放大器加以放大，才能推动电表将讯号显示出来。放大部分常由整流器、放大器、滤波器等组成。

③记录装置或数据处理装置。被测的非电物理量经过传感器转换为电学量，并经放大装置放大后，再由记录装置记录下来，或立即由数据处理系统进行分析计算，得出所测结果。

④电源部分。经过稳压装置的稳压电源，供给全部量测系统的各个组成部分。

这四个组成部分中，传感器是电测系统中的核心部分。传感器的类型很多，随量测对象及要求的不同而异。在脆性材料结构模型试验中，一般使用电阻丝传感器，即应变片，应变片的原理将在后面详细阐述。

(2) 量测的准备工作

一般来说，量测的准备工作有以下几个步骤：

①量测方案的拟定和应变测点的布置。根据被测模型的应变量测的目的及要求拟定量测方案，结合理论计算，特别是与模型试验相配合的有限元计算所得的应力和位移分布规律进行布点。对某些可能出现的最大受力部位和应力集中区，应着重布点量测，但要注意分析布点的合理性。

另外，测点布置尽可能利用结构物的对称性，如拱坝整体模型试验，便可考虑着重布置半拱区，若两岸地基岩性差异太大，亦需全拱布置。也可采取在对称位置上布置适当的测点，以便校核和比较，如重力坝平面模型试验，以一面为主测面，重点布置测点，在另一面选择一些重要部位布置相应测点校核，以增加测试结果的可靠性。

②贴片。当测点位置选定后，便可根据量测要求布片，一般每个测点布置三片互成45°的直角式应变片（或称应变花），如图2－11所示。

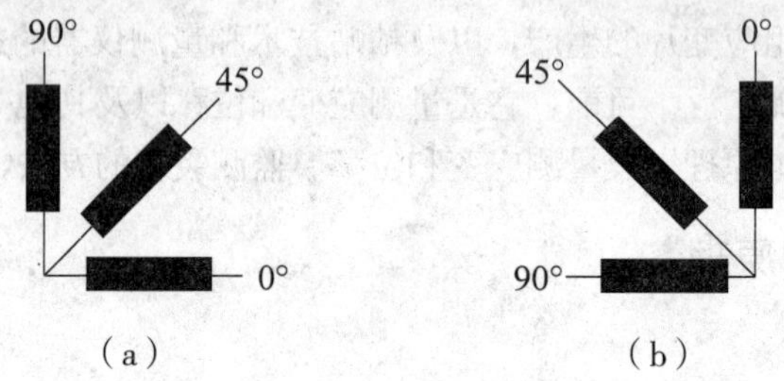

图2－11　直角式应变片的两种布片形式

为了检验测量值是否正确，有时可布置成四花，即在互成45°四个方向，各贴一片，如图2－12所示。这样测得的四个应变值，具有下列关系：$\varepsilon_0+\varepsilon_{90}=\varepsilon_{45}+\varepsilon_{135}$。四花片可用于某些重要部位，如拱坝的拱冠梁底部测点，除进行校核外，还可以防止出现个别应变片损坏后得不到测点的计算数据的情况。

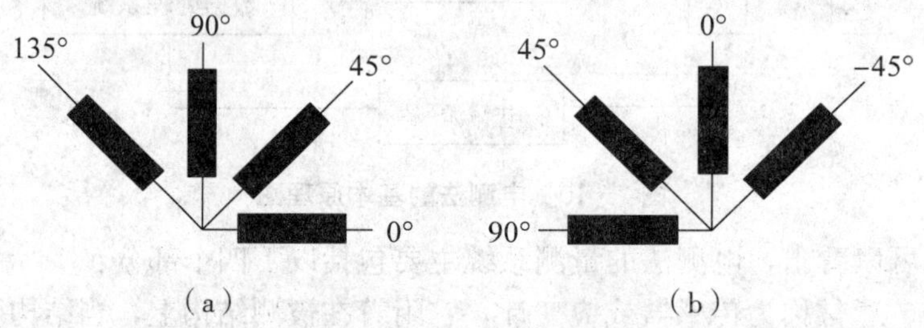

图2－12　四花片的两种布片形式

测点应变片的布置方式也可以采用其他布片形式，如等角应变片，如图2－13所示。

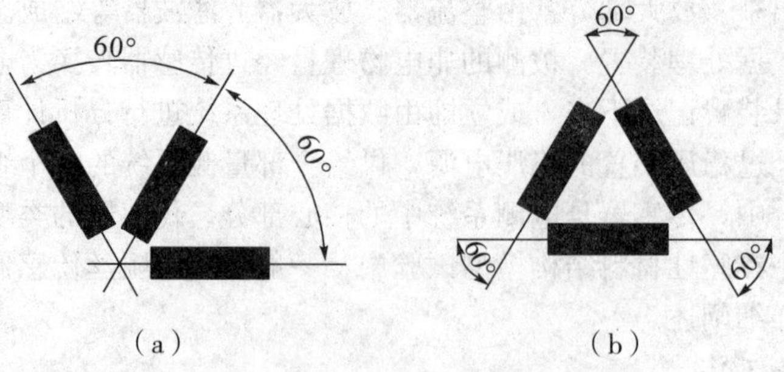

图2－13　等角应变片的两种布片形式

③拟定加载程序。这也是应变量测的重要环节。对于结构应力模型而言，多以石膏为模型材料，量测限于弹性范围内，同时考虑到石膏材料的抗压强度较低，试验一开始不能直接加载至坝体的设计荷载，通常采用由低到高分级加载量测，每级荷载反复测读三次以上，以排除某些偶然因素影响。

④仪器设备检验和做好各项准备试验。首先，在进行仪器和设备安装前，必须进行检验或标定，如检查应变仪的灵敏度是否足够、电容是否正常、加载千斤顶是否进行标定，预调平衡箱的电阻等。其次，对被测结构物所用的模型材料试件进行物理力学指标测试，如弹性模量、泊松比等，以备量测结果计算用。另外，对布置的量测电路进行全面检查，特别是应变片的绝缘、防潮和温度补偿等是否可靠。

2.8.2　应变的量测——电阻应变片

从图 2－10 量测系统框图中，可以看出传感器是直接和被测对象发生关系的，其性能的好坏直接影响量测结果的可靠程度及量测精度。

一个传感器分为非电量接受部分和机电交换部分。传感器并不将原始被测的非电量直接变为电量 E，而是最初被测的非电量作为传感器的输入量，先由非电量接受部分加以接收，形成一个适合于变换的机械量，再由机电变换部分将机械量变换为电量 E。因此，一个传感器的性能，是综合了接受部分和变换部分的性能后，最终输出传感器的输出电量 E 的性能。

接下来就以最简单的传感器——电阻应变片为例，进行介绍。

(1) 电阻应变片的构造

应变片由敏感元件、基底、引出线、覆盖层组成。在如图 2－14 所示的丝栅式应变片中，1 代表电阻丝（敏感元件），为直径 0.02 mm～0.03 mm 的康铜丝绕成丝栅，常称敏感栅。用粘结剂把丝栅紧贴在基底 2 上，丝栅两端用较粗的引出线 3 接出，以便焊接量测导线。然后在丝栅面上覆盖一层保护纸（或膜）4 形成一张完整的应变片。l 为应变片的标距或基长，它是丝栅沿纵向量测变形的有效长度。a 为应变片丝栅的宽度。

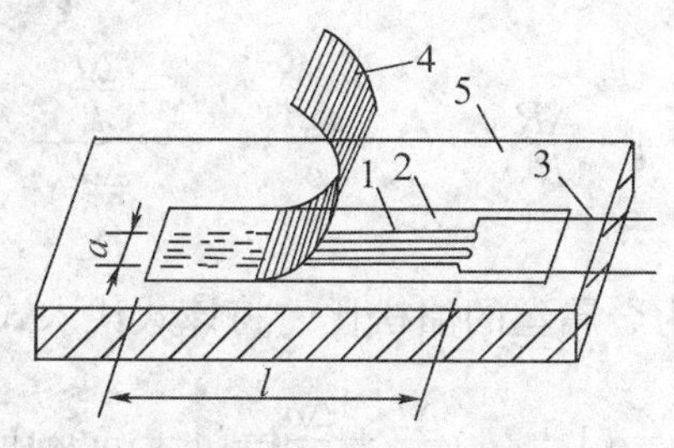

图 2－14　应变片的构造

1. 康铜丝绕成的丝栅；2. 基底；3. 引出线；4. 保护纸或膜；5. 被测结构

敏感元件是指电阻金属丝或合金箔以及半导体材料，可按敏感元件的不同分为圆头栅式、平头栅式、金属箔式、半导体式等。在水工结构模型试验中，最常用的是电阻丝应变片。

基底除有固定丝栅的作用外，还对被测结构有绝缘作用。应变片基底材料的种类很多，按应变片的基底材料不同，又分为纸基和胶基两种，尤以纸基应变片应用最多，一般多用烤贝纸或烟卷纸做成。这种纸很薄，贴片后由于胶水的渗透作用，可以认为贴片和制片用胶相互结合，而纸在工作中不起作用，因而传力性能较好。

引出线用来接出焊接量测导线。

覆盖层主要起保护作用。

(2) 电阻应变片的工作原理

应变片的基本工作原理是基于电阻丝受力变形后，其电阻值发生改变这一物理现象。用电阻应变片作为传感元件，将被测构件表面指定点的应变转换成电阻变化，再通过电阻应变仪将此电阻变化转换成电压（或电流）的变化并加以放大，然后以应变的标度给出指示，或者将模拟被测点的电信号输入到记录仪器进行记录；也可以把电信号输入到计算机等装置进行数据存储和处理，并将最后结果打印或显示出来。

设有一根圆截面的金属丝长为 l，截面面积为 A，电阻率为 ρ，则其初始电阻 R 为

$$R=\rho\frac{l}{A} \tag{2-3}$$

若导线受轴向力 F 后伸长 Δl，则其应变为 $\varepsilon=\frac{\Delta l}{l}$，$\varepsilon$ 值通常很小，常用 10^{-6} 表示。例如，$\varepsilon=0.001$ 表示为 1000×10^{-6}，称为 1000 微应变或 $1000\mu\varepsilon$。

由于金属丝拉伸后，横截面积 A 减小 ΔA，导线直径 d 相应减小 Δd，电阻 R 改变 ΔR，电阻率 ρ 改变 $\Delta\rho$，由式（2－3）可得

$$R+\Delta R=(\rho+\Delta\rho)\frac{l+\Delta l}{A-\Delta A} \tag{2-4}$$

由式（2－3）与式（2－4）相除，得

$$1+\frac{\Delta R}{R}=\left(1+\frac{\Delta\rho}{\rho}\right)\frac{1+\frac{\Delta l}{l}}{1-\frac{\Delta A}{A}}$$

将 $A=\frac{\pi}{4}d^2$，$\Delta A=\frac{\pi}{4}(2d\Delta d-\Delta d^2)$ 代入上式后，得

$$1+\frac{\Delta R}{R}=\left(1+\frac{\Delta\rho}{\rho}\right)\frac{1+\frac{\Delta l}{l}}{\left(1-\frac{\Delta d}{d}\right)^2} \tag{2-5}$$

又因为 $\frac{\Delta d}{d}=\mu\frac{\Delta l}{l}$，其中，$\mu$ 为金属丝的泊松比。将该式代入式（2－5）中，化简得

$$\frac{\Delta R}{R}=(1+2\mu)\frac{\Delta l}{l}+\frac{\Delta\rho}{\rho}=(1+2\mu)\varepsilon+\frac{\Delta\rho}{\rho}$$

或

$$\frac{\frac{\Delta R}{R}}{\varepsilon}=1+2\mu+\frac{\frac{\Delta\rho}{\rho}}{\varepsilon} \tag{2-6}$$

式中，$\frac{\frac{\Delta R}{R}}{\varepsilon}$ 为单位应变的电阻变化率，一般称为金属材料的灵敏系数 K_0，则

$$K_0=\frac{\frac{\Delta R}{R}}{\varepsilon} \tag{2-7}$$

由式（2－6）可知，金属材料的灵敏系数 K_0，受两个因素影响：一个是由于受力后材料的几何形状发生变化所引起的，即（$1+2\mu$）项；另一个是受力后材料的电阻率发生变化而引起的，由 $\frac{\frac{\Delta\rho}{\rho}}{\varepsilon}$ 项表示。根据以往对多种材料的实验证明，后一因素确实是存在的，即电阻率 ρ 亦随应变改变而发生变化，且非常量。这是由于材料产生应变时，材料内部的自由电子的活动能力和数量发生变化而引起的，但电阻率的变化规律还有待深入研究，所以 K_0 值只能从试验中求得。常用以下公式：

$$\frac{\Delta R}{R}=K_0\varepsilon \tag{2-8}$$

式（2－7）为单一金属丝的灵敏系数 K_0，并非应变片的灵敏系数 K，因为应变片为多条金属丝组成的丝栅。以圆头栅式应变片为例，受力拉伸时，圆头部分伸缩率和直线部分不同，这就是应变片的横向效应（或横向灵敏度），加之被测结构物的横向变形影响，因此它的灵敏系数 K 和单丝灵敏度 K_0 不同。圆头栅式的灵敏系数 K 可由下式定出：

$$K=K_0\left\{1-\frac{\pi\lambda(n-1)(1+\mu)}{2[n+(n-1)\pi\lambda]}\right\} \tag{2-9}$$

式中，K_0 为单丝的灵敏系数；n 为阻丝的排数；$\lambda=\frac{r}{l}$，r 为圆头部分一端的长度，l 为直线部分长度。

因此，应变片的 K 值由制造厂商标定出，实际上已将横向效应包括在内了，K 值一般在 1.5～2.5 范围内。故，应变片电阻的量测公式为

$$\frac{\Delta R}{R}=K\varepsilon \tag{2-10}$$

已知应变片的 K 值，将其接入量测电路，便可测得试件变形前后的电阻改变量 ΔR，然后由式（2－10）求得应变 ε。实际应用中，为了使用方便，在量测电阻变化的仪器——应变仪的读数盘上，直接按应变来分度，这样便可直接读出应变值，不需另行换算。常用的电路量测方法为惠斯通电桥量测法。

(3) 量测电路基础——惠斯通电桥

应变片就是将构件的应变变化转换成电阻的变化，然后通过应变仪将微弱的电阻变化 ΔR 进行放大，再转换成应变读数 $\Delta\varepsilon$。其中的量测电路便是由惠斯顿电桥组成的，而应变片接在电路里作为电桥的一部分进行工作。惠斯通电桥的工作原理如图 2－15 所示。

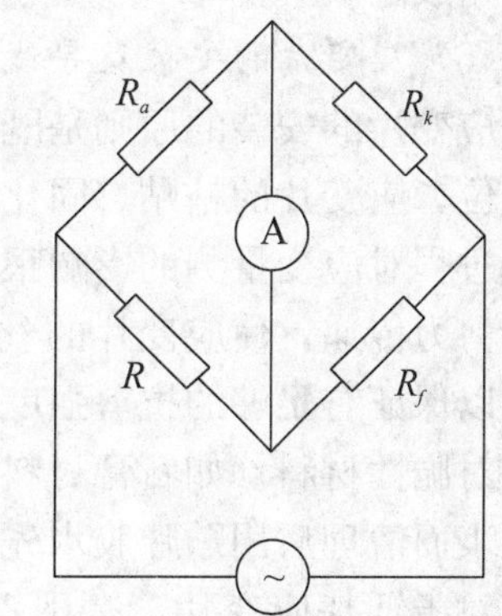

图 2－15　惠斯通电桥的工作原理

图 2－15 中，R_a 为工作应变片，R_k 为补偿应变片，R 和 R_f 分别为电桥可变电阻和固定电阻。将工作应变片、补偿应变片用导线接入电桥后，模型在受荷载作用以前，要调整电阻 R，以使电桥平衡（使微安表 A 的电流为 0），即

$$\frac{R_a}{R}=\frac{R_k}{R_f}$$

当模型受荷载作用后，工作片（R_a）因随模型变形而改变阻值，这时电桥平衡遭受破坏，调整可变电阻，使电桥恢复平衡，即可读出 R_a 阻值的改变值 ΔR_a，其与模型应变值存在下式关系，从而可得模型测点的应变。即

$$\varepsilon=\frac{1}{K}\frac{\Delta R_a}{R_a} \tag{2-11}$$

式中，K 为应变片的灵敏系数，与电阻丝的材料性质有关。

(4) 应变片的选择

①品种选择。应变片的品种很多，一般应按测试要求及工作条件进行选择。对一般脆性材料结构模型试验而言，最常用的是康铜纸基应变片。

②阻值选择。由于目前经常使用应变仪的设计及仪器率定均以 120 Ω 电阻值为标准，当选用阻值不是 120 Ω 时，要对量测结果的数据进行修正。此外，采用阻值较大的应变片，当电桥的电抗分量较大时，可以提高灵敏度，并且可以减小导线引起的绝缘电阻变化产生的零点漂移。国产的应变片的电阻值多在 60 Ω～320 Ω 之间，尤以 120 Ω 居多，因此，无特殊要求时，应变片阻值最好选用 120 Ω 为宜。

③标距（或基长）选择。在进行应变片几何尺寸的选择时，其基本参数之一就是“标距”l，这是指应变片的栅长 l。所测得的应变值，实际是以栅长范围内的平均应变来代替这一长度内某点的应变的。量测结构上某点的应变，其准确度取决于应变片标距的大小，标距 l 越小，准确度越高，l 趋于零，才能得到该点的真正应变。实际上，应变片的标距不能为零，当标距较大时，其阻值的变化 ΔR 是整个标距内的总和，所得应变也是这一标距内的平均值。

因此，主要根据模型的比例尺大小及应变的变化率来选用合适的标距，以便较真实地反映测点的实际应变。不同材料制成的模型，应变片的选择有所区别。对均质材料结构（石膏模型），选择小标距应变片。对非均质材料构件（混凝土构件），应变片标距至少要比骨料最大直径大 3～4 倍。同时，根据结构物尺寸的大小和量测部位应力梯度变化的情况选择标距，对结构物应力集中的部位，由于应力梯度变化大，应选择标距较小的应变片；反之，其标距可适当放宽。

(5) 应变片的安装及导线布置

应变片的安装的原则是既要求牢固，又要求准确。应变片的安装包括结构表面清理、测点定位、应变片的粘贴、固化、安装连接导线、固线、质量检查和保护层敷设等过程。这些工艺过程对应变量测的影响很大。因为被测结构的机械应变，是通过应变片和结构间的结合面的剪力传递，使应变片的丝栅和结构产生共同的形变，这就要求粘结胶层均匀并充分固化，以保证有足够的抗剪强度。

对脆性材料（如石膏材料）结构模型，贴片前对贴片部位先进行表面清理，保证表面平整。表面清理后用贴片胶水先行涂底保护，然后定出应变片丝栅中心线的位置，便可进行贴片。对于纸基应变片，常用乙基纤维素作粘结剂进行粘贴，即在测点部位先涂上一层约 0.2 mm厚的胶水，将涂好胶水的应变片不加压地放在粘贴位置，并移动应变片使其丝栅中心线对准测点放样线；再用一小块玻璃纸覆盖其上，并用拇指轻轻滚压，将多余的胶水从应变片下挤出，使片子与构件密合。

应变片的引出线和导线的连接采用焊接。焊接前先用胶布将引出线固定（或导线焊好后

再行固定），剪去过长的引出线段，然后将导线端部刮净、点锡，再行焊接，必须防止虚焊。焊线完成后，再用胶布将导线整齐固定，同时注意接头部位不能短路。导线一般使用聚氯乙烯多股铜导线，也有用漆包线与量测仪器连接。不过，工作片和补偿片所使用的导线长度要相同，否则影响电桥调平。同时，在量测过程中不能搬动导线，以免造成分布电容的改变，影响量测结构；而且对多余的导线不能绕成圈状堆放，以免形成电感增加阻抗，应散开放置。

（6）应变片的粘结剂

应变片的粘结剂的基本要求：粘结力强，抗剪强度高；传递应变性能好；物理化学性能稳定，绝缘性能好；固化快，使用工艺简便；收缩小，徐变和机械滞后小等。

在脆性材料结构模型试验中常采用的粘结剂有：

①乙基纤维素粘结剂。这种粘结剂的工作温度为－50℃～80℃，适用于纸基应变片，价格低，使用方便，可在常温下固化。

②氰基丙稀胶脂粘结剂。常用的有501和502两种型号。它能在1分钟内固化，急用时可在半小时内粘贴量测。对纸基片和胶基片均适用，不宜在强烈振动和多孔性的材料上使用。这种粘结剂的工作温度为－40℃～70℃。

③环氧树脂粘结剂。这种粘结剂的特点是粘结强度大，绝缘性能好，防水防潮，适于在金属或混凝土结构上贴片用，也可用于模型块的拼装，适用温度在80℃以内。

（7）应变片的防潮

应变片的丝栅与被测结构物的电阻称为应变片的绝缘电阻，它是影响应变量测的突出因素之一。水潮对应变片的影响很大，直接影响应变片本身的电阻，影响应变片阻丝之间、接头之间以及应变片与构件之间的绝缘，从而降低绝缘度。同时由于应变片受潮胶层膨胀、软化、抗剪强度降低，既不能很好传递应变，又改变了应变片与构件之间的介电常数，从而使桥臂分布电容发生改变，影响电桥平衡。

由图2－15，根据电工原理，可推导考虑绝缘电阻后的桥臂电阻 R_a 为

$$R_a = \sqrt{RR_j}\tanh\sqrt{\frac{R}{R_j}} \tag{2-12}$$

式中，R，R_j 分别为应变片的电阻和绝缘电阻。

由上式可以看出，应变片的绝缘电阻 R_j 越大，桥臂电阻越接近应变片的电阻 R；反之，R_j 越小，桥臂电阻 R_a 为0，电桥不平衡。因此，必须提高绝缘电阻。

考虑绝缘电阻时，应变仪的读数为

$$\varepsilon_m = \frac{1}{K}\left[\frac{\sqrt{(R+\Delta R)\ R_j}\tanh\sqrt{\dfrac{R+\Delta R}{R_j}}}{\sqrt{RR_j}\tanh\sqrt{\dfrac{R}{R_j}}} - 1\right] \tag{2-13}$$

由上式可知，应变片的绝缘电阻 R_j 很高时，应变仪读数 ε_m 与被测结构的机械 ε 相等。当 R_j 降低甚至趋于0时，ε_m 相应减小，这是因为 R_j 过低，电流沿丝栅通过时，产生的分流作用太大造成的。另外，R_j 降低还会使电桥参数组合发生改变，降低应变仪的灵敏度，当 R_j 极度降低甚至趋于0时，应变仪的灵敏度也会急剧下降，甚至不能读数。应变仪的读数和灵敏度的降低不仅影响量测精度，而且会产生量测误差。

在量测过程中，若绝缘电阻发生变化，将引起桥臂电阻的改变；同样，若绝缘电阻不稳

定，也会造成桥臂电阻的不稳定。如果预调平衡时的绝缘电阻为 R_{j1}，量测过程中则改变为 R_{j2}，从而使预调时电桥不能满足平衡，即预调时的平衡点（零点）发生偏移，称之为零点漂移。因此，应变片应保持较高的绝缘电阻，且在整个量测过程中要求绝缘电阻保持稳定或变化较小，这样对应变量测影响才不会太大。

此外，绝缘电阻 R_j 降低，还将引起量测误差和应变仪器灵敏度降低。

综上所述，水潮通过影响应变片的绝缘电阻及电桥平衡，引起零点漂移和量测误差，同时降低应变仪的读数和灵敏度。因此，必须采取措施予以消除。但潮湿不能像温度效应影响一样通过补偿的方法消除，只能用涂防潮层或防水层的方法予以保护。一般室内模型试验防潮采用涂防潮剂的方法。

(8) 应变片的温度补偿

在量测过程中，环境温度和应变片自身温度的变化对于应变量测的影响显著。具体来说，当应变片粘贴在被量测的结构物上时，其丝栅受到结构、片基和胶层等的约束。此时，若量测环境的温度发生改变，则应变片金属丝的电阻会发生变化，电阻随温度的变化率可近似地看作与温度变化成正比，即

$$\frac{\Delta R'}{R}=\alpha(t)\Delta T \tag{2-14}$$

式中，$\alpha(t)$ 为电阻温度系数，是温度的函数；ΔT 为温度变化值。

另外，当丝栅材料与模型材料的线膨胀系数不同时，应变片将产生附加应变，出现附加的拉伸（或压缩）。若温度改变 ΔT，丝栅长度由 l 变到 $l+m$，而试件为 $l+n$，则附加应变为

$$\frac{\Delta L}{L}=(\beta z-\beta s)\Delta T \tag{2-15}$$

式中，βz 为试件材料的温度膨胀系数；βs 为（金属丝）丝栅的线膨胀系数。

由式（2－14）、式（2－15）表示的两种产生附加应力的现象称为温度效应，由 $\frac{\Delta R}{R}=K\varepsilon$ 可知，量测的应变数值中，包含了温度效应产生的那部分应变，从而使量测值偏离真实值，这两种附加应变可以称为虚假应变。

在试验中，可以采取温度补偿的方法消除虚假应变。模型试验中，常用的温度补偿的方式有以下几种：

①通常在与量测电桥的工作桥臂相邻的桥臂上，接入温度补偿应变片进行补偿，其阻值、贴片胶水等要求与工作应变片一致。温度补偿片通常贴在不受被测结构变形影响的补偿块上，要求补偿块的材料和被测结构材料相同。同时，要求外部环境（如温度、湿度）一致。

②可使用温度自补偿应变片来消除。依据公式：$\left(\frac{\Delta R}{R}\right)t=[\alpha(t)+K(\beta z-\beta s)]\Delta T$，可选择一些电阻丝，经适当地热处理，使得在一定温度范围内，做到 $\alpha(t)+K(\beta z-\beta s)\approx 0$，就可消除温度效应的影响，从而不用再加温度补偿片。

③在模型试验中，可降低应变片的电桥电压，从而减少应变片自身的发热量，以改善温度变化的影响。

(9) 长导线的影响

试验中，应变仪与应变片需用导线联接，有时在测试过程中，往往需要较长的导线，由

于导线本身存在一定的电阻，它和应变片又是串联在一起的，所以导线电阻也成为桥臂电阻的一部分，它本身不参加变形，但却是电桥中电阻的一部分，从而使应变仪灵敏系数降低。另外，长导线的电容也会导致应变仪零点漂移。所以，长导线的影响不可忽视。

通常采取以下方法消除长导线电阻影响：

①控制导线长度，一般小于 10 m，否则需加修正。

②要求做到工作片和补偿片导线同长及相同的环境温度。

③应变仪应设置有灵敏系数和电容的调节，以消除长导线的电阻、电容影响。

（10）测点的布置

所布测点应能全面反映出结构内部及表面应力分布情况，并使测点尽可能与理论计算点相对应，以便与理论计算分析比较。布点时对某些形状变化极易发生应力集中处或某些有特别要求的地方，可以增设测点。

在大坝结构模型试验中，应选择坝体特征高程的截面布置测点，截面除在坝上、下游边缘布置测点外，在截面中部再布置多个测点，由此测出该截面上的主应力分布状态。

2.8.3　位移的量测

目前在模型试验中，用于表面位移量测的仪器较常见，而内部位移的量测工具在不同的试验单位各有选择。结构模型试验中，一般只进行表面位移量测，表面位移量测常采用由数字显示仪和电感式位移计组成的自动测试装置以及电阻式位移计，对于精度要求不是很高的试验也常用千分表、百分表等量测仪器。

电感式位移计具有结构简单、灵敏度高等优点。它是利用敏感元件将位移变化量转换为电信号输出，从而测出位移大小的一种仪器。其敏感元件为一电感线圈，活动铁芯的位移量是相应电感量的变化。电感式位移计由差动变压器初、次级线圈和活动铁芯、复位弹簧、导向机构、壳体及输出电缆组成。

电阻应变片式位移计的工作原理是将被测位移的大小转换成应变的变化，由应变片接受后转换为电量送至量测仪器。其结构形式较多，有悬臂梁、简支梁、弓式、圆环式等。

千分表、百分表属机械式位移计，其原理是通过一套齿轮传动系统来传递位移，精度分别为 1/1000 mm 和 1/100 mm。机械式位移计常安装在量测架上，量测架是由支架和支杆组成的一组空间杆件结构，通过活动螺丝夹钳可以将千分表或百分表固定在支杆上。利用千分表、百分表进行量测时，整个量测架需固定在刚度很大的模型槽上，而且要保证固定部分不受加载系统或模型变形的影响。

过去的模型试验中，机械式千分表是最常用的位移量测设备。它性能稳定，不受温度和湿度的干扰，其准确度与表本身所定的精度很相近。缺点是在使用过程中必须保证触点不发生移动，需将千分表固定在支架上。当使用较多的表量测时，不易在模型上布置。

综合各自的优缺点，目前在模拟水电工程的地质力学模型中，一般采用具有微型、轻质、灵敏度高、稳定性好等特点的电测位移计或多点位移传感器。

模型试验中，位移传感器是进行位移量测的重要仪器，它一般和数显仪配套使用，构成位移量测的装置。不论是电感式位移传感器、电容式位移传感器，还是光电式位移传感器、超声波式位移传感器，其工作原理都是大同小异的，即通过一个敏感元件感应到对象表面的位移变化，再转换为电信号、电磁信号、光电信号等，通过显示仪将量测出的位移转化为数字读出。

图 2－16 为一种常见的位移量测仪器，包括差动式位移传感器和位移数显仪及漆包线，位移数显仪是整个位移量测系统的输出部分。

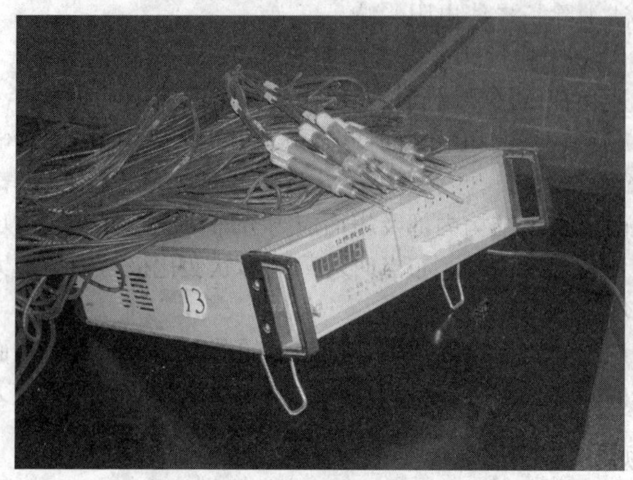

图 2－16 位移数显仪及位移传感器

表面位移的量测部位常常包括坝体下游面及坝顶、拱坝坝肩、重力坝基岩表面等部位，在位移测点布置时，必须综合分析，选择典型的测点。

2.8.4 光纤传感监测大坝裂缝

在模型试验中，除了获得应变、位移等监测数据外，还希望知道模型是否产生裂纹及其定量的情况。由于事前往往不能肯定裂纹发生的位置，因而裂纹不容易捕捉。目前常采用的有超声检测法、声发射法等。随着光纤技术的发展，在实际工程中，光纤传感技术广泛应用于大坝工程，包括结构损伤评估，裂缝、应力和应变检测，以及温度、弯曲和变形检测等。而在模型试验中，光纤传感监测正处于探索阶段，如对模型开裂破坏中的随机裂缝进行监测等。

光纤量测最重要的技术是光纤传感技术。光纤传感技术是伴随着通信技术的发展而逐步形成的，起初被用作远距离传播光波信号的媒质是光纤，但在实际中，光纤易受外界环境因素的影响，为了使光纤传播的光信号受外界干扰尽量小以满足使用需求，人们发现，如果能测出光波参数的变化，则可知道导致光波参数变化的各种物理量的大小，于是产生了光纤传感技术。

与传统的各类传感器相比，光纤传感器具有一系列独特的优点。例如，光纤具有小巧、柔软、灵敏度高、抗电磁干扰等优点，且易于与光纤传输共同构成自动化遥测系统，因而得到了广泛应用。在地质力学模型试验中，光纤传感监测也有所应用，如在裂缝监测中可以通过光纤网络布置的方式监测结构的随机裂缝，以及捕捉结构的初裂等。

光纤传感的基本原理是：光纤周围材料的热、力学参量的变化会引起光纤传输的光信号如光强、波长等的变化，通过检测这些光学信号的变化，就能高精度地检测光纤周围材料中力学参量的变化，检测结构的开裂情况。粘结在结构表面的光纤全部是传感段，如果裂缝与之相交，则会引起光纤微弯或挠曲。当裂缝穿过没有保护层的光纤任意截面时，就会观察到该点光强衰减加大，以此探测裂缝的发生和增长，并利用光时域反射（OTDR）技术，测试从光纤反射的信号而将各种被测量及裂缝定位。

OTDR 的光学原理是：当光沿光纤传播时，其信息载体是后向瑞利（Rayleige）散射，从而发生光的损耗，而这部分光沿光纤传播方向成 180°的方向散射（后向散射光），沿光纤返回光源。把一个光脉冲信号输入一段光纤，然后检测返回的散射光强的变化，就可以确定光纤散射系数或衰减的空间变化，再考虑光波传输速度，即可确定光源到被测点距离的信息，在传感应用中可实现分布式检测，其原理如图 2－17 所示。

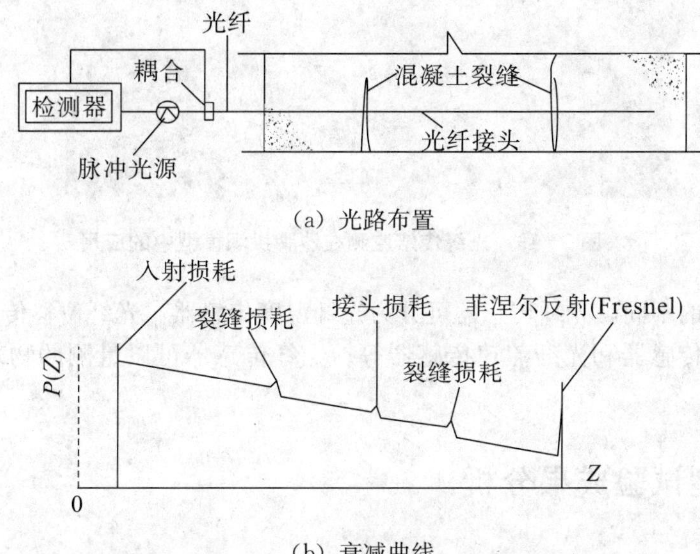

（a）光路布置

（b）衰减曲线

图 2－17　分布式光纤传感混凝土裂缝的光路和衰减曲线

为了在结构开裂时光纤产生较明显的局部弯曲，设法使光纤与裂缝面相交成一角度，这样当裂缝开展时，光纤受到的侧向剪切或拉伸作用使光纤产生的局部弯曲增大，引起光功率损耗剧增，使裂缝检测成为可能，这个原理被称为斜交光纤裂缝传感。

图 2－18 和图 2－19 是四川沙牌拱坝的三维结构模型破坏试验中采用光纤传感监测拱坝及诱导缝的开裂试验情况，这是首次应用光纤传感检测模型大坝裂缝并获得成功。

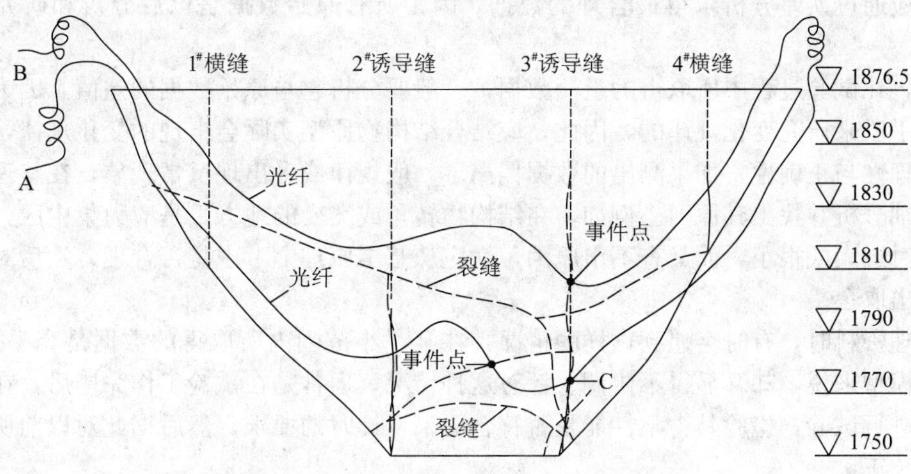

图 2－18　拱坝模型光纤传感监测裂纹布置图

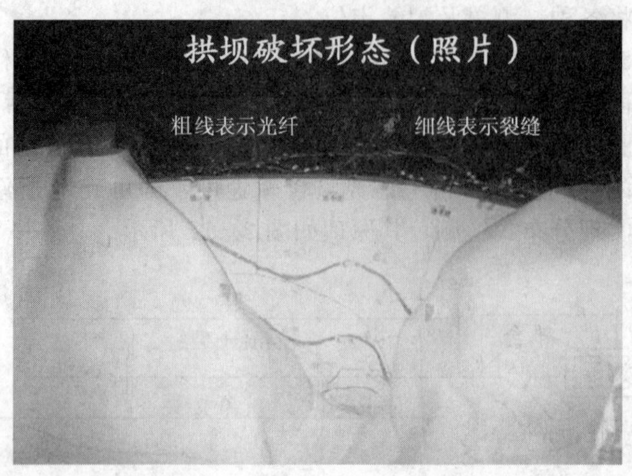

图 2－19　光纤传感监测在沙牌拱坝模型中的应用

按被监测对象的不同，光纤传感器可分为光纤温度传感器、光纤位移传感器、光纤浓度传感器、光纤电流传感器和光纤流速传感器等。光纤传感器可以量测的物理量很多，已达70余种。

2.9　结构模型试验成果分析

2.9.1　试验数据的整理分析

模型试验之后，将得到大量的试验数据，必须对这些资料进行整理和分析，才能做出正确的结论。

在整理资料时，首先要对试验数据的正确性进行检验。例如，在模型上形成初始应力场时，我们就可以取得一组原始数据，此时就可据此判断材料的均匀性、应力场或位移场的分布规律是否合理；个别异常的测点，也可据此查明原因，予以纠正。如果是多次反复得出的资料，则应通过误差分析求得最合理的数据，因为所有原始数据是以后分析和研究问题的基础。

其次，在试验过程中所取得的量测数据，一般要分析它与原始数据的差值。因为我们是通过试验手段来研究变化规律的，因此，应结合结构物原型实际会出现的变化规律，来检验它们的合理性与正确性。如果测出的数据偏离了一般规律或者出现反常现象，在整理资料时就必须仔细分析并找出其原因。例如，在结构物转角或突变的地方，是应力集中区，但测得的数据有时过大或很小，而又查不出原因，就应从基本原理上考虑是否合理，然后对其中某些数据做出取舍。

在整理资料时，有时会遇到这样的情况：在某一小范围内所取得的数据是合乎逻辑的，但就整个模型来说，却又显得不协调。针对这种情况，通常是在试验工作完毕后，在模型上切取试件进行试验，检验其力学性能是否符合原来设计时的要求。然后据此对以前所取得的资料进行校正。

在所有数据资料经过分析和处理以后，我们就可以按照试验要求点绘出各种有关曲线和图形，作为我们论证问题的依据。

在分析成果时，要注意所研究对象的特殊性，也要参考和借鉴前人的研究成果，有条件时最好对比类似的原型观测资料，并配合电子计算机的分析结果共同进行。

在整理资料和分析成果时，必须结合有关因素和具体条件进行全面考虑，对于实测数据，要通过误差分析、对比鉴别、合理修正等手段去伪存真，正确取舍。对于成果分析的结论，必须实事求是，以科学的原则设想和推论，为工程设计和施工提供可靠依据。

2.9.2　误差分析

(1) 引起误差的原因

实验中所观测到的数据，与客观存在的真值之间总是有差异的，这个差异就是实验误差：误差＝量测值－真值。

量测方法、量测仪器、量测环境（温度、湿度等）、操作人员的技术熟练程度和感官条件等，都会引起观测值的误差。在电阻应变仪测试中，一般有如下一些因素引起量测误差：

①电阻应变片灵敏系数 K 值的误差。

②外部环境（温度、湿度）变化引起的误差。

③长导线的影响。

④粘结胶水引起的误差。

⑤应变片的位置误差。

⑥横向效应引起的误差。

⑦电阻应变仪的读数、灵敏系数的非线性误差。

⑧多点量测的切换误差。

⑨应变仪读数的稳定性误差。

(2) 误差中的几个概念

①真值。结构元件的某个物理量客观存在的真实值，如构件的真实长度、应变值等。

②试验值。用试验方法观测到的数值，如电测法测得的应变值。

③理论值。经过理论计算得到的数值。

(3) 误差的种类及其性质

①根据误差的表示形式不同，可分为绝对误差和相对误差。

绝对误差 δ：量测值 X 与真值 U 之间的差值，即 $\delta = X - U$。

相对误差 Δ：绝对误差 δ 与真值 U 的比值，即 $\Delta = \dfrac{\delta}{U}$。

②根据误差的性质及产生原因，可将误差分为系统误差、过失误差和偶然误差。

系统误差：通常是由于量测仪器不准确、量测环境不佳或量测方法不妥所引起的，即误差与量测系统本身有关。系统误差的特点是误差的数值是恒定的，在反复测试过程中往往保持同一数值或同一方向。消除系统误差的方法如下：

a. 对应变仪进行校正，严格试验操作规程，改进试验技术，改善量测环境条件，加强仪器设备的维护、保养等措施，加以避免和消除。

b. 采用两个以上的模型平行测试，以作对比分析。

c. 利用对称性实验可以消除系统误差。

过失误差：试验过程中试验人员由于各种原因操作失误造成的误差。过失误差的特点是在多次量测值中出现和分布无规律，其数值往往是反常的。消除过失误差的方法是加强试验人员的责任感。

偶然误差（又称试验误差）：排除了系统误差与过失误差后的一切误差。偶然误差的特点是多次量测一个数据时，所得数值是随机的。当量测次数足够多时，可看出规律性——绝对值相对的正误差与负误差出现的机会（概率）相同。消除偶然误差的方法是增加量测次数。

（4）与误差有关的一些定义

①精确度（精密度、精度）。精确度是指对某一物理量在重复多次量测中，如果量测值都很接近，相互差异小，则称这样的量测精确度高，在数学上表现为偶然误差小，绘成的误差正态分布曲线显得高而陡。也就是说，精确度是指量测值出现的密集程度，精确度高，量测值集中；精确度低，量测值显得分散，所绘出的正态分布曲线平而缓。

②准确度。准确度是指量测值与真值的符合程度。如果量测值中不存在系统误差，那么只要量测次数足够多时，其算术平均值趋近于真值。因此，也可以说准确值是指量测值的算术平均值与真值的符合程度。

精确度的高低决定于偶然误差的大小，而与系统误差无关；准确度的高低与系统误差、偶然误差的大小都有关。

（5）偶然误差理论的基础知识

①偶然误差的正态分布。

量测值中的系统误差已经排除或已减小到可以忽略的程度后，便可采用数理统计的方法对偶然误差进行处理，探索其分布规律。

由正态分布曲线可以得到以下四个特性（或称偶然误差的四个公理）：

a. 绝对值小的误差出现的概率比绝对值大的误差出现的概率大，即小误差比大误差多。

b. 绝对值相等的正误差与负误差出现的概率相同，曲线表现为左右对称。

c. 绝对值很大的正误差和负误差出现的概率均非常小。也就是说，极大的误差一般不会出现。

d. 当量测次数 n 无限增多时，由于正负误差相抵消，所有量测值的平均值趋于真值。

②最小二乘法原理和最优概值的确定。

最小二乘法原理：在具有同等精度（指用同一类型的仪器，同样的量测方法和量测次数，在同样的环境条件等）的一组量测值中，各量测值的余差（或离差、偏差）的平方和为最小的那个值，即是“最优概值”。

设一组同等精度的量测值 x_1，x_2，x_3，…，x_n。如果最优概值为 x_0，则各测定值与最优值之差 δ_i 可表示为：$\delta_1=x_1-x_0$，$\delta_2=x_2-x_0$，…，$\delta_n=x_n-x_0$。

量测值余差的平方和 N 为：$N=\delta_1^2+\delta_2^2+\cdots+\delta_n^2=$最小，由 N 为最小值的条件可求得：$x_0=\dfrac{x_1+x_2+\cdots+x_n}{n}$，$x_0$ 即为算术平均值。

综上分析看出：对于一组等精度的量测值，其最优概值等于该组量测值的算术平均值。也就是说，算术平均值是真值的最佳估计。

在实际应用中，除了算术平均值外，还有以下几种确定量测数值的方法：

a. 中位值：将一组量测值按大小次序排列，其中间值就是中位值。

b. 众值：指一组量测值中出现次数最多的那个值。

c. 加权平均值：量测条件不同时，必须考虑量测数据的可靠程度，即所谓权（或称加权）。如果权用 p 表示，则不等精度量测的加权平均值可表示为

$$\bar{x}=\frac{p_1x_1+p_2x_2+\cdots+p_nx_n}{p_1+p_2+\cdots+p_n}=\frac{\sum p_ix_i}{\sum p_i}$$

加权平均值也就是不等精度量测的最优概值。

③算术平均值的标准误差。

当量测次数无限多时，最优概值趋近于真值，但在量测次数有限的情况下，求出的算术平均值，与真值比较存在误差。但算术平均值的误差符合正态分布规律。当需要知道算术平均值的精度时，可应用算术平均值的标准误差 $\sigma_{\bar{x}}$ 来表示，即

$$\sigma_{\bar{x}}=\bar{x}-U=\frac{\sigma}{\sqrt{n}}$$

当量测次数有限时，可用下式表示

$$\sigma_{\bar{x}}=\sqrt{\frac{\sum d_i^2}{n(n-1)}}$$

由上式可知，当量测次数 n 增多时，$\sigma_{\bar{x}}$ 减少。当 $n>10$ 时，$\sigma_{\bar{x}}$ 减小的效果不显著。一般在结构模型试验中，常采用 $n=4\sim5$ 次。

算术平均值的相对误差 $\Delta\bar{x}=\frac{\sigma_{\bar{x}}}{\bar{x}}\times100\%$，$\Delta\bar{x}$ 值愈小，说明算术平均值的精度愈高。在结构模型试验中，一般要求精确度 $\Delta\bar{x}\leqslant5\%\sim10\%$。

（6）量测数值的取舍

①三倍标准误差（3σ）判别法。

根据高斯误差正态分布曲线积分结果分析可知，当绝对误差 δ 大于 3σ（σ 为标准误差）时，可以认为该量测数值是系统误差或过失误差，应予以舍弃。根据试验研究的重要程度，也可采用 2σ 或 4σ。

②格拉布斯判别法。

设有一组服从正态分布规律的量测数据 x_i，按从小到大的顺序排列为：x_1，x_2，…，x_n。取其中最小的数值和最大的数值作为异常数据，按格拉布斯准则判断，首先判定危险率 α，然后计算 T 值，根据量测数据的个数 n，查 T 分布表 $T(n,\alpha)$ 值，若 $T\geqslant T(n,\alpha)$，则异常数据就舍去，否则保留。

2.9.3　线弹性应力模型应力和位移计算

利用应变片进行量测所得的结果是应变值，而量测应变的目的是为了确定结构物的应力分量或主应力的大小和方向。因此，必须将量测所得的结构物某些点的应变通过计算得到应力值，为设计计算提供对比和校核的参考依据。

应力分析计算公式适合的条件如下：

①应力计算条件是符合弹性理论的基本假定的。

②所采用的数据是将量测误差已减小到最小的程度。

（1）模型和原型的应力计算

①模型应力计算。

当模型测点采用三片直角应变花（即三花）时，应变花如图 2－20 所示。

两种贴片方式，只是为了贴片时，使应变花的中心点尽量接近测点，同时方便应变片布置和粘贴。一般情况下，习惯于选用图 2－20（a）贴片方式，只有当测点位于结构物右侧端点位置附近时，采用图 2－20（b）贴片方式。

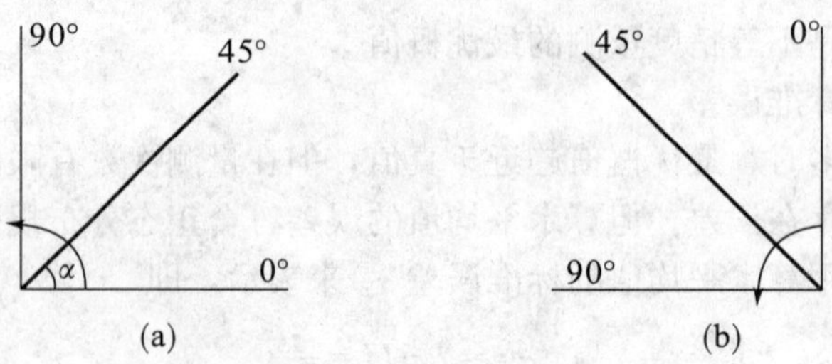

图 2－20　应变花的两种贴片方式

a. 在不直接承受水压力的表面，采用图 2－20（a）贴片方式时，模型测点 x 方向（即 0°方向）和 y 方向（即 90°）的应力为

$$\sigma_x=\frac{E}{1-\mu^2}(\varepsilon_0+\mu\varepsilon_{90}) \tag{2-16}$$

$$\sigma_y=\frac{E}{1-\mu^2}(\varepsilon_{90}+\mu\varepsilon_0) \tag{2-17}$$

测点剪应力时，由弹性力学公式可知：

$$\varepsilon_\alpha=\frac{\varepsilon_x+\varepsilon_y}{2}+\frac{\varepsilon_x-\varepsilon_y}{2}\cos2\alpha+\frac{\gamma_{xy}}{2}\sin2\alpha \tag{2-18}$$

式中，γ_{xy}为剪应变。

当 $\alpha=45°$时，有

$$\gamma_{xy}=2\varepsilon_{45}-(\varepsilon_0+\varepsilon_{90}) \tag{2-19}$$

由虎克定律 $\tau_{xy}=G\gamma_{xy}$，得

$$\tau_{xy}=G\gamma_{xy}=\frac{E}{2(1+\mu)}[2\varepsilon_{45}-(\varepsilon_0+\varepsilon_{90})] \tag{2-20}$$

式中，G 为模型材料的剪切弹性模量，$G=\frac{E}{2(1+\mu)}$；ε_0，ε_{45}，ε_{90}分别为模型测点应变花中 0°（水平向，即 x 方向），45°（45°倾角向），90°（垂直向，即 y 方向）应变花的应变值；σ 为模型的正应力；τ 为模型的剪应力；E 为模型材料的弹性模量；μ 为模型材料的泊松比；α 为第一主应力与 x 轴或 y 轴的夹角，以逆时针为正，以顺时针为负。

由上述公式可知，只要测得 ε_0，ε_{45}，ε_{90}值后，测点的应力状态完全可以确定。

b. 在结构物直接承受水压力的表面即坝体上游面，应计入在该点垂直于坝面的水压力的影响，即在计算 σ_x 和 σ_y 时附加一项压应力。此时，计算公式为

$$\left.\begin{aligned}\sigma_x&=\frac{E}{1-\mu^2}(\varepsilon_0+\mu\varepsilon_{90})+\frac{\mu}{1-\mu}P_m\\\sigma_y&=\frac{E}{1-\mu^2}(\varepsilon_{90}+\mu\varepsilon_0)+\frac{\mu}{1-\mu}P_m\\\tau_{xy}&=G\gamma_{xy}=\frac{E}{2(1+\mu)}[2\varepsilon_{45}-(\varepsilon_0+\varepsilon_{90})]\end{aligned}\right\}\tag{2-21}$$

②模型主应力计算。

根据弹性力学知识，测点主应力为

$$\sigma_{1,2}=\frac{\sigma_x+\sigma_y}{2}\pm\frac{1}{2}\sqrt{(\sigma_x-\sigma_y)^2+4\tau_{xy}^2}\tag{2-22}$$

测点主应力方向为

$$\tan2\alpha=\frac{2\tau_{xy}}{\sigma_x-\sigma_y}\tag{2-23}$$

式（2-22）中，代数值较大的主应力为第一主应力。确定主应力方向的步骤如下：

第一步，按图2-20确定0°方向（按右手定则确定）。

第二步，从0°方向旋转α角（当α角为正值时逆时针旋转，当α角为负值时顺时针旋转），根据旋转后α角作出的两条相互垂直的直线即为第一、第二主应力σ_1，σ_2的方向。

第三步，确定第一、第二主应力σ_1，σ_2的象限，当剪应力τ_{xy}为正值时，第一主应力σ_1位于第一、三象限内；当剪应力τ_{xy}为负值时，第一主应力σ_1位于第二、四象限内。

测点最大剪应力为

$$\tau_{\max}=\frac{\sigma_1-\sigma_2}{2}\tag{2-24}$$

③原型应力计算。

上面计算所得的模型应力，尚需根据相似律换算成原型应力。由相似律可知：

$$\frac{\sigma_p}{\sigma_m}=\frac{E_p}{E_m}=C_E,\ \sigma_p=C_E\sigma_m\tag{2-25}$$

所以，只要知道C_E值后，原型应力就可根据上式计算得到。

在计算原型的主应力时，也可以先计算模型的正应力和剪应力，再根据相似比转化成原型的正应力和剪应力，最后由公式（2-22）直接计算原型主应力。即上述步骤中第二步和第三步交换。

④影响应力的因素及其修正。

a. 为了量测模型的弹性应变，需在正式量测之前，对模型反复加、卸荷载进行预压，以消除塑性变形，方能进行读数记录。

b. 模型应变片测点的布置点与原型上计算点存在差异，这种误差只能在布置测点时提高测点放样的精准度来进行清除。

c. 其他自然因素和人为因素的影响，使测值难免出现误差，这里指的主要是偶然误差，常用多次重复量测读数，取其算术平均值，以减小误差。量测时，还需适当控制温度变化，保持测值稳定。如某一测点多次测得的应变值比较靠近，可采用其算术平均值作为该点应变值进行调整，以减小其误差。如果发现某些测值相差较大，需分析判断，进行取舍，以保证测值的准确性。

⑤根据各测点计算出来的应力值，绘制原型水工结构的各受力阶段的主应力分布图，观察坝体内拉、压应力的分布规律是否合理。

(2) 模型和原型的位移计算

在分析了测试的位移数据后，获得了模型各测点的位移及分布特性，再将模型位移乘以几何比尺就得到了原型各测点的位移及分布形式，绘出原型的位移分布图，可以得到位移分布规律，并为安全度（最大位移值）的判定提供重要依据。

2.9.4 结构模型破坏试验成果分析

结构模型破坏试验可以分两个步骤来完成，首先是加载至正常荷载，量测其在弹性状态下的应力与位移，其成果的处理和上一节相同；在第二阶段进行超载试验。

超载试验是进行逐级加载直至结构模型破坏，即结构丧失了承载能力。由前面的知识可知，其目的是研究结构本身的极限承载力或安全度。结构安全度的概念认为，由于某些原因作用于坝上的外荷载超过了设计荷载，而使混凝土坝遭到破坏，使结构物破坏的外荷载与设计荷载之比，即为结构物的安全系数 K_0。为了反映超载后的结构破坏程度和破坏过程，又将安全度分两个阶段来表达，即 K_1，K_2，前者代表结构开始出现初裂时的安全系数（可以通过位移曲线上出现的第一个拐点判断），称为第一超载安全系数或初裂超载系数 K_1；后者代表结构完全丧失承载能力时的安全系数（可以通过位移曲线上出现的第二个拐点判断），称为第二超载安全系数或溃坝安全系数 K_2。一般超载的步长为 $0.2P_0 \sim 0.3P_0$（P_0 即设计荷载）。

在超载状态下，模型材料已经超出了其弹性范围，此时不能再用虎克定理计算其应力，一般可得到如下的成果：

①坝体下游面各典型高程表面测点径向位移 δ_r 和切向位移 δ_t 分布及发展过程图，即 $\delta_r - K_p$ 和 $\delta_t - K_p$ 关系曲线。图 2-21 为某重力坝模型的径向位移与超载倍数的关系曲线图。

②坝体下游面各典型高程测点应变 $\mu\varepsilon$ 变化发展过程图，即 $\mu\varepsilon - K_p$ 关系曲线。图 2-22 为某拱坝模型的下游面拱向应变与超载倍数的关系曲线图。

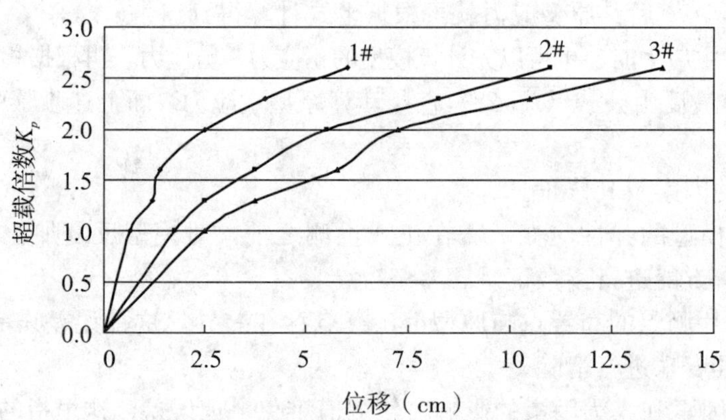

图 2-21 某重力坝径向位移与荷载关系曲线

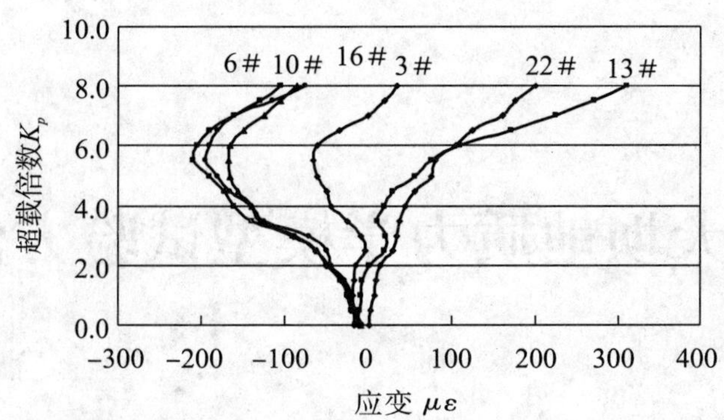

图2-22 某拱坝下游面应变与荷载关系曲线

③拱坝两坝肩或重力坝基岩表面测点的位移δ_p分布及发展过程图，即δ_p-K_p关系曲线。

④模型的破坏过程的记录表。

从大多数曲线上出现的第一个拐点（或反向）、第二个拐点（或反向），并结合破坏过程的记录表，就可判断结构的安全度。

第 3 章　大坝地质力学模型试验方法与技术

3.1　概述

3.1.1　地质力学模型试验的目的与意义

以往定义地质力学模型试验，常从广义性、大范围、宏观和定性的角度出发，把用力学观点来研究地壳构造变化及地壳运动规律的模拟试验称为地质力学模型试验，因此，这类地质力学模型试验又可以称为地壳力学模型试验或岩石力学模型试验。而本章着重讨论的是与工程及其岩石地基相关的、能反映出小范围内具体工程地质构造条件的另一类模型试验，称为工程地质力学模型试验。

对于水电工程中地质构造较为复杂的岩石地基，地质力学模型试验在满足相似原理的前提下，较准确地反映出地质构造与工程结构的空间关系，模拟岩体、上部结构的破坏全过程，使工程整体的力学特征、变形趋势和稳定性等问题有效地得到解决。地质力学模型试验是岩土、结构工程稳定分析的一种重要的研究方法，目前在水电工程中主要用来解决以下问题：

①研究地质构造对大坝稳定性的影响。建在复杂地基上的大坝，其地基中的复杂地质构造可能造成大坝、坝基变形过大、失稳，对工程的安全影响重大。通过地质力学模型试验，在模型中模拟断层、破碎带、软弱夹层、节理裂隙等不利地质构造，并在连续加载或降低材料力学参数的状态下得到坝与地基的变形和破坏形态，从而分析地质构造对工程安全的影响。

②研究坝与地基的相互作用。通过地质力学模型试验，可以得到大坝结构与地基结构的变形分布特性，观测大坝与坝基变形破坏的相互影响，能得到坝与地基的破坏形态，从而了解薄弱环节，为工程加固提供参考。

③研究坝基破坏机理，获得坝与地基的整体稳定安全度。通过地质力学模型试验，可以分析得到地基的极限承载能力，分析破坏机理，从而得到模型的综合稳定安全度，作出工程的安全性评价。

④研究工程加固措施。通过地质力学模型试验，可以针对应用了不同加固处理措施的模型，进行加固处理措施的影响分析。通过分析其破坏机理、承载能力和安全系数，为获得更有效的加固措施提出建议。

3.1.2　地质力学模型试验的特点和研究内容

本章所讨论的这类地质力学模型试验主要具有以下特点：

①能模拟出岩体中的断层、破碎带及软弱带、一些主要节理裂隙组。

②能体现出岩体的非均匀等向、非弹性及非连续、多裂隙体等基本力学特征。

③模型的几何尺寸、边界条件及作用荷载、模拟岩体的模型材料的容重、强度及变形特性等方面，均需满足相似理论的要求。

随着我国水能资源的大力开发，越来越多的水工建筑物将修建在地质条件复杂的地基上。地质力学模型试验的研究对象是工程结构与周围岩体为一体的联合体，是从力学的观点出发，采用试验的手段，考虑地质构造条件对工程的影响，研究建筑物基础在上部结构及外荷载作用下的变形破坏机理及其演变过程，以确定采取提高工程岩体稳定性的措施，或者对加固工程方案进行验证与优选。它主要研究岩体及断层、破碎带、软弱夹层等软弱结构面对结构的应力分布和变形状态的影响及岩体稳定和工程安全问题，是解决水电、交通和矿山开采等大型岩土、结构工程的稳定安全问题的一种重要的研究方法。

3.1.3　地质力学模型试验的类型

地质力学模型试验可以按照不同的形式进行分类。

(1) 按模型试验的性质划分

①三维模型试验。

三维模型试验主要研究结构与地基整体在空间力系作用下的强度，以及大坝与坝肩、地基的破坏机制及整体稳定问题；明确大坝、岩体及主要结构面的应变和变形随荷载增加而变化的情况；得出工程的薄弱环节，为工程处理措施提出参考依据。图 3－1 所示为沙牌拱坝整体三维地质力学模型。

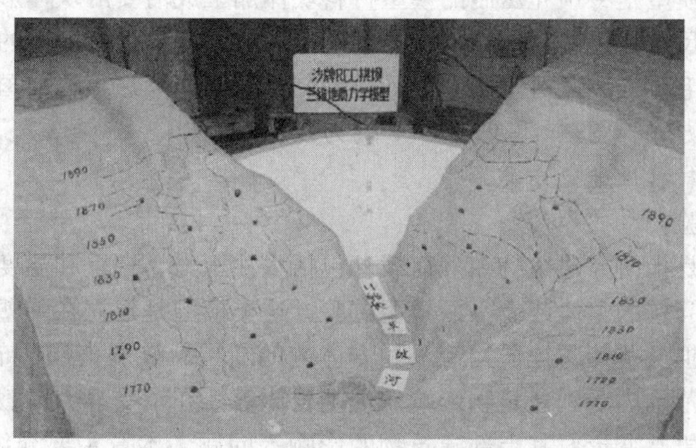

图 3－1　沙牌拱坝整体三维地质力学模型

②平面模型试验。

平面模型试验是指从整体模型中取出单位长度或某一高程，研究特定区域在平面力系作用下的强度或稳定问题。在选择切取平面时，切取平面应尽量与主要地质结构面相垂直，否则不能反映实际情况。例如，为研究小湾中上部高程坝肩稳定和加固处理措施，针对小湾拱坝的 1210 m 高程进行平面地质力学模型破坏试验研究，对比和分析了天然地基与加固地基的稳定性，评价了坝肩的加固效果。通过平面模型试验，能更直观地看到坝肩内部的破坏过程和破坏形态。图 3－2 所示为小湾拱坝 1210 m 平面模型。

图 3－2　小湾拱坝 1210 m 高程平面地质力学模型

（2）按模型的制作方式分类

①现浇式模型。

现浇式模型预先制作试验模型槽，以地质结构面划分不同的浇筑区，分期浇注。每浇筑一区后养护一段时间，再浇注其上一层。这种模型制作周期长，但可以保证层与层接触紧密。

②预制块体砌筑模型。

预制块体砌筑模型是将预先压制的模型材料块体加工成需要的块体形状，或者利用模具直接压制成所需的尺寸，再按照地质构造分层砌筑而成。此类模型所需的块体数量巨大，工程量较大，但由于毛坯或块体可预制，故其模型制作时间能缩短，目前国内地质力学模型试验多采用这类制作方式。图 3－1 及图 3－2 均为该类模型。

（3）按作用荷载特性进行分类

①静力模型试验。

静力模型试验是指研究建筑物在静荷载（包括水沙压力、自重和温度等荷载）作用下的应变、变形及稳定问题的整体或者平面模型试验。这类模型是建立在弹塑性力学的基本假定上的，模型中需模拟一些特殊地质构造（如岩体内的断层、软弱夹层、节理和裂隙等），主要用于研究在一定范围内受到建筑物影响的坝基岩体等，在承受静力荷载后的变形、失稳过程、破坏机理以及岩基变形对其上部建筑物的影响等问题。本章主要介绍的是采用高容重、低强度、低变模的非线性模型材料制成的静力模型。

②动力模型试验。

考虑到地震作用对工程的影响，可以采用动力模型试验，动力模型试验除了满足空间条件相似、物理条件相似和边界条件相似外，还要满足运动条件相似。这类试验常以抗震模型试验为主，研究大坝在不同地震烈度影响下，空库或满库时的自振特性（包括频率、振型和阻尼等)、地震荷载、地震应力及抗震稳定性等。

(4) 按模型模拟的详细程度分类

①大块体地质力学模型试验：模型地基中只模拟断层破碎带等主要的地质构造。

②小块体地质力学模型试验：模型地基中除了模拟以上提及的主要的地质构造外，还要模拟主要的节理裂隙组。

3.1.4　地质力学模型试验的发展简况及趋向

在20世纪60年代以前，模型试验主要是研究弹性范围内的应力、应变问题。从60年代末起，意大利贝加莫结构模型试验研究所（ISMES）成功地进行了多项地质力学模型试验，主要研究弹塑性和破坏问题。在1967年举行的第九届国际大坝会议及同年举行的国际岩石力学会议上，提出了在模型中用材料的组合块体来模拟多裂隙介质岩体的设想。

20世纪70年代和80年代，世界上许多国家如美国、德国、原南斯拉夫、瑞典、瑞士、前苏联、日本和意大利等，都曾广泛地开展大坝的模型试验工作。研究主要集中在坝体与坝基的联合作用、重力坝的抗滑稳定、拱坝的坝肩稳定、地下洞室围岩的稳定等问题。1979年，地质力学模型国际讨论会在意大利贝加莫结构模型试验研究所召开，会上各国分别对地质力学模型试验的理论、技术及在大坝、洞室等工程领域的应用作了介绍。在原南斯拉夫的地质与基础工程学院进行的格兰卡尔沃拱坝的地质力学模型试验规模巨大，试验也十分成功。伴随着这些国家建坝高峰的过去，地质力学模型试验在水工结构方面的应用相应减少。目前，国外具有较大规模该类型实验室的有俄罗斯国家水工科学研究所、法国国家水工实验室和印度中央水利水电研究所等。

我国在20世纪50年代中后期，一些科研单位就开展了地质力学模型试验研究，如清华大学水利系等。到了70年代中后期，这方面的研究工作得到不断扩大和深入。目前，清华大学采用超载法进行大坝的超载能力与破坏机理及加固措施的研究，取得了很多研究成果。四川大学水工结构研究室在模型材料上有所突破，研制了新型的模型材料——变温相似材料，即在一个模型上实现了强度储备法降强试验，并采用该项技术对国内一些拱坝和高边坡进行了稳定性分析，获得了多项研究成果。长江水利水电科学研究院岩基所对构皮滩、江口双曲拱坝及三峡高边坡进行了试验研究，取得了很多成果。成都理工大学也开展了相关工程地质力学模拟研究。

从目前国内外地质力学模型试验的发展和现状来看，存在以下一些问题：

①目前模型材料的研制较为缓慢，要实现温度和渗流对工程结构及其基础的强度降低的精确模拟还具有一定的难度。

②加载方式单一，很难考虑复杂地应力和基础多维受力状态。采用千斤顶刚性加载，未能具体模拟受力情况。

③只能针对主要因素进行模拟，受试验条件的限制，一些影响因素无法模拟，如模型中无法考虑渗流等因素对工程结构的作用。

④对大坝的破坏过程很难跟踪监测。应力应变、位移量测方法上还需要不断改进。

⑤很难对拱坝运行及其开挖全过程进行模拟。具体部位的内部破坏情况无法详细了解。

伴随着电子计算机的普及，以及跨学科的创新研究，地质力学模型试验由定性分析转向定量分析，新的试验方法与技术不断发展，具体表现在以下几个方面：

①新型模型材料的研制，使得模型材料的适用范围扩宽。例如，变温相似材料模拟新技术，已先后成功应用于大中型水电工程的试验研究中，如普定碾压混凝土拱坝试验研究，四川铜头拱坝、沙牌高碾压混凝土拱坝、广西百色重力坝、金沙江溪洛渡高拱坝、锦屏一级高拱坝等坝肩坝基的稳定性研究，还成功地应用于南盘江天生桥二级与一级水电站厂区岩体高边坡稳定性研究。这种新材料及新技术，可以在一个模型上实现降强法试验，有广阔的发展前景。

②试验的加载方式也朝多维方向发展，尤其对于地下洞室工程，通过研究，使得试验的加载方式能够满足模拟实际工程中岩体结构的多维受力特性的要求。此外，加载系统将会逐渐采用伺服控制系统，这样在加载过程中可以进行实时控制。

③电子计算机的发展和普及，给模型试验的数据采集、量测技术和数据的分析与处理带来了更加广阔的前景。模型跟踪监测采用了现代化、可视化、智能化的技术，如采用声发射技术监控开裂前兆，微型摄像系统监控上游坝踵开裂等。试验量测技术方面，伴随着光纤技术的发展，将逐渐实现光纤技术监控坝肩内部的变形状态、外部布控光纤网络量测等。

④伴随着计算力学的不断发展，地质力学模型试验与有限元计算相互配合，进行工程结构与其有关岩体共同作用下稳定性分析，研究工程在复杂地质条件下稳定性问题，不仅能进行整体稳定性分析，还可以研究工程某些部位的具体破坏情况及加固措施。模型试验与理论计算二者相辅相成、相互验证、互为补充、共同发展。

3.2 地质力学模型试验原理及试验方法

3.2.1 地质力学模型试验的相似原理

与结构模型试验类似，地质力学模型试验也必须满足模型与原型之间的相似性要求，这是模型试验的理论依据。在本书第1章已对破坏试验的相似要求作了详细说明。但是，地质力学模型试验需要模拟出岩体特性以及岩体中的断层、破碎带、软弱带及节理裂隙等，相似要求相比其他类型的模型试验来说，更为复杂。它要满足工程结构及岩体的模型与原型之间线弹性模型和破坏模型的全部相似判据。

①一般来说，为了满足自重的模拟，地质力学模型在选取材料时，尽量满足原型、模型材料的容重相等，即

$$C_\gamma = 1$$

式中，C_γ 为容重相似常数。

②根据相似理论可知，模型破坏试验要求：

$$C_\varepsilon = 1,\ C_\varepsilon^0 = 1$$

式中，C_ε为应变相似常数；C_ε^0 为残余应变相似常数。

由此可导出相关的相似关系：

$$C_\sigma = C_E C_\delta = C_L$$

式中，C_σ 为应力相似常数，C_E 为弹性模量相似常数，C_δ 为位移相似常数，C_L 为几何相似常数。

③地质力学模型试验是一种破坏试验，因此，要求原型岩体与模型材料的应力应变关系

曲线不仅在弹性阶段要相似，在超出弹性阶段后直至破坏为止均要相似，即实现全过程相似，包括强化阶段、软化阶段及残余强度。见图3－3中的BC段和$B'C'$段以及σ_c和σ_c'。

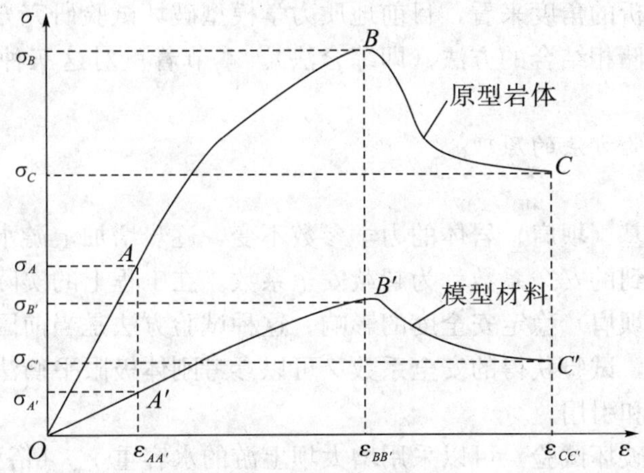

图3－3　原型岩体与模型岩体材料的应力－应变关系图

图中A，A'为二曲线上同一任意应变值$\varepsilon_{AA'}$的对应点，B，B'为峰值强度，C，C'为残余强度，其各对应点的应力有如下相似要求：

$$\frac{\sigma_A}{\sigma_{A'}}=\frac{\sigma_B}{\sigma_{B'}}=\frac{\sigma_C}{\sigma_{C'}}=C_\sigma$$

④对于原型及模型中各构造面或软弱夹层之间的摩擦系数f及凝聚力c，要求：

$$C_f=1,\ C_c=C_\sigma$$

式中，C_f为摩擦系数相似常数；C_c为凝聚力相似常数；C_σ为应力相似常数。

目前国内的地质力学模型试验中采用小块体模型的较多，这类模型能够模拟岩体中有规律分布的主要节理裂隙组，能较好地模拟工程实际。但是为了在模型中保持模型与原型的相似，在模拟节理裂隙砌筑块体和选择模型材料方面，还需补充以下要求：

①岩体各方向节理裂隙出现的频度，模型与原型应相似。即原型岩体单位长度内的裂隙数，在模型中各个方向减少的比值应相同。这是为了满足模型岩体非均匀等向性与原型岩体相似。

②模型中各组节理裂隙的连通率应与原型相同，各个节理裂隙面之间的摩擦系数、凝聚力或抗剪强度应满足相似条件。这是为了满足模拟过程中原、模型的结构相似及强度相似。

③除要求模型材料与室内试验的岩石小试件（不包含裂隙）的物理力学性能相似外，还要求模型材料小块体组合体的性能与岩体总体的物理力学性能相似。这是为了实现模型从局部到整体的相似性，也是小块体地质力学模型试验中衡量是否满足相似条件的一项重要指标。

对地质力学模型试验的相似性要求，比常规的线弹性应力结构模型试验或建筑物的结构模型破坏试验的要求更为复杂，要全部满足这些相似条件是十分困难的，甚至是不可能的。因此，通常都需进行适当地简化，并且还要根据岩体稳定的性质，保证一些主要区域及主要物理参数的模拟而放弃次要部分或参数的模拟。只有这样，才能使模型既能基本满足试验相似要求，又能切实可行。

3.2.2 模型破坏试验方法的原理及其理论依据

从整体稳定性分析的角度来看，目前地质力学模型破坏试验研究方法主要有超载法、强度储备法、超载与强储相结合的方法（即综合法）。本节着重对这三种方法的原理及理论依据进行阐述和说明。

(1) 三种破坏试验方法的原理

①超载法的原理。

这种方法假定坝基（坝肩）岩体的力学参数不变，逐步增加上游水荷载，直到基础破坏失稳，用这种方法得到的安全系数称为超载安全系数。在工程上的实际意义可以理解为突发洪水来临等对坝基（坝肩）稳定安全度的影响。这种试验方法是当前国内外常用的方法，便于在模型试验中实现，试验获得的安全系数又可以参考刚体极限平衡法的安全评价体系，长期以来为人们所接受和引用。

采用超载法进行破坏试验，可以采用增大坝上游的水容重 γ_w（俗称三角形超载），也可以采用抬高水位（俗称梯形超载）的办法，以增大水平荷载 P，如图 3-4 所示。

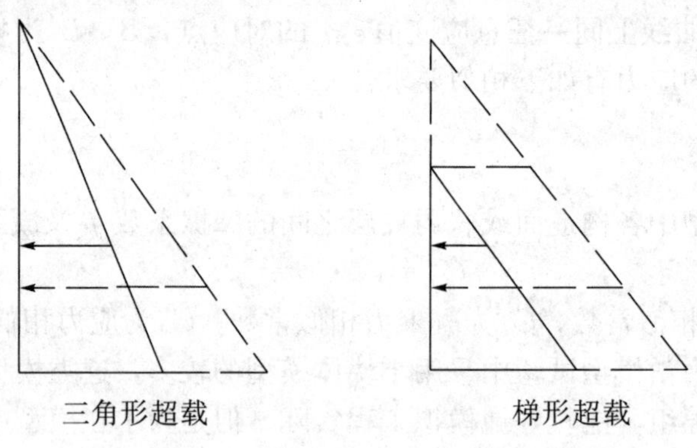

图 3-4　超载法的两种模式

但是在实际工程中，水平荷载 P 是不可能随意增大的，因为汛期洪水中夹砂量增大或因暴雨出现超标洪水翻坝等因素的影响都是有限的，虽然历史上瓦依昂拱坝曾出现过水位超标达一倍的情况，但是对绝大多数工程而言，水位超标一般不超过 20%。同时就这两种方法的合理性，河海大学陈国启教授论证了三角形超载更为合理。目前大多数破坏试验中，超载法采用三角形超载。超载法试验主要是增大水平推力而忽略其他因素影响，是一种单因素方法。

②强度储备法的原理。

强度储备法考虑坝基（坝肩）岩体本身具有一定的强度储备能力，试验可以通过逐步降低岩体的力学参数，直到基础破坏失稳，以此来求得它的强度储备能力有多大，用这种方法求得的安全系数称为强度储备安全系数。在工程的长期运行中，坝基（坝肩）岩体和软弱结构面，由于受到库水的浸泡或渗漏的影响，其力学参数会逐步降低，且岩体强度指标取值大多是在地勘阶段提出的，因此，设计计算中通常要进行敏感性分析，以探讨力学参数降低一定幅度后，对稳定安全度的影响。在模型上则是在保持坝体及坝基岩体自重和设计正常荷载组合作用值不变的条件下，不断降低坝基、坝肩岩体的力学参数，直到破坏失稳为止。强度储备法考虑了坝体在受正常水荷载的作用下，材料强度的降低影响这一不可忽略的因素。

强度储备法是在超载法基础上发展起来的一种方法，其关键技术是降低材料的强度，这是国内外研究的一个主要问题。一种方法是变一个参数做一个模型，这需做多个模型才能得出强度储备系数 K_s，但这种方法工作量大、投资大、周期长，不同模型不能保持同等精度，难以满足试验研究的要求，故一般较少采用这种方法。为了能实现在同一模型中采用强度储备法，可采用一种等价的原则来进行试验，即把保持外荷载不变，逐步降低材料强度，直至达到材料强度极限的试验过程，改变为保持模型材料强度不变，同比例增大荷载与坝体自重，直至达到材料极限强度的试验过程。最后由模型破坏荷载与模型设计荷载之比得到强度储备系数 K_s，即

$$K_s=\frac{R_m}{R'_m}=\frac{\sigma'_m}{\sigma_m}=\frac{P'_m}{P_m} \tag{3-1}$$

式中，R_m 为材料的设计强度，R'_m 为破坏时的实际强度；σ'_m 为材料极限荷载下的应力，σ_m 为材料设计荷载下的应力；P'_m 为模型极限荷载，P_m 为模型设计荷载。

据文献介绍，已有试验采用拉杆挂砝码、离心机加载等方法来实现模型材料容重的增加。这种方法由于水荷载 P 与坝体自重 W 按同比例增大，其合力方向始终保持不变，与超载法中只增加水荷载 P，而保持坝体自重 W 不变是截然不同的，两种方法的破坏机理有差异。用拉杆挂砝码来增重的方法在模型试验中使用有一定难度，特别是在三维模型试验中使用困难。用离心机作加载工具来同比例增大荷载与坝体自重虽可行，但离心机设备昂贵，要求的模型尺寸比较小，对地质结构比较复杂的大型模型来说无法实现，并且在试验中也不便于观测破坏过程。

有的模型试验采用能降低强度的模型材料，可以在同一模型中实现材料强度的改变。

③综合法的原理。

综合法是超载法和强度储备法的结合，它既考虑到工程上可能遇到的突发洪水，又考虑到工程长期运行中岩体及软弱结构面力学参数在湿化情况下逐步降低的可能，两方面因素相结合进行试验，得到的安全系数称为综合稳定安全系数。这种试验方法曾先后应用于普定拱坝、沙牌拱坝、铜头拱坝、溪洛渡拱坝、锦屏一级拱坝、小湾拱坝、百色重力坝、武都重力坝坝肩坝基稳定等地质力学模型试验中，均获成功。

综上，三种试验方法中，超载法是最易在模型上实现的，试验得到的安全系数可以参照刚体极限法的安全评价体系，长期以来广为应用，是一种单因素方法。强度储备试验法主要考虑工程中岩体等在水的作用下强度的降低，也是一种单因素方法。综合法考虑了超载和岩体强度降低的双重可能性，是一种多因素方法。

(2) 三种破坏试验方法的理论依据

①超载法的理论依据。

地质力学模型试验中，超载法是目前国内外最常用的一种试验方法。它认为坝体所受水荷载及其他荷载，由于某种原因会超过设计荷载，达到一定程度会使建筑物及地基遭到破坏。为检验结构的超载能力，在设计荷载基础上，再超载一定倍数的荷载，直至结构破坏为止。由破坏时相应的外荷载与设计荷载之比，即得超载体安全系数 K_p，并用它来评价工程的安全性，其表达式为

$$K_p=\frac{P'_m}{P_m}=\frac{\gamma'_m}{\gamma_m} \tag{3-2}$$

式中，P_m，P'_m 分别为模型的设计荷载、模型破坏时的外荷载；γ_m，γ'_m 为模型加压液体的设计容重、模型破坏时加压液体的容重。

由破坏时的相似条件，可得

$$C_\sigma = C_\gamma \cdot C_L$$

$$C_\sigma = C_\tau = C_E = \cdots \qquad (3-3)$$

$$\frac{\tau_p}{\tau_m} = \frac{\gamma_p}{\gamma_m} \cdot C_L \qquad (3-4)$$

所以

$$\frac{1}{\gamma_m} = \frac{\tau_p}{\tau_m \cdot \gamma_p \cdot C_L} \qquad (3-5)$$

$$K_p = \frac{\tau_p \cdot \gamma'_m}{C_L \cdot \tau_m \cdot \gamma_p} \qquad (3-6)$$

由抗剪断公式可看出：

$$K_p = \frac{f\sigma + C}{P} = \frac{\tau}{P} \qquad (3-7)$$

$$1 = \frac{\tau}{K_p \cdot P} \qquad (3-8)$$

由式（3－6）和式（3－8）可知，超载法就是不断增大水平荷载 P 的倍数 K 或增大水平荷载的容重 γ_m，直到模型破坏为止，相应于破坏时的超载倍数 K 即为超载安全系数 K_p，其对应的点超载安全度可以用图 3－5 来表示。

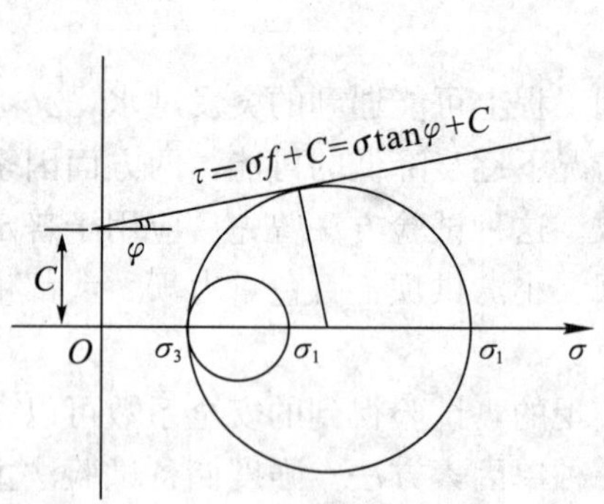

图 3－5　点超载安全度

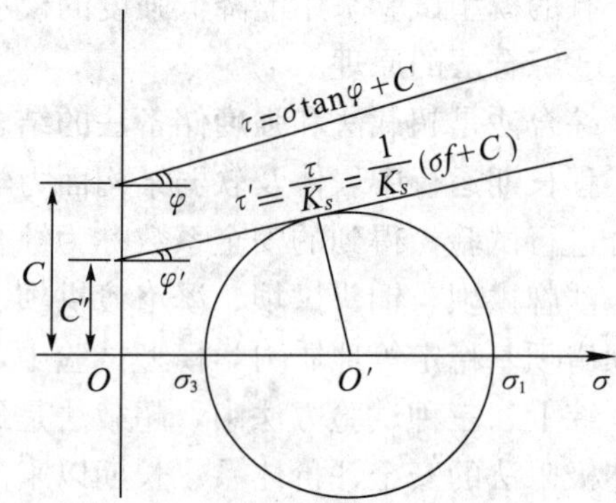

图 3－6　点强度储备安全度

②强度储备法的理论依据。

强度储备法认为坝基、坝肩的岩体、岩体内的软弱结构面或软岩层的强度，尤其是抗剪强度 C，φ 值（或 τ 值），在水库长期运行过程中会不断降低，而导致坝基、坝肩失稳，设计和破坏时的强度之比，即为强度储备安全系数 K_s，其表达式为

$$K_s = \frac{\tau_m}{\tau'_m} \qquad (3-9)$$

式中，τ_m 为模型材料的设计强度；τ'_m 为破坏时模型材料的实际强度。

由相似关系式（3－4）得

$$\tau_m = \frac{\tau_p \cdot \gamma_m}{C_L \cdot \gamma_p} \qquad (3-10)$$

所以

$$K_s = \frac{\tau_p \cdot \gamma_m}{C_L \cdot \gamma_p \cdot \tau'_m} \qquad (3-11)$$

式中，τ_p 为原型材料的设计强度；τ'_m 为破坏时模型材料的实际强度。

由抗剪断公式得

$$1=\frac{\tau}{K_s \cdot P} \tag{3-12}$$

由式（3－10）、式（3－11）可看出，强度储备法就是保持设计外荷载 P 不变，不断降低抗剪强度 τ，直至模型破坏为止。相应于破坏时的强度降低倍数 K 即为强度储备安全系数 K_s，其对应的点安全度可以用图 3－6 来表示。

③综合法的理论依据。

综合法是将超载法与强度储备法结合起来，既考虑了材料强度降低的可能性，又考虑了水压等超载的因素。

由式（3－6）、式（3－11），当同时改变 γ_m 与 τ_m 时，有

$$K=\frac{\tau_p \cdot \gamma'_m}{C_L \cdot \gamma_p \cdot \tau'_m} \tag{3-13}$$

由抗剪断公式得

$$1=\frac{\tau}{K_1 \cdot K_2 \cdot P} \tag{3-14}$$

则

$$K_c=K_1 \cdot K_2 \tag{3-15}$$

式中，K_1，K_2 分别为强度降低安全系数和超载安全系数，含义与式（3－8）、式（3－12）相同，但是所求得的数值却不同。由式（3－14）、式（3－15）可知，同时考虑强度储备与超载的情况下，综合安全系数 K_c 即为破坏时的强度降低倍数 K_1 与超载倍数 K_2 的乘积，其对应的点安全度可以用图 3－7 来表示。

模型试验中，材料强度常以莫尔库仑理论确定的抗剪强度 $\tau=\sigma f+C$ 来控制，一般不由 C，f 单独控制。原因是材料的 C 值较小，按相似关系 $C_m=\frac{C_p}{C_\sigma}$ 缩小后，模型材料的 C_p 值将变得更小，而实际上又不能配制出如此低参数的模型材料。如果忽略 C 值，只满足 f 的相似关系，则无形中提高了 C_m，而使材料不能满足相似关系。因此，应按莫尔库仑理论来考虑 C，f 的综合效应。模型材料抗剪强度 τ 的设计值和试验值的相似性如图 3－8 所示。

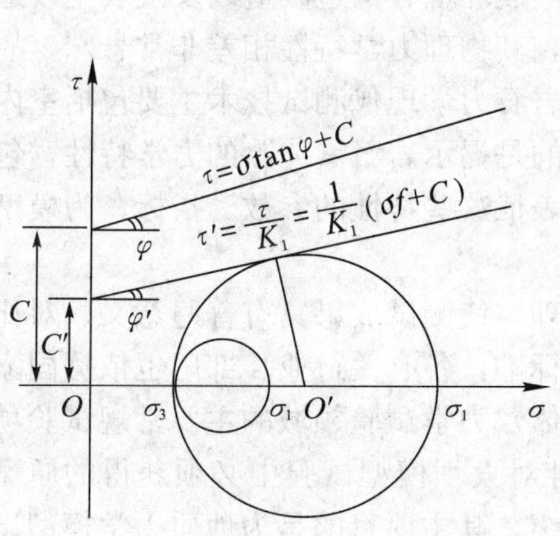

图 3－7　点综合安全度

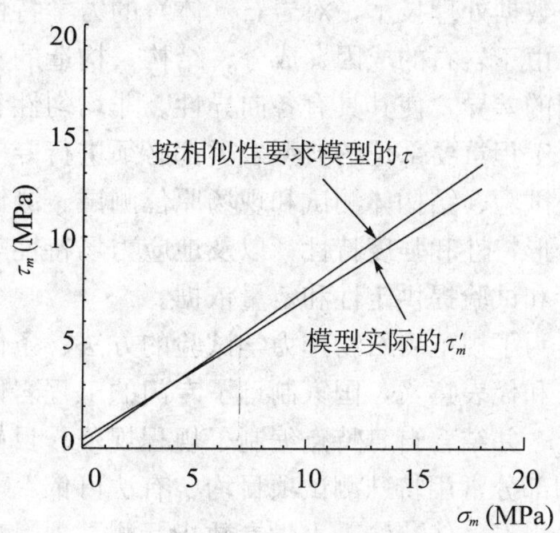

图 3－8　模型材料设计值和试验值的相似性

地质力学模型试验三种破坏试验方法的相似关系及其判断依据见表3－1。

表3－1　超载法、强度储备法和综合法的相似关系及其理论依据

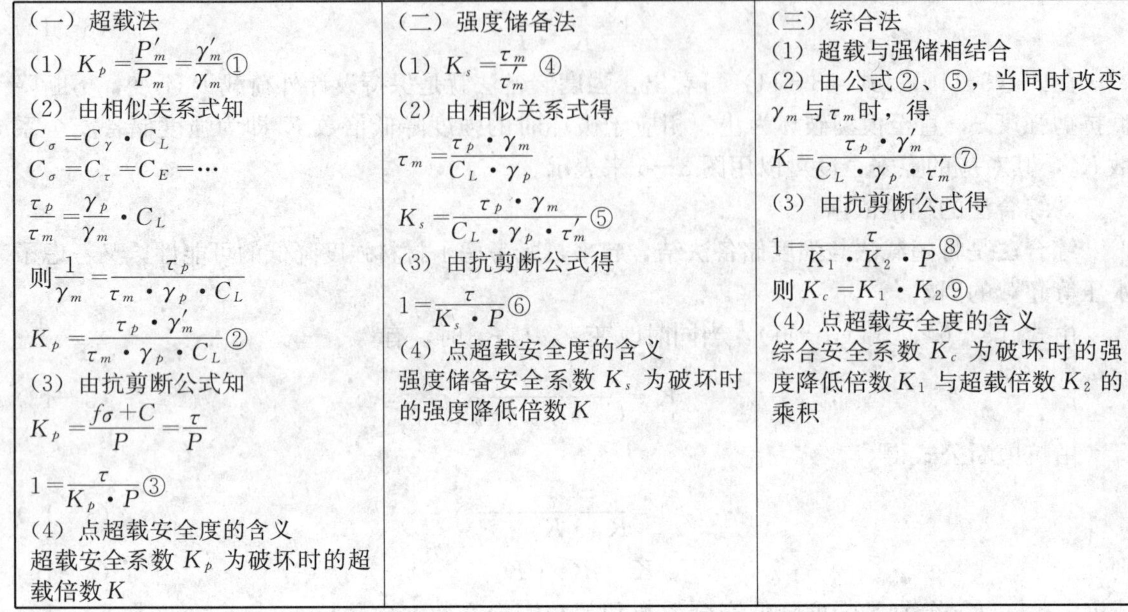

(一) 超载法	(二) 强度储备法	(三) 综合法
(1) $K_p=\frac{P'_m}{P_m}=\frac{\gamma'_m}{\gamma_m}$ ① (2) 由相似关系式知 $C_\sigma=C_\gamma\cdot C_L$ $C_\sigma=C_\tau=C_E=\cdots$ $\frac{\tau_p}{\tau_m}=\frac{\gamma_p}{\gamma_m}\cdot C_L$ 则$\frac{1}{\gamma_m}=\frac{\tau_p}{\tau_m\cdot\gamma_p\cdot C_L}$ $K_p=\frac{\tau_p\cdot\gamma'_m}{\tau_m\cdot\gamma_p\cdot C_L}$ ② (3) 由抗剪断公式知 $K_p=\frac{f\sigma+C}{P}=\frac{\tau}{P}$ $1=\frac{\tau}{K_p\cdot P}$ ③ (4) 点超载安全度的含义 超载安全系数 K_p 为破坏时的超载倍数K	(1) $K_s=\frac{\tau_m}{\tau'_m}$ ④ (2) 由相似关系式得 $\tau_m=\frac{\tau_p\cdot\gamma_m}{C_L\cdot\gamma_p}$ $K_s=\frac{\tau_p\cdot\gamma_m}{C_L\cdot\gamma_p\cdot\tau'_m}$ ⑤ (3) 由抗剪断公式得 $1=\frac{\tau}{K_s\cdot P}$ ⑥ (4) 点超载安全度的含义 强度储备安全系数 K_s 为破坏时的强度降低倍数K	(1) 超载与强储相结合 (2) 由公式②、⑤，当同时改变γ_m与τ_m时，得 $K=\frac{\tau_p\cdot\gamma'_m}{C_L\cdot\gamma_p\cdot\tau'_m}$ ⑦ (3) 由抗剪断公式得 $1=\frac{\tau}{K_1\cdot K_2\cdot P}$ ⑧ 则 $K_c=K_1\cdot K_2$ ⑨ (4) 点超载安全度的含义 综合安全系数 K_c 为破坏时的强度降低倍数K_1与超载倍数K_2的乘积

3.3　地基岩石力学指标测试概述

由于地质力学模型研究对象是结构与地基的整体，在这类模型中要求模型与原型岩体的变形特性从局部到整体都能相似，且必须在破坏试验中全过程相似。因此，试验前不仅需要收集足够的原型现场岩体的地质勘探资料，还需要进行室内岩石力学指标的测试试验，以获得原型岩体的力学参数，本节简要介绍地基岩石力学基本指标的测试方法。

岩石（体）力学测试技术是岩石力学与实验力学相结合、技术性很强的一门应用学科。它是以现行国家标准和行业规程、规范为依据，采用当今先进的仪器设备和计算机测控技术、数据处理技术，对岩石（体）的力学特性进行常规测试和特殊试验的技术手段体系。

由于岩石的成因、成分、结构、构造的不同，加之形成环境、构造改造以及浅表生改造作用的差异，使其具有各向异性、非均匀性和非连续性，其物理力学特性相差非常悬殊，故每个工程重要部位的典型岩类都必须进行专门的试验。岩石力学现代测试技术主要包括室内岩块试验、结构体测试和现场原位测试。测试的主要目的是揭示岩石（体）的力学特性，包括变形特性和强度特性，以及地应力场特性等，并获得表征这些特性的参数、指标，为模型设计和试验提供定性和定量依据。

为了规范岩石物理力学试验的方法、条件和成果整理，使测试成果具有普遍意义、对比意义和代表意义，国家制订了专门的工程岩体试验方法标准，各有关行业、部门也依据国家标准，并结合自身特点编制了规程规范。目前，岩石（体）力学试验领域的主要常规试验项目和部分常用特殊测试项目均“有法可依”。本节主要针对大坝模型试验中必须获得的原型地基岩石（体）物理力学参数指标测试项目进行简要介绍，其主要目的是为地质力学模型试验设计提供原型力学参数。

室内岩块试验是岩石力学测试技术的基础，其主要目的是获得岩块的基本物理力学特性及其指标。测试类别可分为静力学与动力学试验、常温常压与高温高压试验、变形与强度试验、地应力测试试验等。近年来由于科学技术的发展和进步，可以模拟地壳较深部位岩体的环境条件与受力条件，进行地应力场、温度场、渗流场、地震动力场等多场耦合的试验研究。限于教学目的和篇幅，本节主要介绍室内岩块试验中的试样制备、块体密度试验、单轴压缩变形及强度试验、抗拉强度试验、应力应变全过程三轴试验。这些试验可以获得岩石的块体密度（包括天然密度ρ、饱和密度ρ_{sat}、干燥密度ρ_d和风干密度ρ_f）、变形参数（包括弹性模量E与泊松比μ、割线模量E_{50}与泊松比μ_{50}、变形模量E_0与泊松比μ_0）和强度参数（包括抗拉强度σ_t、抗压强度$R(\sigma_c)$、抗剪强度C_r与φ_r和抗剪断强度C与φ）。

3.3.1　试样

室内岩石块体试验是将岩石制备成规则、标准的试件来进行测试的。试样制备的过程包括岩样采集、包装、运输、试件加工、试件状态预置、试件描述等几个环节。

（1）岩样采集、包装与运输

岩样采集，俗称取样，是在研究的具体工程及其部位，采用特殊的手段采集用于测试研究的典型样品。采集手段从易到难一般有选取零星岩块、刻槽取样、手持钻机取样、爆破取样、钻孔取样等。

所取岩样应立即用油漆或油性记号笔进行编号，填写取样记录表或做好取样记录，记录内容主要有岩样编号、取样工程部位、构造部位、地层岩性、取样方法和取样时间等。钻孔取样时还需要记录钻孔编号与取样深度等。对于定向采取的岩样，应在岩样表面标注方向记号，比如在某一平面上做好记号，记录该平面的产状要素，并同时将这些信息做好记录。

试样采集完成后应尽快包装，特别是对于易崩解的泥岩类岩石和其他易风化的岩石类型，以及需要保持含水量不变的原状岩样，应立即采用密封薄膜进行密封处理，或采用浸腊密封的方法，以使岩样与外界空气、水分等隔绝，保持原始状态；密封完成后放置在有软衬垫的硬质包装箱（如木箱、塑料箱等）内；对于比较坚硬和稳定的岩石，如果不需要保持原含水状态，则可直接放入有软衬垫的硬质箱内。

交由专业运输部门运输时，应当在包装表面醒目部位标注“小心轻放”警示文字。

（2）试件加工

为了使试验成果统一，便于对比，岩样必须按国标或有关规程规范加工成规则的、具有一定外形尺寸精度的试件，因此，需借助机械进行加工。加工的工艺和方法一般有钻、切、磨、车。对于方形试件，加工工艺主要是切和磨；对于圆柱体试件，加工工艺主要有钻、切、车、磨。

为了使试件尺寸测量精确、试验中受力均匀，并严格遵从试验条件，使测试成果具有代表性和对比性，国标和各规程规范对用于岩石力学试验的试件的加工精度均作出了明确规定。这些规定主要有：

①试件可用圆柱体、方柱体或立方体。

②含大颗粒的岩石，试件直径或边长应大于岩石中最大颗粒粒径的10倍。

③沿试件高度、直径或边长的尺寸误差不得大于0.3 mm。

④试件两端面不平整度误差不得大于0.05 mm。

⑤端面应垂直于试件轴线，最大偏差不得大于0.25°。

⑥方柱体或立方体试件相邻两面应互相垂直，最大偏差不得大于0.25°。

⑦试件尺寸测量一般采用普通游标卡尺或数显游标卡尺，精度为0.01 mm。

(3) 饱和状态与干燥状态的试样制备

饱和状态与干燥状态是岩石试件含水状态的两种极端状态，其间还有天然状态和自然风干状态等。

①饱和状态试样制备。

岩石试件的饱和可在真空抽气法、煮沸法、自由浸水法三种方法中依序选用。

a. 真空抽气法。

在饱和容器中放入适量蒸馏水，再放入试件，应保证水面高出试件。将饱和容器的盖子和容器口密封盖紧，开启真空泵，使真空压力表达到100 kPa，继续抽气至无气泡逸出为止，但总的抽气时间不得少于4 h。抽气完成后，试件在原容器中并在大气压力下静置4 h，试验前取出并沾去表面水分立即测试。

b. 煮沸法。

采用煮沸法饱和试件时，煮沸容器内的水面应始终高于试件，煮沸时间不得少于6 h。经煮沸的试件应放置在原容器中冷却至室温，试验时取出并沾去表面水分立即测试。

c. 自由吸水法。

当采用自由吸水法饱和试件时，首先将试件放入容器中，然后注进蒸馏水至试件高度的1/4处，以后每隔2 h分别注水至试件高度的1/2和3/4处，6 h后全部浸没试件。试件在水中自由吸水48 h后，便可取出并沾去表面水分进行测试。

饱和后待测试的试件必须一直浸泡在蒸馏水里。

②干燥状态试件制备。

干燥状态试件制备采用烘干法。将试件置于恒温干燥箱内，对于不含结晶水矿物的岩石，应在105℃～110℃的恒温下烘24 h。对于含有结晶水矿物的岩石，应降低烘干温度，可在60℃±5℃或40℃±5℃（SL264—2001）下恒温烘24 h。恒温烘干时间达到后将试件取出，放置于干燥器中冷却至室温，取出称量。重复上述恒温烘干—干燥器冷却—称量步骤，直至相邻两次称重之差不超过后一次称量的0.1%。制备好的干燥试件应立即测试，没测完的可暂时存于干燥器内。

(4) 试样描述

无论什么试验项目，试验之前都应对试样进行描述、记录，一般至少应当对工程名称、岩石名称、颜色、试样编号、试件尺寸、含水状态，以及层面、裂纹、裂隙、岩脉分布和发育程度及其与施加荷载的方向等进行描述记录。有条件的话，最好对岩样的结构、构造、矿物成分、胶结物、胶结类型等进行描述记录，并照相或作裂纹分布素描图。试验以后均应对破坏形态、破裂面性质、方向、分布等做好描述记录，最好照相或素描。这样，对试验结果的分析和岩石力学性能的认识能够提供最大的帮助。

3.3.2　岩石块体密度测试

中华人民共和国国家标准《工程岩体试验方法标准》（GB/T 50266—99）规定，岩石块体密度测试可采用量积法、水中称重法或腊封法。凡是能够加工制备成规则试件的各类岩石，均应采用量积法测试其块体密度。人们工程活动中所涉及的大多数岩石均能够加工制备成规则试件，因此，本教材仅介绍量积法。

（1）量积法岩石块体密度测试原理

根据定义，岩石的密度指单位体积的质量，即

$$\rho=\frac{m}{v} \tag{3-16}$$

式中，ρ 为岩石的密度，g/cm^3；m 为岩石的质量，g；v 为岩石的体积，cm^3。

由于岩石是一种三相体，即岩石中含有空隙（包括孔隙、裂隙和溶隙等），空隙中可能全是空气，也可能全是水，还可能二者均有之。因此，式（3－16）可写为

$$\rho=\frac{m_s+m_w+m_a}{v} \tag{3-17}$$

式中，m_s 为岩石中固体物质（矿物）的质量，g；m_w 为存在于岩石空隙中的水的质量，g；m_a 为存在于岩石空隙中的空气的质量，g。

很明显，当岩石的空隙中完全充满水时，式（3－17）可写为

$$\rho_{sat}=\frac{m_s+m_w}{v} \tag{3-18}$$

称为饱和密度，一般用 ρ_{sat} 表示。当空隙中完全没有水分时，有

$$\rho_d=\frac{m_s+m_a}{v}=\frac{m_s}{v} \tag{3-19}$$

称为干密度，一般用 ρ_d 表示。

因此，要准确获得岩石的密度，必须精准地测量岩石块体的尺寸，并且精准地称量岩石块体的质量。通常，需要测定岩石的干密度、饱和密度、天然密度和风干密度等。应当指出，即便对于同一种岩石，其密度指标因原生成岩作用、构造改造作用和表生改造作用及其程度的不同而有所差异。表 3－2 列出了某些岩石的块体密度。

表 3－2　某些岩石的块体密度

岩石类型	岩石块体密度（g/cm^3）	岩石类型	岩石块体密度（g/cm^3）
花岗岩	2.30～2.80	页岩	2.30～2.60
闪长岩	2.52～2.96	石灰岩	2.30～2.70
辉长岩	2.55～2.98	泥质灰岩	2.30～2.70
辉绿岩	2.53～2.97	白云岩	2.10～2.70
玢岩	2.40～2.87	片麻岩	2.30～3.00
流汶岩	2.60	石英片岩	2.10～2.70
安山岩	2.50～2.85	绿泥石片岩	2.10～2.85
玄武岩	2.60～3.10	蛇纹岩	2.40～2.70
粗面岩	2.30～2.67	石英岩	2.50～2.75
凝灰岩	0.75～1.40	大理岩	2.60～2.70
砾岩	1.90～2.30	板岩	2.30～2.80
沙岩	2.61～2.70		

（2）量积法岩石块体密度测试方法

①测试要求与方法。

本方法要求测干密度时每组试样不少于 3 个试件，测湿（饱和）密度时每组试样不少于 5 个试件。试件的加工制备及其精度应当符合 3.3.1 节的规定。

试验前应将试样进行分组、编号，并做好试件描述，试件描述内容参见 3.3.1 节。

量测方法与步骤如下：

a. 用百分游标卡尺（数显式或机械式均可）量测试件两端和中间三个断面上相互垂直的两个方向的直径或边长（精确到 0.01 mm，下同），按平均值计算截面面积 A。

b. 以上述量具和精度量测试件两端面周边上对称四点和中心点处共五个高度，并计算出高度平均值 H。

c. 据测试岩块的含水状态要求，在感量为 0.01 g 的天平上称量试件的质量（精确到 0.01 g）。

②成果整理。

据要求，采用以下公式计算各种含水状态下的岩石块体密度：

$$\rho_0=\frac{m_0}{AH} \tag{3-20}$$

$$\rho_{sat}=\frac{m_{sat}}{AH} \tag{3-21}$$

$$\rho_d=\frac{m_d}{AH} \tag{3-22}$$

式中，ρ_0，ρ_{sat}，ρ_d 分别为天然密度、饱和密度和干密度，g/cm^3；m_0，m_{sat}，m_d 分别为天然状态、饱和状态与干燥状态的试件质量，g；A 为试件截面积，cm^2；H 为试件高度，cm。

由于岩石的非均匀性，同组岩石的每个试件测试成果不可能完全一致。测试成果应列出每个试件的测试值和平均值。

3.3.3　单轴压缩试验

本试验同时测试岩石的单轴抗压强度和单轴压缩变形参数指标。

（1）测试原理

岩石在承受逐渐增大的单轴轴向荷载时，其轴向压缩变形随应力升高而增大，在与轴向垂直的横向上产生随之增大的拉伸变形。当轴向应力升高到试件承受荷载极限时，试件发生破坏。在此过程中不断测试并记录试件所受轴向荷载及试件各方向变形量，可以得到应力－应变关系曲线（如图 3－9 所示）。曲线的直线段（图 3－9 中 AB 段）的斜率为弹性模量 E，与之对应的横向应变与纵向应变之比为泊松比 μ。破坏时（图 3－9 中 D 点）的轴向

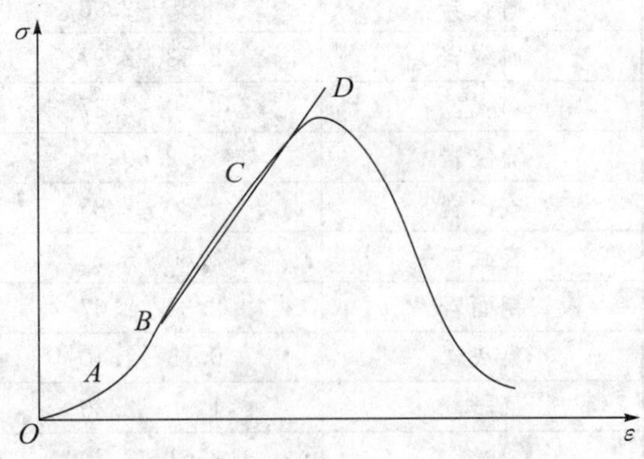

图 3－9　岩石典型应力－应变全过程曲线

应力称为单轴抗压强度 R（或 σc），它代表单轴压缩受力条件下岩石所能承受的最大轴向应力值。表 3－3 与表 3－4 分别给出了某些岩石的弹性模量、泊松比和单轴抗压强度。此外，工程上还常用到抗压强度 50%时的应力应变之比，称之为割线模量 E_{50}，是应力应变曲线上该点与坐标原点连线的斜率，对应的泊松比为 μ_{50}。图 3－10 给出了应力与应变（包括轴向应变 ε_1、横向应变 ε_3 和体积应变 ε_v）关系曲线。

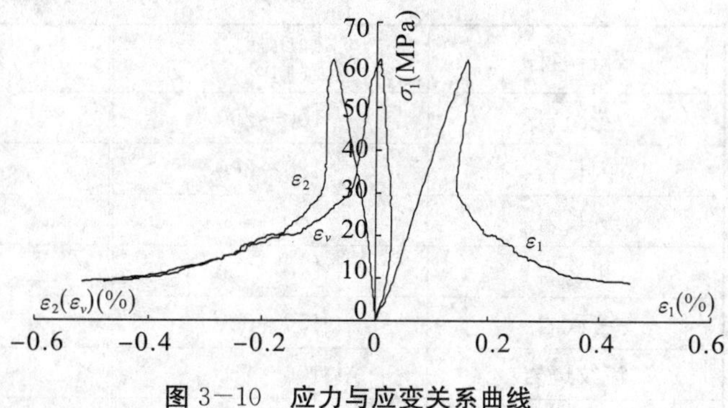

图 3－10　应力与应变关系曲线

对于同一种岩石，饱和状态抗压强度与干燥状态抗压强度之比称为岩石的软化系数（η）。对于岩石干燥状态的抗压强度试件，有的文献要求采用烘干状态，有的要求采用风干状态，国标和一些行业规程规范没有作严格规定，笔者认为应当根据工程具体情况来确定。但一般情况下，工程环境或天然环境没有烘干状态的可能性。因此，多数情况下可采用风干状态试件进行测试。应当指出，即便对于同一种岩石，其软化系数变化范围也非常大，将部分岩石的软化系数列于表 3－5，供参考。

表 3－3　部分岩石的弹性模量和泊松比

岩石名称	E (GPa)	μ	岩石名称	E (GPa)	μ
页岩	12.75～41.99	0.09～0.35	花岗岩	30.41～62.29	0.17～0.36
碳质页岩	2.35～8.93		粗粒花岩	48.46～49.25	0.21～0.22
绢云母岩	34.34		中粒花岩	48.56～56.72	0.17～0.21
变质页岩	15.69～19.62		细粒花岩	82.80～83.68	0.24～0.29
板状页岩	17.66～21.58		斜长花岩	62.29～75.44	0.19～0.22
粗粒砂岩	16.97～41.10	0.10～0.45	斑状花岩	56.02～58.67	0.13～0.23
中粒砂岩	26.29～41.10	0.10～0.22	片麻花岩	51.80～55.23	0.16～0.18
细粒砂岩	28.45～48.56	0.15～0.52	花岗闪岩	56.70～59.45	0.20～0.23
粉砂岩	9.91～31.69		辉长岩		0.11～0.22
石英砂岩	54.15～59.84	0.12～0.14	辉绿岩		0.26～0.28
碳质砂岩	5.59～21.19	0.08～0.25	苏长岩		0.22～0.24
煤		0.25～0.4	正长岩	49.34～54.15	0.18～0.26
石英岩	18.30～70.74	0.12～0.27	闪长岩	103.01～119.88	0.26～0.37
石灰岩	24.53～39.04	0.18～0.35	玄武岩	42.18～98.10	0.23～0.32
泥质灰岩	12.95～25.51		安山岩	39.24～78.48	0.21～0.32
泥灰岩	3.73～7.46	0.30～0.40	流纹岩	39.24～78.48	0.20～0.3
石膏	1.18～7.85	0.3	片麻岩	14.32～56.21	0.20～0.34
白垩	8.24		片岩	44.15～71.51	0.12～0.25
			大理岩	9.81～76.30	0.06～0.35

表 3-4　部分岩石的单轴抗压强度

岩石名称	抗压强度（MPa）	岩石名称	抗压强度（MPa）
花岗岩	100～250	白云岩	80～250
闪长岩	180～300	砂岩	20～200
辉长岩	180～300	煤	5～50
粗玄岩	200～350	石英岩	150～300
玄武岩	150～300	片麻岩	50～200
流纹斑岩	100～250	石英片岩	70～220
凝灰岩	60～170	云母片岩	60～130
页岩	10～100	大理岩	100～250
泥灰岩	13～100	板岩	100～200
石灰岩	20～250	千枚岩	50～200

表 3-5　部分岩石的软化系数

岩石名称	软化系数	岩石名称	软化系数
花岗岩	0.8～0.98	砂岩	0.60～0.97
闪长岩	0.7～0.9	泥岩	0.10～0.5
辉长岩	0.65～0.92	页岩	0.10～0.50
辉绿岩	0.92	片麻岩	0.70～0.96
玄武岩	0.7～0.95	片岩	0.50～0.96
凝灰岩	0.65～0.88	石英岩	0.8～0.98
白云岩	0.83	千枚岩	0.76～0.95
石灰岩	0.68～0.94		

（2）测试要求与方法

①测试要求。

对于单轴压缩试验，通常采用直径为 50 mm 或 100 mm 的圆柱体试件进行测试，要求试件的高径比为 2.0～2.5。也可采用边长为 50 mm 或 100 mm 的方柱体试件进行测试，同样要求试件高度与边长之比为 2.0～2.5。并且要求每种含水状态下的试件个数不少于 3 个。试件的加工制备及其精度应当符合 3.3.1 节的规定。

②测试方法与步骤。

试验按下述方法与步骤进行：

a. 接通并开启电阻应变仪电源，使其按说明书要求的时间预热。

b. 将试件置于试验机上下压头中心，调整球形座，使试件受力均匀，连接好应变片与应变仪，调整好应变仪后测读初值。

c. 按照预先估计的强度值分十级以上逐级加载直至试件破坏，加载速率为每秒 0.5 MPa～1.0 MPa，每加一级荷载测读记录一次，测读记录内容为各级荷载及其对应的各应变片测值。

d. 记录试件破坏形态、破坏方式、破坏面与加载轴的夹角，有条件的可以拍摄照片或绘制素描图。

3.3.4　岩石抗拉强度测试

岩石的抗拉强度是指在单轴拉伸荷载条件下，岩石所能承受的最大拉应力。由于岩石的特殊性质，在直接拉伸试验中，试件夹持难度较大，需要进行大量繁琐复杂的准备工作。因此，国家标准与各规程规范都将简便易行的间接拉伸试验的方法——劈裂法（又称巴西法）作为岩石抗拉强度测试的方法。

（1）劈裂法测试原理

设有一直径为 D 的单位厚度岩石圆盘受对径荷载 P 作用（如图 3－11（a）所示），此时沿圆盘直径 $y-y$ 截面上的应力分布如图 3－11（b）所示，各应力分量可由式（3－23）计算。当荷载升高到一定程度时，圆盘沿 $y-y$ 面破裂，此时的 σ_x 即代表圆盘试件的抗拉强度，参见式（3－24）。

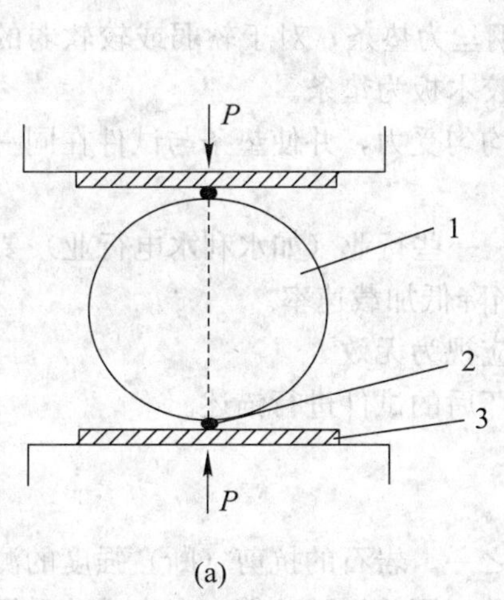

(a)

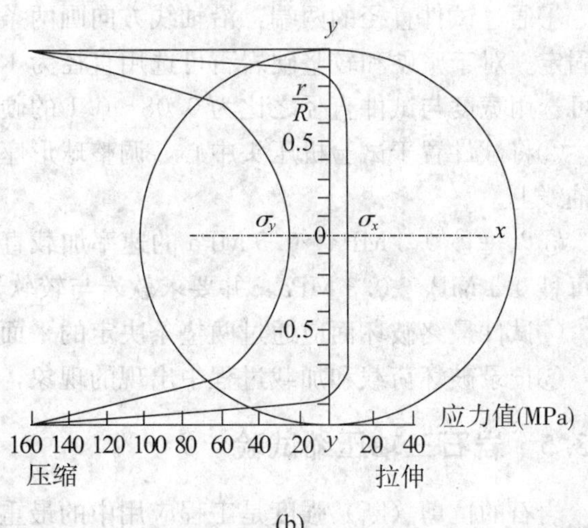

(b)

1. 试件；2. 垫条；3. 压板

图 3－11　劈裂法抗拉强度试验原理图

$$\sigma_y=\frac{8PD}{\pi(D^2-4y^2)}-\frac{2P}{\pi D} \tag{3-23}$$

$$\sigma_x=\frac{2P}{\pi D} \tag{3-24}$$

$$\tau_{xy}=0 \tag{3-25}$$

式中，P 为荷载，kN；D 为圆盘直径，mm。

由图 3－11 与式（3－23）不难看出，圆盘 $y-y$ 面上的应力分量在中部大约 0.8D 的范围内是均匀的拉应力。虽然该面上还存在较大的压应力 σ_y 分布，且端部效应使得 σ_x 在该面两端部附近也为压应力，但由于岩石的抗拉强度远远低于抗压强度，故据此得到的抗拉强度能够代表岩石的抗拉强度，其近似性完全满足工程要求。表 3－6 列出了某些岩石的抗拉强度值。

表 3－6　某些岩石的抗拉强度

岩石类型	抗拉强度（MPa）	岩石类型	抗拉强度（MPa）
花岗岩	4.0～10.0	中砂岩	5.0～7.0
斑状花岗岩	2.0～5.0	细砂岩	8.0～12.0
辉绿岩	8.0～12.0	铁质砂岩	7.0～9.0
玄武岩	7.0～8.0	页岩	2.0～4.0
流纹岩	4.0～7.0	白垩	1.0
石灰岩	3.0～5.0	石英岩	7.0～9.0
粗砂岩	4.0～5.0	大理岩	4.0～6.0

（2）劈裂法测试方法及步骤

劈裂法测试岩石抗拉强度的方法及步骤如下：

①通过试件直径的两端，沿轴线方向画两条相互平行的加载基线，将两根垫条沿加载基线固定。对于坚硬和较坚硬岩石可选用直径为 1 mm 的钢丝为垫条，对于软弱或较软弱的岩石可选用宽度与试件直径之比为 0.08～0.1 的硬纸板或胶木板为垫条。

②将试件置于试验机压头中心，调整球形座使试件均匀受力，并使垫条与试件在同一加载轴线上。

③以每秒 0.3 MPa～0.5 MPa 的速率加载直至破坏，一些行业（如水利水电行业）要求为每秒 0.1 MPa～0.3 MPa，并要求软岩与较软岩应适当降低加载速率。

④试件最终破坏面应通过两垫条决定的平面，否则应视为无效。

⑤记录破坏荷载和加载过程中出现的现象，并对破坏后的试件进行描述。

3.3.5　岩石三轴压缩试验

岩石的抗剪（断）强度是工程应用中的最重要指标之一。岩石的抗剪（断）强度的测试方法主要有三轴压缩试验、直剪试验、变角板剪切试验、双面剪切试验等。本次试验采用三轴压缩试验。

这里介绍的岩石三轴压缩试验是一种常围压三轴试验，试验中岩石试件所受应力状态为 $\sigma_1>\sigma_2=\sigma_3$。这种三轴压缩试验可以同时测试岩石的三轴抗压强度、抗剪（断）强度，以及不同围压条件下岩石的变形参数指标。

（1）测试原理

这里的三轴压缩试验是指等围压三轴压缩试验，一般是 $\sigma_1>\sigma_2=\sigma_3$ 的应力状态。这种三轴压缩试验是在单轴压缩试验的条件上，在试件周围增加了由液压油传导的、均匀的侧向围限压力——静水压力。由于传导压力的液压油液被柔性密封隔膜与试件隔开，因而既保证了围压的有效施加，又保证了岩石的全部变形破裂行为不受到影响。图 3－12 是这种三轴压缩试验得到的岩石的典型应力应变曲线和摩尔强度包络线。从该图上可以看出，随着围压的升高，岩石的强度随之增高，各变形阶段的应变也随之增加（如图 3－12（a）所示），同时岩石还从脆性破坏特征向延性破坏特征过渡。这些特点揭示了岩石在天然三向应力条件下的重要基本特征。正是由于这些特征，使得我们对若干个试件（一般是 5 个）施加不同的围压来进行三轴压缩试验，可以获得一系列应力摩尔圆，并可由此得到摩尔强度包络线（如图3－12（b）所示），这样便可以获得岩石的抗剪强度指标 C（内聚力）和 φ（内摩擦角）。前人在大量的工程实践中，对各种岩石进行试验，得到了某些岩石的抗剪强度指标，见表3－7。

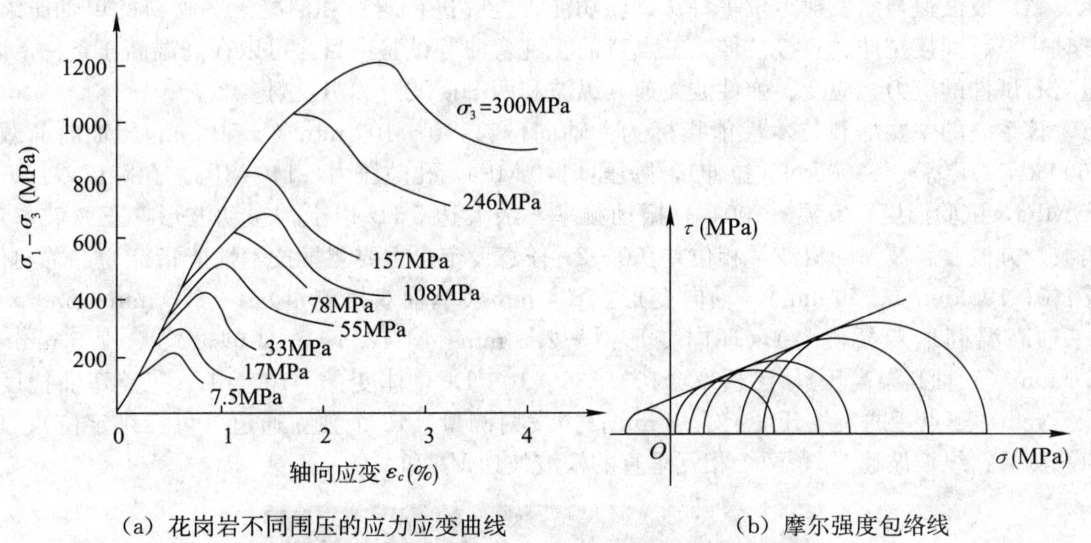

（a）花岗岩不同围压的应力应变曲线　　（b）摩尔强度包络线

图3－12　岩石三轴试验结果

表3－7　某些岩石的抗剪强度指标

岩石名称	内聚力（MPa）	内摩擦角（°）	岩石名称	内聚力（MPa）	内摩擦角（°）
花岗岩	14～50	45～60	片岩	1～20	25～65
流纹岩	10～50	45～60	板岩	2～20	45～60
闪长岩	10～50	50～55	大理岩	15～30	35～50
安山岩	10～40	45～50	页岩	3～20	15～30
辉长岩	10～50	50～55	砂岩	8～40	35～50
辉绿岩	25～80	55～60	砾岩	8～50	35～50
玄武岩	20～60	48～55	石灰岩	10～50	35～50
石英岩	20～60	50～60	白云岩	20～50	35～50
片麻岩	3～5	30～50			

如果采用高刚度与快响应的伺服三轴试验机，试验还可以获得岩石的应力应变全程曲线，并得到岩石的残余强度。

(2) 代表性试验设备简介

岩石三轴试验需在专门的岩石三轴试验机上进行。由于岩石的强度、刚度大，脆性强、变形小，因此，要求试验机具有出力吨位大、刚度大、变形测量灵敏度和精度高、测量参数多、控制方式全和控制响应快等特点，故岩石三轴试验机的结构比较复杂、价格比较昂贵。

目前广泛使用的岩石三轴试验机主要有中国、英国、德国、日本和美国生产的多种型号。

四川大学2006年引进的美国MTS公司生产的MTS815FlexTestGT岩石力学试验系统（如图3－13所示），是目前国际国内软硬件配套最完备、功能最强大、技术水平最高的岩石力学试验设备之一。该系统具有常温常压与高温高压、动力学与静力学、孔隙水压力与渗透压、超声波波速与声发射定位等特殊试验功能，能够进行岩石和混凝土等材料的单轴压缩、三轴压缩、间接拉伸、直接拉伸、三点弯曲、纯弯曲等试验项目。可以在高温高压条件下测量岩石试件的应力、应变、弹性波波速（纵波和两个横波）和声发射参数。

该系统的主要加载技术性能指标为：轴向位移：0～100 mm（±50 mm），轴向荷载：4600 kN（压缩）、2300 kN（拉伸），围压：140 MPa，孔隙压力：140 MPa，孔隙压差：0～30 MPa，试验温度：室温～200℃，振动频率：最大达5 Hz以上，振动波形：正弦波、三角波、方波、斜波、随机波，相位差：0～2π任意设定；主要测量技术性能指标为：轴向位移：0～100 mm（±50 mm），轴向变形：±4 mm（单轴双桥测量）、－2.5 mm～5.0 mm（三轴高温高压双桥测量），环向变形：－2.5 mm～＋12.5 mm（单轴）、－2.5 mm～8.0 mm（三轴高温高压），渗透率：10^{-4}～5×10^{-8}DC，体变：＞100 mL，三点弯曲挠度：0～5 mm，三点弯曲裂纹开度：0～3 mm；声发射测量：12个独立通道（可三维定位）；超声波测量：纵波波速V_P，两个相互垂直的横波波速V_{S1}和V_{S2}。

图3－13　MTS815FlexTestGT 岩石力学试验系统

从上述功能及性能指标可以看出，该系统不但可以进行大多数常规试验，还能够研究地表以下5000 m深度范围内，在地壳应力场、温度场、渗透场和地震动力场这样一个多场耦合条件下岩石的力学特性与力学行为。

3.4　地质力学模型材料

3.4.1　概述

地质力学模型往往用于研究超过弹性范围直至破坏阶段的建筑物及周围岩体的静力平衡问题，所以在模型材料的选择上，已不同于传统的弹性模型试验，它需要考虑材料经过弹性、弹塑性或粘弹性阶段直至破坏的整个发展过程的相似问题。地质力学模型试验能否真实地反映工程实际，除岩石力学参数测试的准确性、选定概化模型的代表性以外，模型材料的力学性能也必须和原型材料的力学性能满足相似关系，尤其是对断层、软弱夹层和节理裂隙等软弱结构面的相似模拟至关重要。因此，研究满足相似关系的模型材料是地质力学模型试验最重要的内容之一，也是关系到模型试验是否取得成功的关键所在。

在模型试验中要找到完全满足相似关系的模型材料十分困难，不论对于混凝土材料，还是对于岩体材料，其物理力学性质都是非常复杂的，尤其对于岩体材料更是如此。不同种类的材料各有其特殊性质，即使是同一类材料，在应力应变关系曲线的不同阶段，所表现出来的力学特征也有所不同，包括受力条件在内的各种外界条件，都可以导致材料性质的多变性。一般根据要研究问题的性质，配制满足主要参数相似的模型材料。因此，为了满足相似条件，对地质力学模型材料除一般性要求外，还必须满足一些特殊要求。

模型材料的主要力学性质与原型材料在整个极限荷载范围内都必须满足相似要求。如模拟破坏过程时，必须使材料的极限强度（拉、压、剪）有相同的相似常数。在单向、两向或三向应力状态中，也必须满足相似要求。

对于包含断层、破碎带等的复合岩体结构来说，其各组成部分的变形特性 E_1/E，E_2/E，…和 μ_1，μ_2，…等也必须加以考虑。就材料的非线性应力与应变的关系而言，除了弹性阶段外，$C_\varepsilon=1$ 也将成为必要条件，其中包括材料的屈服应变和破坏应变在模型与原型之间也必须相等。

在考虑断层、破碎带、节理、裂隙等不连续面的强度特性时，除了满足摩擦系数 f 相等外，还要考虑材料的内摩擦角相等、材料的抗剪强度相似的条件。

另外，在地质力学模型试验的稳定分析中，自重的影响非常重要，通常不能像弹性模型试验那样，考虑转化为集中荷载采用人工加载的方法来施加。因此，通常情况下，利用模型材料的自重来模拟岩体的自重效应。一般情况下，要求模型和原型材料的容重比值接近于 1，即 $C_\gamma\approx1$，以此来模拟岩体的自重。

根据相似条件，地质力学模型材料的变形特性的比例尺必须和模型的几何比尺相等或接近。而模型的几何比尺受到各种条件的限制，不能太大，因此，只好降低模型材料的强度及弹性模量以满足相似条件的要求。

3.4.2　地质力学模型材料的发展简况及现状

自研究者和工程师们开发出并开始利用地质力学模型试验来解决实际工程问题以来，地质力学模型试验的试验理论和试验技术日臻成熟，国内外的科研机构在不断开发和应用先进试验技术的同时，也在不断地对现有地质力学模型材料的性能进行改进，并且从未放弃对性能更好的新型地质力学模型材料的探索和研究。在地质力学模型试验发展的几十年里，各国的科研机构开发出了各种材料配比的模型材料，它们拥有不同的力学特性和优缺点，并且在实际应用中都取得了一定的成果。

20 世纪 60 年代，以 E Fumagalli 为首的专家在意大利贝加莫结构模型试验研究所（ISMES）开创了工程地质力学模型试验技术，研究范围从弹性到塑性直至最终破坏阶段。随后，葡萄牙、前苏联、法国、德国、英国和日本等国也开展了这方面的研究。在国内，从 20 世纪 70 年代开始，长江科学院、清华大学、河海大学、中国水利水电科学研究院、华北水利水电学院、武汉水利电力大学、成都科技大学等单位，结合大型水利工程的抗滑稳定问题进行了大量的试验工作，取得了大量研究成果。

意大利贝加莫结构模型试验研究所（ISMES）采用的地质力学相似材料主要有两类：一类相似材料是采用以环氧树脂为胶凝剂的重晶石和石灰石的混合料，可以获得较高强度和变形模量的材料，用来模拟较完整、较坚硬的岩石，但是材料配制需要高温固化，其固化过程中散发的有毒气体会危害人体健康；另一类相似材料是以石蜡油为胶凝剂的重晶石和氧化锌的混合料，材料强度低、变形大，用来模拟软弱基岩。

目前，国内正在使用的地质力学模型试验相似材料主要有以下几种：

①采用重晶石粉为主要材料，以石膏或液体石蜡油作为胶结剂，其他添加剂如石英砂、氧化锌粉、铁粉、膨润土粉等作为调节容重和弹性模量的辅助材料。

②石膏类材料，以砂或硅藻土等材料为骨料，石膏为胶结剂。

③采用铜粉作为主要骨料，满足高容重材料的要求，且不易生锈，但铜粉成本过高。

④武汉大学的韩伯鲤研制的 MIB 材料，由加膜铁粉和重晶石粉为骨料，以松香为胶结剂，并且使用模具压制而成。MIB 材料具备高容重、低强度、低变形模量、高绝缘度和砌块易黏结、易干燥、可切割、材料易得等优点，缺点是给铁粉粗骨料加膜用的氯丁胶粘剂中含有甲苯，对人体有毒害作用，且铁粉外膜脱落后易生锈，影响材料性质的稳定性。

⑤清华大学的李钟奎研制的 NIOS 材料，含有主料磁铁矿精矿粉、河砂、黏结剂石膏或水泥、拌和用水及添加剂。NIOS 相似材料可以模拟较大的容重，其弹性模量和抗压强度等主要力学指标可以在比较大的范围内进行调整，物理化学性质比较稳定，并且配制较方便，成本低廉，没有毒性，最主要的缺点是材料干燥太慢。

⑥山东大学的王汉鹏、李术才、张强勇等结合武汉大学的 MIB 材料和清华大学的 NIOS 材料的优点，研制了一种铁晶砂胶结材料（IBSCM），以铁精粉、重晶石粉、石英砂为骨料，松香、酒精溶液为胶结剂，石膏作为调节剂。该材料具有容重高、抗压强度与弹性模量低、性能稳定、价格便宜、易干燥、易于加工堆砌以及可重复使用的特点。

此外，还有离心结构模型试验相似材料、滑坡相似材料、水泥石膏相似材料、“固—液”两相相似材料、岩爆模型的相似材料等，已应用于多个工程的模型试验研究中。

表 3－8、表 3－9 分别对国内外一些常用的地质力学模型材料进行了简单的比较说明。

作为研究岩体抗滑稳定性及岩体破坏机理的地质力学模型试验，正确地模拟岩体中软弱结构面、断夹层等是十分重要的，它直接影响到岩体的抗滑稳定性及破坏形态。

在模型内通常略去岩石表面的不规则性。事实上，为了简化起见，岩体表面大部分被理想化，并用平面模拟。有粘土或充填物存在时，必须考虑充填物是否成层以形成一个连续的滑动平面。对于软弱结构面的剪切破坏，目前多采用摩尔—库仑屈服条件，即

$$\tau = \sigma_n \tan\varphi + C$$

式中，τ 为抗剪强度，MPa；σ_n 为作用在软弱结构面上的正应力，MPa；φ 为内摩擦角，度；$\tan\varphi$ 为摩擦系数 f；C 为凝聚力，MPa。

表 3－8　常用模型材料及其特性

材　料	容重 (g/cm^3)	抗压强度 (MPa)	变形模量 (MPa)	特　点
重晶石、石膏、砂子、甘油混合料	1.9～2.4	0.1～0.23	25～35	一定范围内，石膏用量固定的条件下，重晶石粉与砂子的比值越高，材料的抗压强度及变形模量也越大
重晶石、石膏、甘油混合料	2.3～2.4	0.1～0.38	71～314	拌和时加适量的熟淀粉浆可调节其固结强度
重晶石、膨润土混合料	2.23～2.5	0.1～0.3	14～480	属于中等强度和变形模量的系列
重晶石、重硅粉混合料	2.0～2.4	0.07～0.22	11～140	容重、强度、变形模量变化范围较大
铅氧化物和石膏的混合料				国外模型试验多采用这类模型材料

表 3－9　国外一些地质力学模型材料

材　料	配比 (重量比)	容重 (g/cm^3)	抗压强度 (MPa)	变形模量 (MPa)	制作单位
PbO：石膏：水：膨润土	75：7.5：16.2：1.3	3.61	0.53	40	意大利贝加莫结构模型试验所（ISMES）
Pb_3O_4：石膏：水：砂	60：7.5：43.5：120	1.97	0.072	25.2	意大利贝加莫结构模型试验所（ISMES）
浮石：重晶石粉：水：甘油：环氧树脂：固化剂	11.8：80.8：5.5：1.24：0.33：0.33	2.45	0.4～0.5	250～350	意大利贝加莫结构模型试验所（ISMES）
钛铁矿粉：Pb_3O_4 粉：石膏：水	600：300：18.8：90	3.41	0.46	200	葡萄牙国家土木工程研究所（LNEC）
Pb_3O_4：砂：小米石：石膏：水	600：600：600：75：416	1.94	0.06	28	巴顿（Barton）

根据相似原理，要求 $C_f=1$，$C_c=C_\sigma$，即原型岩石软弱结构面的摩擦系数应与模型的相同，凝聚力相似常数应等于应力相似常数。

国外在模拟摩擦系数时，多用清漆掺润滑脂及滑石粉等混合料涂于层面间，这种方法可获得较大幅度（$f=0.1\sim1.0$）的不同摩擦系数，但由于温度变化及喷涂工艺对它们的性能影响较大，因此，成果离散度大，稳定性差。

国内采用不同光滑度的纸张来模拟夹层摩擦系数，效果不错。但由于纸张容易受潮，所以具有一定的局限性。此外，一些研究单位也采用防潮性较好的铝箔纸、蜡纸或塑料薄膜等来模拟夹层模拟系数。表 3－10 介绍了一些模拟不同夹层材料的部分成果。

表 3－10　摩擦系数的模拟

序号	块体间夹层材料	摩擦系数 f
1	聚四氟乙烯薄膜/聚四氟乙烯薄膜	0.15
2	铝箔纸（贴）聚四氟乙烯薄膜/铝箔纸（贴）	0.17
3	重晶石模型材料光面/两层腊纸/重晶石模型材料光面	0.25
4	铝箔纸（贴）/腊纸/铝箔纸（贴）	0.35
5	聚乙烯薄膜（贴）/聚乙烯薄膜（贴）	0.45
6	重晶石模型材料光面/铝箔纸（贴）	0.55
7	重晶石模型材料光面/重晶石模型材料光面	0.65
8	聚乙烯醇涂层/聚乙烯醇涂层	0.75

此外，四川大学水工结构研究室采用一种新型的夹层变温相似材料，可以较好地实现地基中软弱结构面的模型材料的降强。

3.4.3　浇模成型材料与压模成型材料

浇模成型材料与压模成型材料是根据模型材料的成型方式划分的材料类型。浇模成型材料是由胶结料、填料和外加料按一定配比制成混合料，加水搅拌后，倒入预制的模具浇制而成的。压模成型材料是由胶结料、填料按一定配比制成混合料，拌合均匀后，倒入钢制模具中，再置于压力机上加压压实成型，制成小块体备用。一般小块体地质力学模型试验中，对于地基岩体材料的模拟，往往是采用压模成型材料。压制成型的块体及混合料如图 3－14 所示，压制块体的压力机如图 3－15 所示。

图 3－14　压制成型的块体及混合料

图 3－15　压制块体的压力机

从原料种类来看，浇模成型材料使用的胶结料有石膏、水泥、环氧树脂等，主要起到胶结作用，其含量对材料的强度和变形模量等力学性能有重要的影响；填料有重晶石粉、砂、铅粉、石灰石粉、磁铁矿粉等，其主要作用是增加材料的容重，但其含量对材料强度和变形模量等力学性能有一定影响；选用的外加料有膨润土、硅藻土、甘油等，主要作用是改善浆体的可塑性与和易性，有时对降低材料的变模也有一定作用。此外，水也是浇模成型材料中的重要成分。

浇模材料的特点是变形模量的调整范围大，比较容易获得较高强度和较高变形模量的材料，但该种材料通过浇铸成型需要烘烤、干燥等工序，模型制作的周期较长。在地质力学模型试验中，目前一般多在模拟坝体时选择这类模型材料和试验技术，也有一些单位在选用大块体地质力学模型时会采用这类材料和配套技术。

从原料组成来看，压模成型材料使用的胶结料有石膏、石蜡油、机油、环氧树脂、水等，填料主要有重晶石粉、氧化锌、膨润土、石灰石粉等。压模成型材料具有高容重、低强度、低变形模量的特点，它的制模时间短，干燥快，可以缩短制模周期。但是由压模成型材料制作地质力学模型，还需要经过技术人员的砌筑，耗时虽长，但整个周期不及浇模成型的长。因此，目前它比浇模成型材料应用更广泛。经过多年的发展，压模成型材料在材料组成和制作工艺方面都取得了一定的成果。

一般来说，在制作地质力学模型时，常采用的方式是：上部结构（坝体）采用浇模成型后再精工雕刻，而建筑物周围的基础部分选用压模成型材料砌筑而成。

3.4.4 变温相似材料

上述模型材料均为常规模型材料，其共同特征是模型材料的力学参数按一确定值配制好后，参数基本稳定，在模型试验中不会发生改变，因而所适用的试验方法有限，除离心模型材料能用于强度储备法试验以外，其余材料只适用于超载法试验。如果要实现强度储备法试验，则只能用一个材料参数对应一个模型，这需做多个模型才能获得强度储备系数，从而导致试验的工作量大、投资高和周期长，并且不同模型不能保持同等精度，难以满足试验研究的要求。

对于复杂地质条件下的基础工程或地下工程，岩体中往往存在断层、层间错动带、缓倾角节理裂隙、蚀变岩带等软弱结构面，在工程长期运行中，岩体及软弱结构面的力学参数在渗水的作用下会逐步降低，这种岩体及软弱结构面的强度弱化是影响岩体稳定的重要因素。为了能在物理模型中模拟这种强度弱化的力学行为，在同一模型中实现强度储备法和综合法试验，其关键技术是能研制出一种能控制性降低材料力学参数的新型模型材料，这是国内外模型界研究的一个重要问题。

四川大学水电学院水工结构研究室经过多年来的不断探索，在模型材料上有所突破，研制出了一种新型地质力学模型材料——变温相似材料。用这种材料来制作模型就可以在一个模型上实现强度储备，如果与超载法相结合，则可在一个模型上实现综合法试验。这种新材料、新试验方法扩大了地质力学模型的研究领域，具有广阔的应用前景，并成功应用于多个大中型工程的稳定性研究中。

变温相似材料的研制是一个交叉学科的渗透，它是将高分子材料与传统的模型材料结合起来，即在模型材料中加入适量的高分子材料及胶结材料，同时配置温度变化系统，在试验过程中通过调电升温的办法使高分子材料逐步熔解，用热效应来产生力学效应的变化，达到逐步降低材料力学参数的目的。

变温相似材料首先在常温状态下与原型材料的力学参数满足相似关系，在升温过程中，模型材料的抗剪断强度会随着温度的升高而逐步降低，并与原型的力学特性仍然保持相似关系。因此，变温相似材料的研制，首先依据常温状态下的相似关系进行配制，不同强度的夹层或岩体采用不同类型和不同配比的变温相似材料，然后进行变温过程的剪切试验，测得变温相似材料的抗剪断强度与温度之间的关系曲线，以作为判定强度储备系数的依据。图3－16为典型变温相似材料的 τ_m-T 关系曲线。

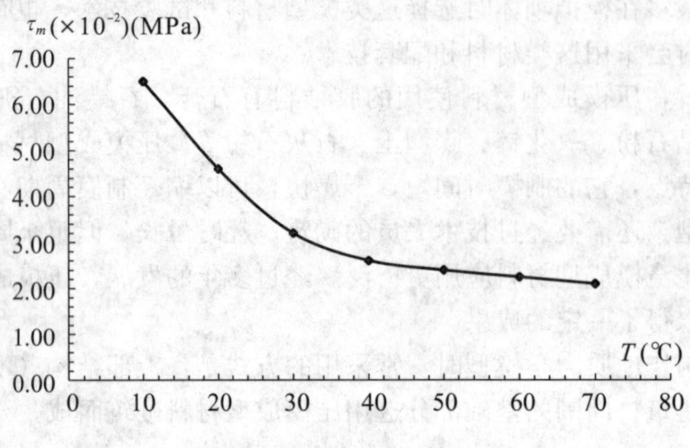

图3－16 典型变温相似材料的 τ_m-T 关系曲线

变温相似材料已在部分工程中得到成功的应用，如贵州普定RCC拱坝（坝高75 m）坝体结构特性研究、四川铜头拱坝（坝高75 m）坝基坝肩稳定性研究、四川沙牌高RCC拱坝（坝高132 m）坝基坝肩稳定性研究、广西百色RCC重力坝（坝高128 m）坝基稳定性研究、溪洛渡拱坝（坝高278 m）坝基坝肩稳定性研究、锦屏一级高拱坝（坝高305 m）坝基坝肩稳定性研究、天生桥二级厂区岩体高边坡稳定性研究、天生桥一级厂区岩体高边坡稳定性研究等。

3.5 地质力学模型的设计与制作

3.5.1 模型的设计内容与优化

在进行地质力学模型试验之前，同样需要做好模型试验的设计与制作工作，这是关键的第一步，它关系到试验的全过程。地质力学模型试验的设计包括选择模型材料、确定模型比尺与模型尺寸、确定坝基的模拟范围、加载和量测方法的选择、试验程序的设计等。其中，准备工作以及模型设计工作的主要内容、模型模拟范围的确定都可以类比结构模型试验，不再赘述。这里仅结合实际工程的模型试验工作作简要的补充说明。

①为了有利于试验成果的分析和比较，并从中找出规律性的成果，在进行一个模型试验时，常常需要设计辅助性的试验。例如，在进行复杂地基条件下的重力坝溢流坝段试验时，为了分清坝基各条断层和软弱带对重力坝稳定的影响，进行抗滑稳定分析，提出有效的处理措施，较为可取的方案是先做一个天然地基的模型试验，再做一个加固地基的模型试验以进行比较。条件允许时，还可以针对主要地质构造采用不同的加固方案再进行对比。有时，当拱坝三维模型上的多个方案的处理较为复杂时，还可以取出一些有代表性的典型平面或剖面进行试验，作深入的剖析。例如，对小湾拱坝取高程为1210 m平面，以天然地基与加固地基方案两个平面模型对比研究。

②为了充分利用一个模型取得多种设计方案的试验成果，需根据提供的试验任务的基本数据，拟定出一个模型进行试验时可能采用的综合试验方案。

③选择合适的模型材料非常关键，这在 3.4 节对常见的材料已作了介绍。此外，在地质力学模型试验中，如何采用模型材料制作模型也非常重要。一般来说，地质力学模型模拟的地质条件都较为复杂，在模型中要抓住主要影响因素进行模拟，如岩层的走向、对稳定性影响较大的地质缺陷和主要节理裂隙组等，再配以合适的材料，可以更好地模拟工程实际，如选用变温相似材料模拟岩体、软弱结构面等，可以在试验中实现强度的降低。

3.5.2　模型比尺 C_L 的选择

在上一章结构模型试验部分，已经介绍了模型需满足下列相似判据：

$$C_\sigma = C_L C_\gamma = C_E C_\varepsilon$$

因为地质力学模型要求 $C_\varepsilon = 1$，故

$$C_\sigma = C_L C_\gamma = C_E$$

上式的四项相似常数 C_σ，C_L，C_γ，C_E 中，C_γ 常通过外加荷载或材料本身自重满足容重相似，即 $C_\gamma = 1$，其他三项只要选定其中一项，其余两项即可根据上述的相似判据算出。因此，选择合适的模型比尺或几何相似常数 C_L，一方面要保证试验的精度，另一方面又要考虑制作模型的工作量和经济指标。对于地质力学模型试验来说，由于其相似条件要求较高，而模型材料的制备及块体模型制作的工作量要比常规应力试验模型大得多，模型比尺的选择是与材料性能密切相关的，因此，选择适当的模型比尺就显得更为重要。通常考虑几个模型比尺方案，选出较优的方案。

例如，某工程坝肩岩体干容重 $\gamma_p = 26\ \text{kN/m}^3$，岩体极限抗压强度 $R_p^c = 120\ \text{MPa}$，变形模量 $E_p = 10000\ \text{MPa}$，要求计算出几个模型比尺方案进行选择。测得模型材料的干容重 $\gamma_m = 24\ \text{kN/m}^3$，故 $C_\gamma = 1.083$；要求 $C_\varepsilon = 1$，从而计算出不同 C_L 的各组数据，见表3－11。

表 3－11　不同模型几何相似常数 C_L 的指标比较表

几何相似常数 C_L	100	200	300	400
应力或强度相似常数 C_σ	108.3	216.6	324.9	433.2
模型材料抗压强度 R_m^c（MPa）	1.108	0.554	0.369	0.227
变形模量相似常数 C_E	108.3	216.6	324.9	433.2
模型变形模量 E_m（MPa）	92.34	46.17	30.78	23.08
相当于原型 1 mm 的模型位移 δ_m（mm）	10/1000	5/1000	3.3/1000	2.5/1000
模型体积 V_1（m^3）	32.0	4.0	1.2	0.5

由上表可见，当 $C_L = 400$ 时，虽然模型体积很小，制作工作量小，但其模型材料强度要求很低，变形模量也很低，而且山体中的断层破碎带等软弱部分要求模型材料的强度及变形模量则更低，以致无法实现。此外，其模型的加工精度及位移量测精度要求过高，要达到要求是很困难的。反之，如果模型比尺较大（例如 $C_L = 100$），则模型材料强度及变形模量均较易满足，量测精度也易达到，但其模型体积达 32 m^3，所耗材料将达二三百吨，其工作量之巨大可想而知。

通常，地质力学模型比尺较常规应力试验模型要小，这是由于地质力学模型材料性能以及加工条件的限制而导致的。目前，国外地质力学模型比尺一般为80～150，规模较大。对拱坝坝肩山体稳定小块体模型，有些则采用较大的模型比尺。例如，四川大学水工结构研究室在三维地质力学模型中通常采用$C_L=150\sim300$，效果也比较好。实践结果表明，只要材料性能合适，在缩小块体尺寸、提高加工精度及砌筑工艺水平、采取可靠的加载措施及微型化、采用较高精度的量测设备等技术措施的基础上，适当缩小模型的比例尺是可行的。

3.5.3 地质力学模型制作

按模型制作方式的不同，地质力学模型包括现浇式模型和压模成型砌筑模型。

本书着重对小块体地质力学模型的制作进行介绍。一般来说，该类模型的制作分为坝体的制作和地基的制作两部分。坝体的制作常采用浇注成型后再精细雕刻的方法，对于大型的工程，可以分块浇注再进行拼接而成，待地基模型砌到设计高度时，再利用特殊的粘结剂将坝体模型粘结在地基上。地基模型的制作采用压制小块体然后再分层砌筑的方法，这在后面将进行详细介绍。

(1) 坝体的制作与加工

一般来说，为了满足自重的要求，坝体模型材料采用重晶石粉加重，但是重晶石粉具有高容重、低弹模的特点，所以，还要选用变形模量较高的石膏材料或石膏硅藻土混合料，以提高坝体的弹模，配以添加剂或掺合料，再掺水搅拌，然后倒入专门的模具，浇制成一定厚度和体积的长方体，厚度过大不容易搬迁，且干燥时间长。

浇制过程需要注意以下事项：

①确保拌合料搅拌均匀，尽量避免内部残留气泡。

②浇制前，应在模具里侧涂一层黄油，便于脱模。

③材料在室温条件下，一般经过较短的时间即可脱模，脱模后需要进行烘干，考虑到经济因素，一般采用自然烘干，即在室内阴干；也可以采取放在烘干室或烘箱内烘干，保持温度40℃～45℃以下。判断试块是否干燥，常用材料的绝缘电阻值来衡量。例如，要测定材料表面的干燥度，试验常用的做法是：将两支电表笔间隔1 cm放在模型表面，用兆欧表测定其电阻值，当电阻值不小于200 MΩ时，可以认为表面已经干燥。测定内部干燥度时，可于浇制前在模型内部预埋几对相距1 cm的小铜片，用漆包线引出模型外，再用兆欧表检查内部的电阻值。

④预制块干燥后，需要检验预制块内部质量的均匀性，以便选择优质的预制块制作模型。试验中常采用超声波或声波仪检测。

上面介绍了坝体模型的浇注过程。坝体模型的体形一般按照设计院提供的设计资料进行制作。为了制模坯及加工安装方便，坝体模型制作时按大坝的体形要求分为几个部分来浇筑，条件允许的前提下，可以同时浇注两个备用坝坯，经干燥养护后使用。当模型坝基砌筑到建基面时，按设计基坑的轮廓尺寸，将模型的基坑和坝体底部严格按设计尺寸进行精修，保证坝与基坑能准确对位，并将坝坯侧面加工平整后，按照预先设计的安装程序将坝坯底部与坝基进行定位、安装、粘结。待坝基粘结面干燥以后，再按坝体设计尺寸精加工至设计体形。

关于地质力学模型试验中坝体与基础的粘结需要补充说明的是：粘结材料以及粘结工艺

与结构模型试验基本相同，但对于三维模型来说，坝体一般比较重，有时需分为两截粘结，当坝基砌筑至建基面时，先粘结下半部分坝体，当砌筑至一定高程时，再粘结上部坝体。地质力学模型试验中拱坝与基础的粘结情况如图 3－17 所示。

图 3－17　地质力学模型试验中拱坝与基础的粘结情况及坝肩砌筑情况

(2) 基础的制作

①基础岩体的制作。

在小块体地质力学模型中，制作坝基时，首先确定模型地基的平面范围、河床坝底下的深度和两岸坡的高度，再对模型地基进行简化。模型坝基采用满足相似关系的不同配合比的岩体材料，压制成不同尺寸的小块体，按照预先设计的模型砌块的砌置方案，采用粘砌法或堆砌法砌置砌块。

其具体做法是：依据模型试验的相似要求，先按照材料的物理力学特性的相似要求选择合适的模型材料制作成配合料，然后再倒入专门的钢模具中，用专门的压力机压制成小块体备用，砌块的几何尺寸和结构面要依照力学相似设计；在砌筑模型前，先要根据模拟范围制作模型钢架（对于大型的模型，可以采用砖混砌成的模型槽），在模型槽边墙及端墙放出控制断面位置和高程线，结合地质剖面图和地质平切图、模型各类地质构造特征和河谷地形，在横河向、顺河向及沿高程方向三维交叉控制之下进行制模；再结合制模要求定出制模先后步序，确定模型分层、分块数量及尺寸，然后进行分层砌筑，为了模拟岩体材料的均匀性，常采用错缝砌筑的方式，有时为了模拟一些主要的陡倾角节理裂隙组，还需要选用专门的粘结剂，如环氧树脂等。

四川大学水工结构研究室近年来在溪洛渡、锦屏一级和小湾等一批高拱坝的模型试验中获得了大量经验，采用的小块体尺寸为 $10\times10\times7\ cm^3$、$7\times7\times7\ cm^3$、$5\times5\times5\ cm^3$。制作时，将预先通过试验设定的模型材料倒入相应的钢模具中，在压力机上用高压加压一次成型，不需要再次加工，如图 3－18、图 3－19 所示。这种方法大大提高了模块制作的效率，且保证了制作的块体形状尺寸准确，容重确定，易于砌筑，且砌筑密实。根据实际经验，在制模块时，用油剂或百蜡油等搅拌，避免了用水搅拌时常需要等待水分挥发的缺点。模块加压成型后即可使用，大大缩短了制模时间。

这里需要补充的是，在地质力学模型试验中，采用砌块组合模拟岩体，除了要求分别研究单独的块体与软弱夹层的力学特性外，还要求对组合体进行力学特性模拟研究。目前，一

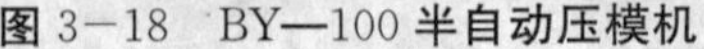

图 3-18　BY—100 半自动压模机

图 3-19　棱型块体模具

般是在现场用声波等动力法并结合现场静力岩石试验，根据试验分析出原型的建筑物的设计依据，包括各高程或各区段岩体的静弹性模量及动变形模量。在模型试验中，除了研究单个块体模型材料的应力变形特性外，还需研究由多个（一般要求 200 块以上）模型材料块体按现场裂隙分布方法砌成的组合体的综合变形特性，保证与原型岩体相似。

②断夹层、软弱结构面的制作。

整体地质力学模型试验，要模拟坝肩山体及基础内部断夹层、软弱结构面等地质缺陷，但是一般情况下这些结构面产状与力学性质很复杂，因此，在模型中对复杂的地质构造进行一些简化是十分必要的。一般来说，在制作前，需要先对这些地质缺陷进行研究，选择对稳定影响大的主要因素进行模拟。

其具体做法是：制作断夹层、软弱结构面时，根据模型设计要求，在坝基砌筑之前，首先按平切图定出起始高程的岩层、岩脉、断层等主要结构面的分布范围及产状，在模型槽底板和两侧边墙进行放线，并配合岩体的制模过程和制模要求确定砌筑步骤，特别是要考虑坝基内不同倾向的岩层、结构面给砌筑带来的难度。此外，在模型砌筑中还要兼顾内部测点和引出线的布置，各种工序要相互协调。根据相似要求，有些断夹层或软弱结构面等经过缩小后，坝基下的断层和层间错动带由于厚度小，无法压块制模，这时可根据要求选定不同配合比的材料，按各自不同的厚度及要求，采用敷填或铺填压实方法制作。当需要在模型中布设内部位移计或其他内部量测设备时，要按照预先设计的布置方案边埋设边敷填。

近年来，有一些单位借鉴国外的经验，按所需的几种典型形状尺寸，尽量考虑基础中主要被模拟的节理的倾角和走向，先制作出钢模具，模具的尺寸可根据模型比尺和所要模拟的基础的结构面来定。比例尺较大时，块体尺寸相应的可以较大，但要以能尽量模拟主要的节理、断层及软弱夹层为准。

四川大学水工结构研究室结合研制的系列变温相似材料，用于对软弱结构面的模拟，可以实现强度的降低。制模时，按坝基、坝肩夹层产状，先在夹层下盘岩体表面铺设电热线，其上布置夹层组合料，再覆盖夹层上盘岩体材料。待整个模型制作完成后，通电升温逐渐熔化油脂配合料，在拱推力等外力作用下，促成“小球”颗粒之间由滑动摩擦转变为滚动摩擦，进一步减小 f_m 值，直至 f_m 值逐渐降低到设计要求值为止。温度一般升到 60℃左右即可达到要求。对于断层的模拟，一般是采用变温相似材料的细料，制模时，按坝基、坝肩断层产状，先在断层下盘岩体表面铺设电热线，再按预先计算出的断层厚度沿断层下盘岩体敷填细料，再覆盖夹层上盘岩体材料。其降强原理已在3.4节说明，不再赘述。

某拱坝模型最终砌筑完成后的照片如图3－20所示。

图3－20　某拱坝模型砌筑完成后的照片

3.6　模型加载设计

目前，我国进行的地质力学模型试验，在加载方法上，多数采用油压千斤顶系统加分配块系统加载，也有的是采用小千斤顶群方式加载或液压囊加载。加载程序上超载、降强及综合法三种方法各有异同，其中综合法能够全面模拟工程运行后超载、降强等工作条件的改变。

地质力学模型试验中的荷载类型及加载设备虽然与结构模型试验有相似之处，但它又有自身的特点。地质力学模型的荷载模拟是把作用在原型上的各种荷载，按一定比例尺换算成相当的荷载，施加在模型上。加载值应按试验相似要求进行换算而得。

3.6.1　自重的模拟

地质力学模型试验研究的问题主要是岩体的变形和稳定问题，因此，岩体自身重量的模拟就成为加载的一个重点。另外，在地质力学模型试验中，可以实现自重荷载的较为精确的模拟。如上所述，地质力学模型中常用的是靠提高模型材料的容重来实现对原型的岩体自重的模拟，这样才能精确地模拟出自重作为一种体积力的特性，满足相似性要求。这是地质力学模型的一个重要的特点。目前，地质力学模型材料采用的容重大多在1.9 t/m^3～3.6 t/m^3的范围内，即C_r=1.3～0.7。通常，在模型设计的初步估算时，如果没有材料容重的试验资料，则可先设C_r=1。

有的地质力学模型试验中会采用集中力施加于模型内部或表面的方式，来模拟岩体自重，但是这种做法很难满足模型与原型的自重体积力的相似关系，导致模型岩体内部自重应力场分布不相似。此外，这种加载方法对岩体变形可能会造成约束，导致应力集中，更增加了问题的复杂性。因此，在一般情况下，不宜采用此种方法。

3.6.2　荷载组合的设计与加载系统

在地质力学模型试验中，除了自重的模拟靠材料自身容重相等来满足外，其他荷载的选择与结构模型试验相类似。

温度荷载的模拟方法是将温度荷载换算成当量水荷载，再与水沙荷载叠加。而对于水的渗压模拟和地震动荷载的模拟，目前在地质力学模型试验中还处于不断研究和探索阶段，现阶段少有行之有效的方法对其进行模拟。

这里需要补充说明的是，在结构模型试验中，可以考虑多种工况的荷载组合，从而测得各种工况下坝体的应力分布和位移分布。而地质力学模型试验属于破坏试验，所以一般只考虑一种荷载组合进行试验，通常考虑对稳定最不利的荷载组合。

地质力学模型试验中进行荷载设计时，对模型加载的精度要求比较高。此外，地质力学模型试验要研究岩体的超载失稳过程及破坏机理，这就要求模型中的加载措施具有超载能力，有时对荷载的持荷稳定性还会有所要求。

为了实现模型加载，需要将坝体上游面的荷载按照一定的要求设计分块，如图 3－21、图 3－23 所示，然后按照分块荷载的大小计算加载油压，最后依照设计成果布设加载千斤顶及传压系统，如图 3－22、图 3－24 所示。

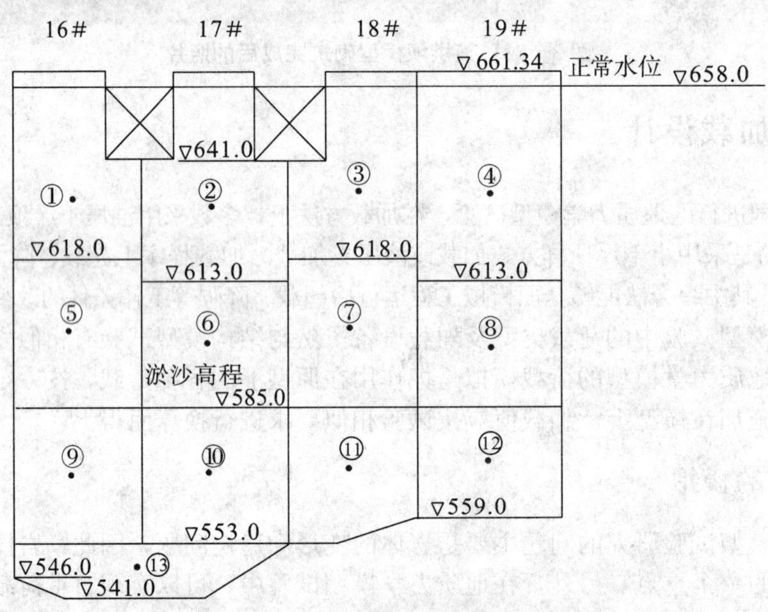

图 3－21 某重力坝部分坝段坝体上游面的荷载分块图

图 3－22 某重力坝模型上游加载千斤顶及传压系统

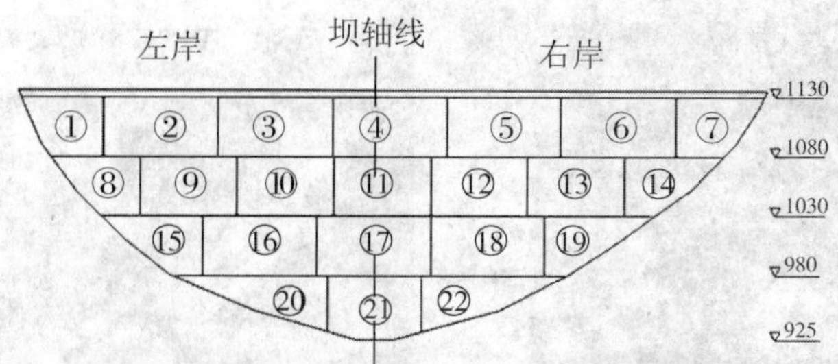

图 3－23　某拱坝坝体上游面的荷载分块图

图 3－24　某拱坝模型上游加载千斤顶及传压系统

3.7　模型量测系统

在地质力学模型试验中，主要需要量测的数据有：

①坝体及拱坝坝肩、重力坝基岩表面的表面位移的量测（包括顺河向、横河向以及铅直向）。

②软弱结构面内部相对位移的量测。

③坝体的应变量测。

因此，在地质力学模型试验中，需要布设应变、表面位移、内部位移三大量测系统。当进行强储法或综合法试验需要进行降强时，还要对温度进行量测，布设温度量测设备。温度的量测主要通过热电偶连接温度巡检仪来进行量测。

应变的量测以及表面位移的量测已经在结构模型试验章节中进行了叙述，其设备和原理都是一样的。图 3－25、图 3－26 为某重力坝和拱坝地质力学模型试验的表面位移量测系统照片。下面重点介绍地质力学模型试验中软弱结构面内部位移的量测和温度的量测。

3.7.1　内部相对位移的量测

地质力学模型试验中，内部位移主要监测坝肩坝基内部的断层及软弱结构面的相对位移，即相对错动，可以确定出滑动面的相对移动与这些面的分离情况，了解破坏失稳的过程，分析破坏机理，确定坝与地基整体稳定安全度。

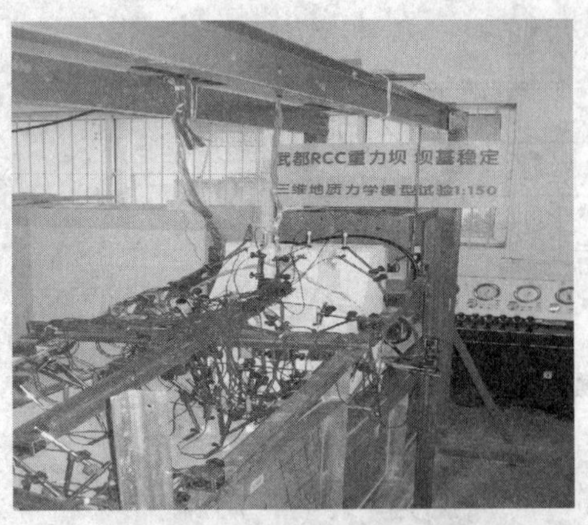

图 3-25 某重力坝模型坝体及下游坝基表面位移量测图

图 3-26 某拱坝模型坝体及两坝肩表面位移量测图

目前，在地质力学模型试验中，内部位移有以下两种检测方法：

①通过应变片的原理来间接地测量相对位移，叫做内部位移盒。其分为两部分：一部分埋设在断层的上盘（或下盘），叫做盒盖；另一部分埋设在断层的下盘（或上盘），叫做盒子。两部分之间有连接，当断层有相对运动时，就会使盒子内的应变片被拉伸或压缩，从而用应变量来显示位移量，这种方法首先需要测定应变与位移之间的关系式。

②新型的基于光纤布拉格光栅（FBG）技术的光纤传感器。这种传感器为圆棒式结构，其表面沿轴向安装了准分布式的光纤布拉格光栅。对于大坝物理模型，该传感器可预埋入坝体和坝基的内部。当大坝受到油压千斤顶荷载产生变形时，该传感器类似于一根一端固定并同时受轴向拉、压和横向弯曲的弹性梁。根据弯梁原理，由光纤布拉格光栅测得的应变结果可反算出大坝沿水平向和竖向的位移分布。室内标定试验结果表明，该传感器测得的变形量与其他常规传感器的读数一致。

3.7.2 强度储备法试验中温度的量测

为了在地质力学模型试验中试验强度储备法和综合法，可用变温相似材料来模拟软弱结构面在洪水等荷载作用下强度降低的可能，这就需要在模型中布设升温系统以及温度量测系统。

前者采用多台调压器调节电压高低，控制升温的快慢及高低。各变温层温度高低，采用XJ-100 型巡回检测仪带电偶控制坝肩、坝基断夹层等的温度变化。热电偶预先埋设在需要变温降强的部位。

3.8 试验成果分析

3.8.1 试验成果误差分析

对于坝体位移以及表面位移的误差分析，地质力学模型试验与结构模型试验是一样的，参见 2.9 节的内容。由于在地质力学模型试验中还需测量内部相对位移，而其测量方法是通过间接地测应变的方法得到的，因此，需要对间接测量的误差进行分析。

间接测量中常遇到的问题有：

①已知各直接测量值的误差，求间接测量的误差。

②给定间接测量的误差，计算各直接测量允许的最大误差。

(1) 间接测量误差的一般公式

设函数 $N=f(u_1, u_2, \cdots, u_n)$，式中，$u_1, u_2, \cdots, u_n$ 为各直接观测值。

令 $\Delta u_1, \Delta u_2, \cdots, \Delta u_n$ 为以上观测值的误差，ΔN 是由以上观测值的误差引起的 N 的误差，则

$$\Delta N=\frac{\partial f}{\partial u_1}\Delta u_1+\frac{\partial f}{\partial u_2}\Delta u_2+\cdots+\frac{\partial f}{\partial u_n}\Delta u_n$$

令 E_r 为间接观测值的相对误差。$E_1, E_2, \cdots, E_n$ 分别为各直接观测值的相对误差，则

$$\begin{aligned}E_r &=\frac{\Delta N}{N}\\ &=\frac{\partial f}{\partial u_1}\frac{\Delta u_1}{N}+\frac{\partial f}{\partial u_2}\frac{\Delta u_2}{N}+\cdots+\frac{\partial f}{\partial u_n}\frac{\Delta u_n}{N}\\ &=\frac{\partial f}{\partial u_1}E_1+\frac{\partial f}{\partial u_2}E_2+\cdots+\frac{\partial f}{\partial u_n}E_n\end{aligned}$$

(2) 间接测量中的均方根误差

设 $y=f(x, z, w, \cdots)$，式中，$x, z, w, \cdots$ 为实验中直接观测值。若对 $x, z, w, \cdots$ 作了 n 次观测，则有 n 个 y 值。均方根误差为

$$\sigma=\sqrt{\left(\frac{\partial y}{\partial x}\right)^2\sigma_x^2+\left(\frac{\partial y}{\partial z}\right)^2\sigma_z^2+\left(\frac{\partial y}{\partial w}\right)^2\sigma_w^2+\cdots}$$

式中，$\sigma_x^2=\frac{1}{n}\sum \mathrm{d}x_i^2$，$\sigma_z^2=\frac{1}{n}\sum \mathrm{d}z_i^2$，$\sigma_w^2=\frac{1}{n}\sum \mathrm{d}w_i^2$。

其实，应力的得到也是一种间接的测量，此种方法同样适用于应力的误差分析。

3.8.2 试验成果的分析

模型的超载破坏过程一般都是按照预先设计的程序进行试验完成的，四川大学水工结构研究室一般都采用超载与强降相结合的综合法进行破坏试验，研究坝与地基的变形特性、破坏机理和安全度，综合评价工程的安全性和加固方案效果。具体试验过程是：首先进行模型预压，然后加载至正常工况，即 $1.0P_0$（P_0 为正常工况下的荷载），在此基础上进行强度储备试验，依照委托单位预先设计的参数，即升温降低坝基岩体中断层的抗剪断强度 15%～30%（具体依照工程要求而定），升温强降过程分为几级，逐级升温强降。在保持强降的情况下，再进行分级超载阶段试验，直至坝与地基出现整体破坏失稳趋势，试验终止。试验中观测各级荷载下坝体、基岩和坝基内断层结构的位移，以及岩体的破坏过程。

一般来说，对于不同坝型的试验，需要的试验成果侧重有所不同，重力坝着重考虑坝基的失稳情况，而拱坝则还要进行两岸坝肩的稳定分析。以拱坝为例，通过试验可以获得以下主要成果：

①坝体下游面各典型高程表面测点径向位移 δ_r 和切向位移 δ_t 分布及发展过程图，即 δ_r-K_p 和 δ_t-K_p 关系曲线。

②坝体下游面各典型高程应变测点应变 $\mu\varepsilon$ 变化发展过程图，即 $\mu\varepsilon-K_p$ 关系曲线。

③两坝肩表面测点的位移 δ_p 分布及发展过程图，即 δ_p-K_p 关系曲线。

④坝肩坝基各软弱结构面内部测点相对位移 $\Delta\delta$ 分布及变化发展过程图，即 $\Delta\delta-K_p$ 关系曲线。

此外，还要记录坝与坝基的破坏过程及模型破坏形态。

以某工程为例，位移 δ_p-K_p 关系曲线、应变 $\mu\varepsilon-K_p$ 关系曲线分别如图 3－27、图 3－28 所示。

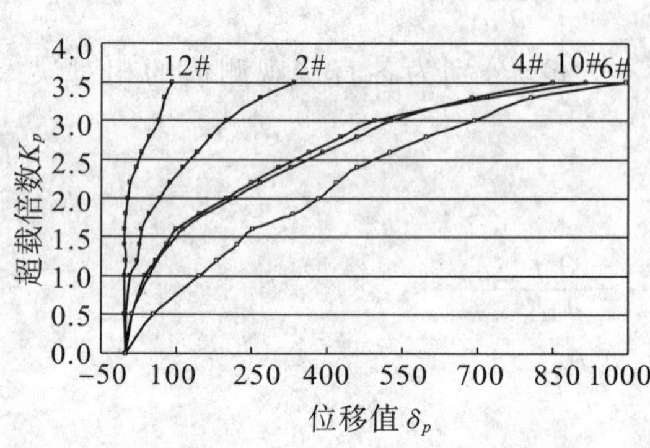

图 3－27　拱坝下游面径向位移 δ_p-K_p 关系曲线

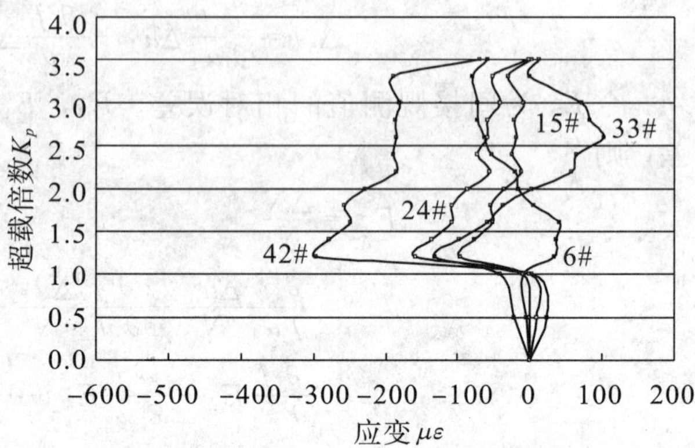

图 3－28　拱坝下游面水平应变 $\mu\varepsilon-K_p$ 关系曲线

在正常工况下，即 $K_p=1.0$ 时，大坝及坝肩位移正常。在降强试验阶段，即 $K_p=1.20$ 时，大坝及坝肩表面位移变幅小，由于受降强的影响，各断层相对位移较敏感，而随着超载倍数的增加，根据关系曲线，可以判断大坝及坝肩位移出现微小波动或者拐点，且根据不同部位的测点的位移或应变的关系曲线，发现断层变形稍有增大，有时会出现个别测点出现波动。这一拐点可以作为判断模型初裂的一个依据。逐级对模型加载超载，此时，由于模型进入弹塑性变化阶段，依照各个测点的关系曲线所作的分析可以认为是定性分析，再配合观察模型在超载作用下的裂缝开展情况，以及模型坝体和坝基的失稳趋势，从而判断出模型最终失稳对应的安全系数。以图 3－27 为例，在 $K_p=1.0$ 之前，该点的位移变化不明显，可以作为定量分析的参考；当 $K_p=1.5$ 左右，该点出现初裂，由于这一阶段的荷载比较小，也可以作为定量分析的参考；当 $K_p=3.0$ 左右，曲线呈现第二次突变，且位移的变幅不断增大，再配合该点裂缝开展情况及其失稳趋势，参考模型整体的变化规律和失稳情况，从而判定模型的失稳破坏对应的安全系数。

需要说明的是，在破坏模型试验中，模型中测得的表面位移、应变、内部位移不能直接乘以几何比尺换算成原型的表面位移、应变、内部位移，因为在弹塑性阶段，此关系不再是一个线性关系，也就是说，不能用定量的方法来分析坝与地基的位移和应变，只能作为一种趋势，从定性的角度去分析坝与地基的变形破坏特征。

3.8.3　试验成果报告的编写

地质力学模型试验过程中将测得大量的试验数据、图表，并获得相应的现场监测成果（如照片、破坏过程记录等），因此，需要对这些成果进行整理，分析模型的关键部位的位移变化规律，对模型的稳定性进行分析，通过研究模型的破坏过程及破坏机理，给出工程原型的安全系数，并提出加固措施。将以上资料进行整理汇总，编写试验成果报告。一般来说，试验成果报告包括前言、试验条件、模型设计、成果分析和结论与建议五个部分，下面分别对其进行介绍。

（1）前言

前言部分介绍原型（工程项目）的地理位置、地质概况、主要设计指标等，说明此次试验的目的、意义，提出需要研究的问题，大致介绍研究的主要内容等。

（2）试验条件

该部分介绍此次模型试验过程中所涉及的基本参数，如原型工程的地勘资料，原型岩体和混凝土等材料的物理力学参数，各种荷载数值、荷载工况组合等。

（3）模型设计

模型设计部分首先要确定模型的模拟范围、相似关系及模型比尺，然后进行模型的概化设计，并选择模型材料，说明模型的加载设计、量测设计，以及模型的制作等。

（4）成果分析

这一部分主要将试验数据整理成图表，通过计算分析获得应力、位移及分布特性，并对各种试验方案下结构的整体及重点部位的受力情况及发生发展规律进行合理分析，对破坏试验还应重点分析破坏过程、破坏形态，了解破坏机理，获得稳定安全系数，提出加固处理措施及范围，总之，揭示出试验项目所提出的问题。

（5）结论与建议

针对试验获得的成果，在试验报告的最后还需要给出此次试验的结论，如稳定性等安全问题的阐述，兼顾安全与经济两方面，针对设计与施工中存在的不足给出建议，从而为工程的设计和施工提供科学依据。

第4章 沙牌拱坝结构模型与地质力学模型试验

4.1 工程概况

沙牌水电站位于四川省阿坝藏族、羌族自治州汶川县境内的草坡河上，是岷江一级支流草坡河上游的梯级龙头电站。

该枢纽采用综合式开发，主要的建筑物有碾压混凝土拱坝、泄洪洞、压力引水隧洞和地面厂房等。碾压混凝土拱坝最大坝高132 m，是目前世界上已建成的最高的全断面碾压混凝土拱坝，为三心圆单曲拱坝坝型，坝顶中心线弧长 250.3 m，最大中心角92.48°，厚高比 0.238。右岸两条泄洪洞，其一为城门洞断面，长陡坡，兼作放空水库用，另一条系利用导流隧洞改建的涡漩式内消能竖井泄洪洞。发电引水隧洞布置在右岸，马蹄形断面，尺寸为 2.5 m×2.8 m，洞长 3488 m。地面厂房布置在坝下游约 5 km 处，安装 2 台单机容量为 1.8×10^4 kW 的高水头混流式机组。水库正常高水位 1866 m，总库容 1.8×10^7 m³，电站总装机 3.6×10^4 kW，年发电量 1.79×10^8 kW·h。沙牌拱坝枢纽平面布置如图 4－1 所示。

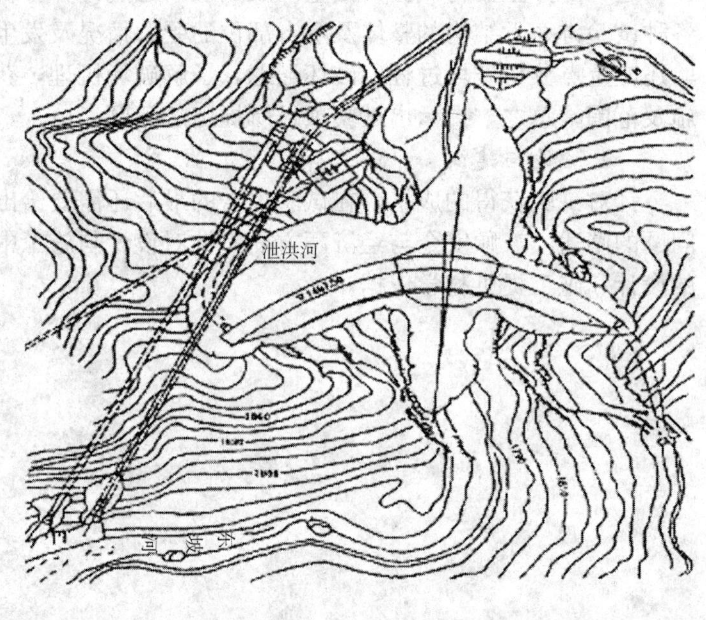

图 4－1 沙牌拱坝枢纽平面布置图

自 1995 年立项开工，于 2002 年 5 月坝体混凝土上升到顶，2003 年 5 月通过验收并下闸蓄水。坝体工程量 3.92×10^5 m³，其中碾压混凝土 3.65×10^5 m³。

4.2 坝址区地形地质条件

坝址区河谷地形在平面上呈葫芦形。坝址河谷两岸较陡，左坝肩下游侧有一高约 40 m

的陡崖，右坝肩下游侧由于河流流向由原来的 NE 向拐弯成 SE 向，因此形成一个三面临空的山脊。总的看来，两坝肩都显单薄。从立面上看，坝址河谷深切，呈“V”形状，两岸大致对称，其宽高比约为 1.70，适宜于修拱坝。临江坡顶高程为 1950 m～2000 m，谷坡陡缓交替，左坝肩坡角 40°～60°，右岸为 30°～60°，河床宽 40 m～80 m，两岸基岩裸露。

坝区地质条件，从平面岩性分布看，按岩性不同，左岸分为三区，右岸分为四区。Ⅰ区为晋宁—澄江期花岗闪长岩—花岗细晶岩夹绿帘石—黑云母—石英角岩。Ⅱ区由绿帘石—黑云母—石英岩组成，它和Ⅰ区交接处夹有厚 5 m～10 m 的绿帘石—石英—绿帘石片岩密集带，遇水有软化现象。Ⅲ区和Ⅳ区岩性较差，处于坝址上游，如图 4－2 所示。从四个区的岩性综合分析得出，以Ⅰ区岩性最好，两坝肩主要支承在该区上。坝底高程 1735.5 m 以下，为花岗闪长岩夹绿帘石、黑云母及石英角岩，无顺河断层发育，除局部需处理外，对坝体稳定无影响。坝基岩体不存在大规模控制边坡整体稳定性的贯穿性软弱结构面，边坡主要受节理裂隙及其组合关系影响。在坝肩及抗力体中，除 1840 m 高程以上拱圈有承受变形能力较差的片岩（S_c）出露及拱座岩体显得单薄，需进行工程处理外，从整体而言，坝肩抗力体尚属稳定。按地勘资料分析，两坝肩及抗力体的稳定性主要受 4 组不同产状的节理控制，见表 4－1。

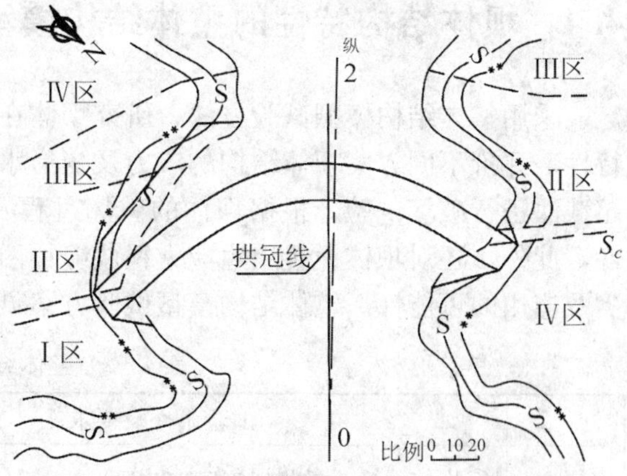

图 4－2　1850 m 高程平切图及坝区地质分区图

表 4－1　两岸岩体节理产状

部位 / 节理产状 / 组别	左岸	右岸
①	N50°W，SW，∠70°	N50°W，SW，∠70°
②	N55°W，NE，∠45°	N40°W，SE，∠60°
③	N35°E，SE，∠60°	N20°E，SE，∠40°
④	N20°W，SE，∠20°	N65°E，SE，∠0°

4.3　试验研究内容

结合沙牌水电站 RCC 拱坝坝体结构特性及其地基的地质构造特点，通过多方案的整体结构模型试验、三维地质力学模型试验，分析和论证了这座高达 132 m 拱坝的坝体结构特性及其坝肩稳定性，验证了设计提出的诱导缝位置的合理性，从而为工程设计和施工提供重要的参考依据。

①通过三个方案的整体结构模型，分别对三条诱导缝、周边应力释放缝加两条诱导缝及坝体不设缝等方案进行试验，对坝体的应力及变形特性进行研究，并采用超载法进行破坏试验，根据试验结果的综合分析，对坝体结构的合理性作出全面论证。

②通过五个方案的三维地质力学模型，分别采用超载法和综合法，以及不同材料制作的坝体进行坝肩稳定性分析试验，对坝肩的破坏过程、破坏形态和破坏机理及其安全度进行综合分析评价，并对坝肩的加固处理范围及其加固方式提出建议。

4.4 坝体结构特性的整体结构模型试验研究

采用整体结构模型试验方法，研究坝体在不同荷载组合及不同结构形式下的应力及变形特性，评价不同方案坝体结构的应力及变形水平及其结构设计的合理性。在此基础上，采用超载法进行破坏试验，根据坝体的破坏过程及破坏形态，进一步论证坝体结构设计的合理性，此外，还对坝体设置周边应力释放缝加两条诱导缝方案的结果特性进行论证，分析其优劣及应用的可能性。整体结构模型试验方案见表 4－2。

表 4－2　整体结构模型试验方案

方　案	试验条件及要求	荷载组合
一	①坝体无缝，量测坝体应力及变形 ②用超载法进行破坏试验	①水压＋沙压＋自重 ②水压＋沙压＋温降＋自重
二	①坝体设周边应力释放缝加两条诱导缝和一条水平施工缝（▽1810 m），量测坝体应力及变形 ②用超载法进行破坏试验	同上
三	①坝体设三条诱导缝，量测坝体应力及变形 ②用超载法进行破坏试验	同上

4.4.1 模型简介

沙牌拱坝结构模型试验的几何比尺为 $C_L=150$，因试验属常规线弹性模型，主要分析坝体的应力及位移特性，因此，坝与地基材料均采用石膏制作，其材料特性主要由弹性模量 E 控制。模型石膏选用四川眉山市生产的 180 目石膏制模，综合原型坝与地基变形模量 E_p 的变化范围及制模浇块的可能性等条件，根据相应的模型材料试验成果，最后选定模型材料的变模比 $C_E=6.75$。

模型模拟范围根据坝址区的地形、地质、枢纽布置特点及研究的重点要求确定，下游边界以河流流向自 NEE 拐弯至 SE 向后的河心为界；上游边界以加载设备安装方便为限；横河向边界每岸均取在顶拱端以外一倍坝高以上的范围。因此，模型模拟范围在平面上相当于原型 300 m×400 m（纵向×横向）。

模型荷载主要有水压力、淤沙压力、坝体自重及温度荷载，加载系统采用油压千斤顶加载。

模型量测系统包括应变、位移两大系统。模型上、下游面共设有 64 个应变测点，每一测点贴有三向纸基应变片，并在下游面布设 20 个位移测点，位移量测采用 SP－10A 电感式数显位移计量测，应变量测采用 UCAM－8BL 数字应变量测系统，坝体应变及位移测点布置如图 4－3 所示。

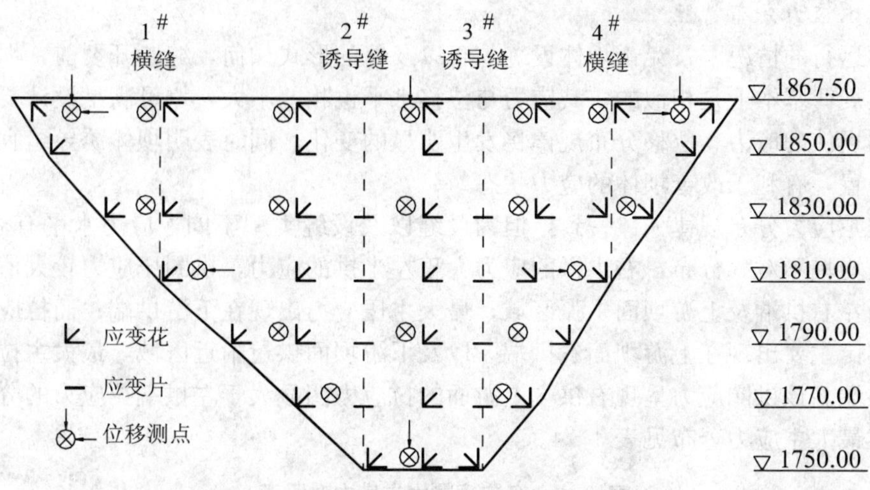

图 4-3　拱坝下游面应变及位移测点布置图

4.4.2　结构模型试验成果及分析

将三个方案的试验结果进行综合分析，获得了坝体在不同荷载组合下的应力、位移成果以及由超载法进行破坏试验获得的坝体破坏过程、破坏形态及其破坏机理。

(1) 坝体位移分布特性

各个方案坝体位移总的分布规律符合常规，即拱冠位移大于拱端位移，坝体上部位移大于下部位移。左右半拱不对称，右半拱位移大于左半拱位移。此外，由于 S_c 软岩带在坝体右岸上部拱端基面下分布范围较大，左坝肩 S_c 软岩带主要分布在拱端上游侧，这就形成坝肩两岸岩体上下部及左右岸的刚度大小不一，加之坝体结构及荷载分布不对称，这不仅形成右半拱位移大于左半拱的位移，而且因 S_c 压缩变形，左拱端出现向上游方向的位移，致使坝体在向下游位移的同时，在平面上伴随有逆时针向的转动位移。

从各方案坝体的最大位移值对比看（见表 4-3），无论荷载组合情况如何，均是方案二拱冠部的径向位移值最大，方案三次之，方案一最小。这是因为方案一坝体无缝，刚度较大，自然位移值相对较小；方案三设有三条诱导缝，梁向刚度虽未变，但拱向刚度却有所削弱，所以位移较无缝坝的位移大；方案二设了周边应力释放缝，在坝体中部还设有两条诱导缝，同时在 1840 m 高程设有水平施工缝，拱向及梁向刚度均有所削弱，特别是在两拱端上游侧及垫座顶设了周边应力释放缝后，虽然对应力状态有所改善，但因边界约束能力减弱，位移自然增大，且大于方案一、三。

表 4-3　各方案最大径向位移值表

单位：mm

荷载组合 \ 方案	一	二	三
组合Ⅰ（正常＋温降）	36.7	38.78	37.44
组合Ⅱ（正常情况）	26.4	33.27	30.99

(2) 坝体应力分布特性

在正常运行的情况下，无论坝体设缝与否以及缝的形式如何，缝未开裂前，坝体的应力及位移分布规律基本上是相似的，其应力与位移水平也相差不大，均可满足设计要求。一旦缝开裂，则坝体的应力、位移分布规律将发生明显的变化。同时表明坝体诱导缝宜于对称或近乎对称布置，有利于改善坝体的应力状态。

各方案主应力分布规律大体一致，但因设缝以及设缝类型不同，应力水平有微小差异，拱圈的应力均呈不对称分布，右半拱的应力大于左半拱的应力，拱圈压应力较大值主要分布于下游坝面左右拱端及上游坝面中弧区域，最大主压应力出现在下游拱端；而拉应力量值相对较大的部位主要出现在上游坝面右拱端，以及下游坝面拱冠附近区域，最大主拉应力出现在上游右拱端。该拱圈应力呈现右拱端上游面的拉应力明显大于左拱端拉应力的分布特性。

各方案最大主应力分布见表 4-4。

表 4-4　各方案最大主应力对照表

分缝方案			一	二	三
上游坝面	最大主压应力	数值 (MPa)	-3.338	-3.507	-3.483
		出现部位	1830 m 高程拱冠	1790 m 高程拱冠	1830 m 高程拱冠
	最大主拉应力	数值 (MPa)	0.936	0.712	1.113
		出现部位	1770 m 高程右拱端	1790 m 高程右拱端	1790 m 高程左拱端
下游坝面	最大主压应力	数值 (MPa)	-5.841	-5.310	-6.191
		出现部位	1790 m 高程左拱端	1790 m 高程左拱端	1790 m 高程左拱端
	最大主拉应力	数值 (MPa)	1.277	1.311	1.494
		出现部位	1770 m 高程拱冠	1790 m 高程拱冠	1770 m 高程拱冠

从表中看出，上游坝面的主拉应力主要出现在拱端，由于坝体分缝的不同，坝体应力也有所变化调整。方案二最大主拉应力最小是由于设有周边应力释放缝、两条诱导缝和水平施工缝，坝体中下部拱端主拉应力明显减小，出现在 1790 m 高程右拱端附近。而方案三设有三条诱导缝，最大主拉应力出现在 1790 m 高程左拱端附近，且缝端部出现应力集中。三种方案下游坝面的主压应力和主拉应力分布规律大体一致，最大主应力值相差不大，设缝后下游面的最大主拉应力均有所增大。设周边缝后坝体上游面的拉应力有所降低。

两种荷载组合情况下，均是方案二拱冠部的径向位移值最大，方案三次之，方案一最小。试验结果表明，不同分缝形式对坝体的位移影响不同，缝对坝体削弱程度越大，坝体的整体性就越差，坝体的位移也就越大。与诱导缝相比，周边缝对坝体的削弱程度较大，对位移的影响大。

用超载法进行破坏试验，得到三种方案的破坏形态，如图 4－4～图 4－6 所示。

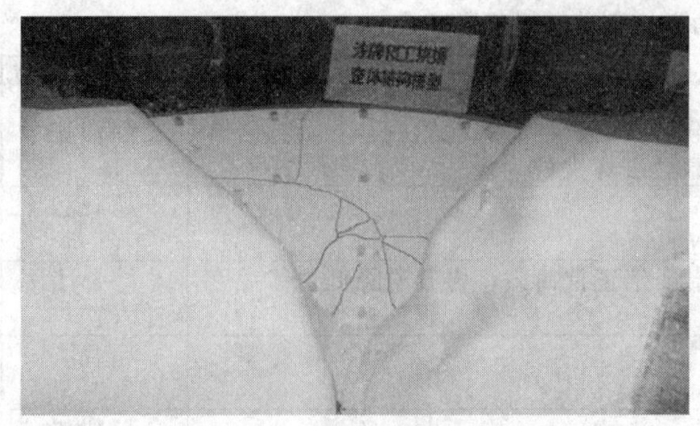

图 4－4　坝体无诱导缝方案（一）破坏形态

图 4－5　坝体两条诱导缝加周边缝方案（二）破坏形态

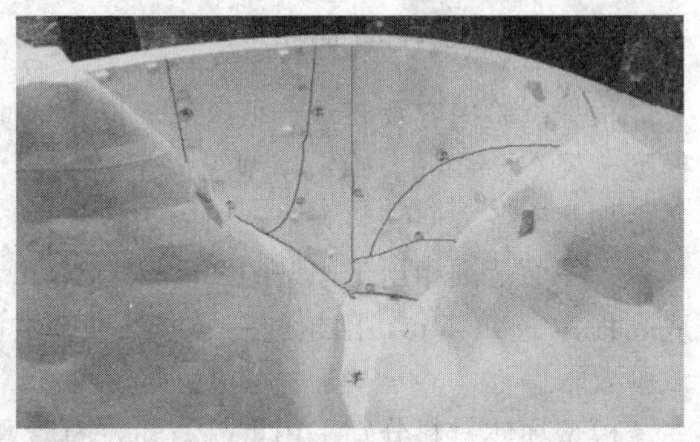

图 4－6　坝体三条诱导缝方案（三）破坏形态

从三种方案的坝体最终破坏形态，可以看出以下共同点：▽1810 m 以下坝体破坏严重，上部破坏较轻；右半拱破坏较左半拱重。将几个方案坝体破坏形态概化后，均有一条垂直于▽1770 m 附近右拱端基面并弯曲向上至坝顶的裂缝，除与自身应力分布状态相关外，与地质力学模型坝体破坏裂缝分布形态类似。

由三个方案的破坏形态对比分析得出，不同分缝形式对坝体的开裂破坏控制程度不同：方案一坝体无缝，整体性好，能充分发挥拱坝的承载能力，但破坏随机性强，开裂部位难以预测；方案二设周边缝能降低一部分坝体拉应力，但在接缝处有局部压应力集中现象发生，同时还降低了坝体刚度，对坝体稳定性不利；诱导缝能促使温度裂缝在预计部位发生开裂，阻止温度裂缝的进一步开裂。

破坏试验还表明，无论坝体在▽1810 m 处设或不设水平施工缝，因该部是下游坝坡变坡交汇处，加之坝体结构不对称，在拱梁相互扭转作用下，导致缝与该高程相接处局部应力集中，特别是诱导缝与水平施工缝交汇处应力集中尤为明显。另外，坝体在▽1810 m 设有廊道，存在水平施工缝是不可避免的，一是建议施工期严格控制水平缝，以及与诱导缝相邻部位坝体的施工质量；二是在进行诱导缝灌浆时，对▽1810 m 上下部缝位的灌浆质量要特别注意控制。

4.5　坝肩稳定的地质力学模型试验

地质力学模型试验研究坝体在正常荷载组合作用下，分别采用超载法和综合法（超载与强度储备法相结合）进行破坏试验，分析坝肩失稳的破坏过程、破坏形态及破坏机理，探讨坝肩稳定的安全度，评价工程的安全性。为了进行全面对比分析，模型坝体分别采用线弹性材料（石膏）及地质力学模型材料制作，以多种方案及其不同的破坏试验方法进行研究，为全面论证沙牌 RCC 拱坝坝肩稳定性提供更为充分的论据，见表 4－5。

表 4－5　沙牌地质力学模型试验研究方案

方案	坝体材料特点	试验方法及其要求	说明
一	模型坝体采用石膏材料制作	采用综合法，先超载 1.2 倍正常荷载，然后升温降低岩体强度至最低，再超载至破坏失稳为止	综合法（一）
二	同上	采用超载法	超载法（一）
三	同上	采用综合法，先超载 4 倍正常荷载，再升温降低岩体强度直至破坏失稳为止	综合法（二）
四	坝体采用地质力学模型材料制作	采用超载法	超载法（二）
五	同上	同上	超载法（三）

4.5.1　模型设计与制作

根据试验内容及要求、坝区的地形、地质构造特点、模型槽尺寸等因素综合考虑，选取模型比尺 $C_L=200$。确定模型纵向下游边界为以河流流向拐弯后的河心为界，上游边界以考虑加载设备方便安装为限，横向边界每岸均取在顶拱端以外一倍坝高以上的范围，故模型模拟的平面范围相当于原型的 300 m×400 m（纵向×横向）。模型下游为自由边界。模型基底高程为 1644.5 m，已超过三分之二坝高的深度，因此，所确定的模型范围足以满足破坏试验要求。

模型坝体材料分别采用重晶石粉、石膏及水等浇制而成。模型岩体材料采用高容重、低变模及低强度材料，主要由重晶石粉、机油、可熔性高分子材料及掺合料等按一定配比制成。根据不同的试验方案，采用不同的模型材料，见表 4－6、表 4－7。试验中抗剪强度以 $\frac{\tau_p}{\tau_m}=C_L$ 满足相似要求进行模拟，即以岩体的 f' 与 C' 的综合效应满足相似条件进行模拟，比一般忽略 C_m 的作用更符合实际情况。

表 4－6　原、模型岩体力学参数表

岩石名称	原型				模型要求值			
	容重 γ_p (g/cm³)	变模 E_0 (GPa)	泊松比 μ_p	抗剪断强度 τ_p (GPa)	γ_m (g/cm³)	E_0 (MPa)	μ_m	τ_m (MPa)
花岗闪长岩	2.6	10.0	0.20	6.0	2.6	0.05	0.20	0.03

表 4－7　模型材料实际使用值

材料类别	容重 γ_m (g/cm³)	变模 E_0 (MPa)	μ_m	抗剪强度 τ_m (MPa)	
1# 材料	2.6	0.046	0.20	0.033	变温料
2# 材料	2.6	0.047	0.20	0.035	非变温料

4.5.2　模型加载与量测系统

试验采用油压千斤顶加载，并按三角形超载方式（淤沙荷载不超载）在正常荷载情况下按一定倍数逐级增加水压力，直到模型破坏。

为了获得坝体、坝肩不同部位的变形特性，一是在两岸岸坡至坝顶高程范围每隔 20 m 高程沿等高线布置 30 个位移测点；二是在坝体下游面三个典型高程上布置 7 个位移测点，在左、右顶拱端布置 2 个切向位移测点。位移主要采用 SP－10A 电感式数显位移计量测，次要部位辅以少数千分表量测。并在下游坝面典型高程布置 37 组应变花，观测和分析超载系数 K_p 与应变间的变化关系，应变量测采用 UCAM－8BL 数字应变量测系统监测。

4.5.3　试验成果分析

沙牌拱坝坝肩稳定三维地质力学模型试验分别采用超载法和综合法进行破坏试验。超载法是坝体在正常荷载组合作用的基础上，按一定的倍数增大水平荷载直至坝肩破坏失稳为止，这是当前国内外常使用的方法；综合法既考虑坝体可能出现的超载情况，又考虑运行期坝肩岩体强度有可能降低的实际，以两方面因素结合进行试验，先超载 1.2 倍正常荷载，在保持荷载值不变的条件下，对两岸坝肩及抗力体部位岩体进行升温，以降低其抗剪强度，直至破坏。若此时岩体未破坏失稳，则保持岩体升温值不变的情况下，在原 1.2 倍正常荷载的基础上，继续以一定倍数进行水平超载，直至破坏失稳。

根据超载法和综合法试验结果的综合对比分析看出，两种方法所得的试验结果存在明显的差异。由超载法得出的破坏过程是：右岸下游山脊先开裂，左岸开裂滞后；两拱端上游侧岩面拉裂；右岸 ▽1810 m 以上下游坡面开裂较多，下部较少；左坝肩下游侧陡岩部剪裂；随着超载倍数增高，两岸裂缝增多，开度增大，尤以右岸为甚；随着坝肩及抗力体位移增大，坝体开裂破坏失去承载能力。由综合法得出的破坏过程是：变温降低材料强度后左坝肩下游陡岩先开裂，随后右岸上部山脊微裂，两岸山体在岩体自重作用下产生沉降变形，继续超载后坝肩产生压缩变形，两坝肩及抗力体裂缝增大，直至破坏失稳为止。

由超载法和综合法进行破坏试验的最终破坏形态如图 4－7、图 4－8 所示。从图中可以看出，综合法与超载法之间存在明显的差异，超载法中右岸破坏较重，且分布范围较大，左岸破坏程度及破坏区分布范围相对较小；综合法中两岸破坏都较明显。

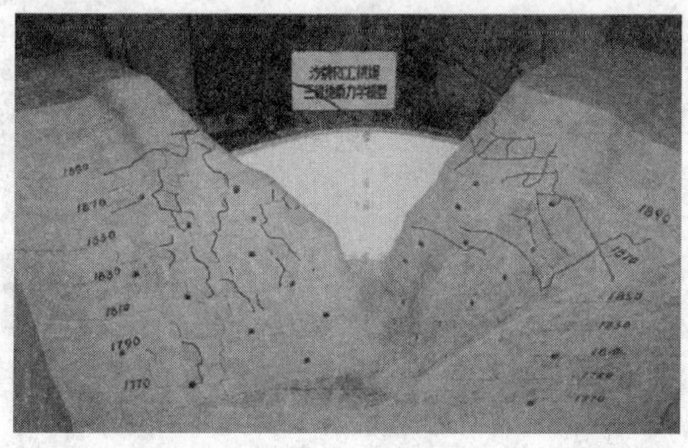

图 4－7　超载法试验破坏形态

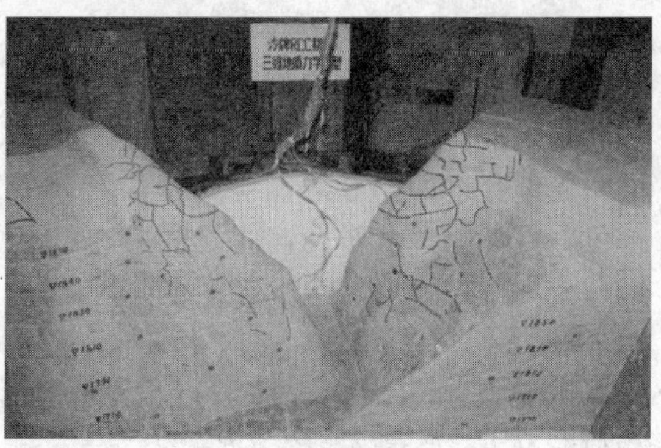

图 4－8　综合法试验破坏形态

综合法考虑了坝肩岩体的地质特性、水的侵蚀作用及地质参数设计值的可靠程度等因素的影响，其试验结果更符合工程实际，特别适用具有断夹层等软弱面的坝基或地质年代新、岩体强度较低的坝基，对较坚硬但节理裂隙发育的坝基也适用；超载法适用于坝肩、坝基岩体坚硬完整，受水浸蚀后，其强度降低不明显的情况。实际工程中地质条件较复杂，要合理确定坝肩加固处理范围，根据工程实际情况采用综合法的试验结果，能更全面反映工程实际情况。

对沙牌拱坝坝肩稳定三维地质力学模型试验的结果进行综合分析，得出拱坝坝肩综合稳定安全度为 3.76，超载稳定安全度为 4.80，是能够满足设计要求的，但两坝肩必须进行加固处理。

4.6 拱坝开裂与破坏机制研究

结合沙牌碾压混凝土拱坝的特点，运用断裂力学理论，采用光纤传感检测技术，通过物理模型和数学模型相结合的方法，进行了拱坝整体结构模型破坏试验与三维非线性开裂计算分析，重点研究拱坝的结构应力与开裂发展过程，以及坝体的超载特性与大坝的开裂破坏机理。

4.6.1 拱坝开裂的光纤传感检测试验

光纤传感监测裂缝的基本原理是利用力学机制使结构中某一裂缝形成光纤局部弯曲，利用光时域反射（OTDR）技术，对裂缝引起的光功率弯曲损耗进行检测，从而达到传感裂缝的目的。同时在结构开裂时，设法使光纤与裂缝面相交成一角度，这样当裂缝扩展时由于光纤受到侧向剪切或拉伸作用而产生局部弯曲，引起光功率损耗剧增，使裂缝检测成为可能。这个原理被称为斜交光纤裂缝传感。根据斜交分布式传感机理，光纤网络铺设在模型拱坝下游面。本次试验采用组合光路，采用单模 10/125/250 μm 二次涂敷光纤，一组刮去光纤表面涂敷层，另一组未作处理。光纤与石膏模型采用专用高分子材料粘结。光纤之间的连接采用日本腾仓全自动光纤熔接机，检测仪器采用美国泰克公司 1310 光时域反射仪与适配器相连接。

沙牌拱坝选定两条诱导缝、两条横缝的分缝方案（如图 4－9 所示），拱圈模型中光纤传感网络铺设在下游面，整体模型中光纤传感网络布置在下游坝面中下部，同时光纤穿过四条缝的相应高程部位，并考虑了分辨两高程之间事件点的需要以及避开盲区的要求。

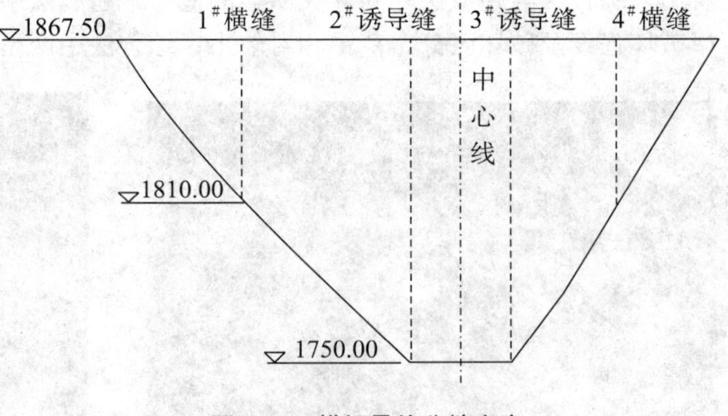

图 4－9 拱坝最终分缝方案

试验按预定加载程序进行，当荷载在 $0.3P_0 \sim 2.6P_0$（P_0 为正常荷载）时，光纤的光波正常，未发现光强衰减现象；当荷载增加至 $2.6P_0 \sim 3.2P_0$ 时，模型拱坝下游面中下部有初裂迹象，仪器显示光功率出现弯曲损耗，即光强衰减剧增。在光纤网络中捕捉到了两个事件点，第一个事件点位于模型拱坝下游 1770 m 高程拱冠附近，第二个事件点位于模型拱坝下游 $3^{\#}$ 诱导缝 1810 m 高程拱冠附近，即这两点已经出现裂缝。

4.6.2　拱坝诱导缝的开裂相似模拟

对诱导缝的模拟是研究含诱导缝碾压混凝土拱坝开裂和破坏机制的关键问题。由于诱导缝沿高程和径向采用双向间断构造形式，宏观上可视为间断分布的一组裂纹，在荷载作用下缝端将产生应力集中，并可能发生脆性开裂，因而诱导缝成为坝体中的人工弱面，坝体的开裂条件发生了变化。要在模型上真实地反映这一客观现象，显然仅用常规的相似模拟方法是不够的，必须考虑原型与模型诱导缝开裂的相似条件。这是含诱导缝拱坝在试验模拟方面需要解决的新问题。为此，在试验研究中运用断裂力学理论，建立了原型与模型诱导缝开裂相似条件。

沙牌碾压混凝土拱坝的诱导缝形式采用多孔混凝土诱导成缝板，呈双向间断、缝长与间距不等布置，即沿水平径向缝长 1.0 m，间距 0.5 m，沿高程方向缝长 0.3 m，间距 0.6 m（即二个碾压层）。根据线弹性断裂力学理论，反映裂缝尖端附近应力场强弱程度的一个有效参量应力强度因子，可以用来作为判断裂缝是否将进入失稳状态的一个指标，当应力强度因子的临界值达到了材料的断裂韧度时，裂缝就处于失稳状态。对于拉伸条件下 I 型裂纹，缝端的开裂条件可表达为

$$K_I = K_{IC} \tag{4-1}$$

式中，K_I 为应力强度因子；K_{IC} 为材料的断裂韧度。

而在模型试验中，必须考虑原型与模型诱导缝的开裂条件相似，也就是要满足原、模型的应力强度因子比和断裂韧度比相似，即

$$C_{KI} = \frac{K_{Ip}}{K_{Im}} = \frac{K_{ICp}}{K_{ICm}} \tag{4-2}$$

式中，C_{KI} 为应力强度因子（或断裂韧度）相似比；K_{Ip}，K_{ICp}，K_{Im}，K_{ICm} 为原型的应力强度因子、断裂韧度和模型的应力强度因子、断裂韧度。

应力强度因子是与外荷载的性质、裂缝的几何尺寸、裂缝的分布等有关的一个量，根据原型诱导缝的构造形式，诱导缝由许多较小的预留缝相间排列形成，并按等缝长、等间距布置，在垂直于诱导缝的平面上作用了拱向正应力 σ，每条预留缝的长度为 $2a$（$2a = 30$ cm），相邻两预留缝中心线的距离为 $2b$（$2b = 90$ cm），因而立面上可近似概化为一组等缝长、等间距裂纹，受正应力 σ 作用下的分析模式如图 4－10 所示。

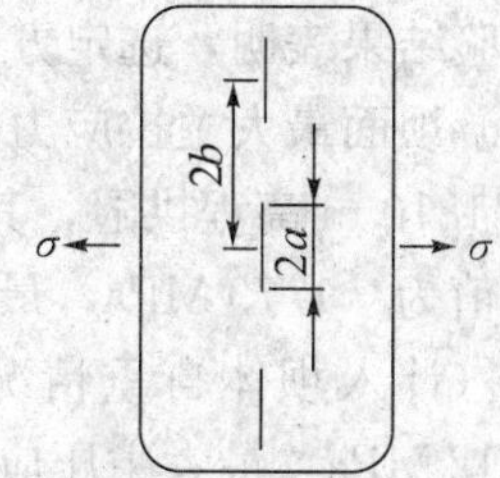

图 4－10　诱导缝开裂相似分析简图

由文献得，相应的 I 型应力强度因子为

$$K_I = \sqrt{\frac{2b}{\pi a}\tan\left(\frac{\pi a}{2b}\right)}\,\sigma\sqrt{\pi a} \tag{4-3}$$

式中，$2a$ 为裂纹长度；$2b$ 为相邻裂纹中心线的距离。

设 $2a_p$，$2b_p$ 分别为原型的裂纹长度和相邻裂纹中心线距离，$2a_m$，$2b_m$ 分别为模型的裂纹长度和相邻裂纹中心线距离，则原型的应力强度因子为

$$K_{Ip}=\sqrt{\frac{2b_p}{\pi a_p}\tan(\frac{\pi a_p}{2b_p})}\sigma_p\sqrt{\pi a_p}=F_p\sigma_p\sqrt{\pi a_p} \tag{4-4}$$

式中，$F_p=\sqrt{\frac{2b_p}{\pi a_p}\tan(\frac{\pi a_p}{2b_p})}$。

模型的应力强度因子为

$$K_{Im}=\sqrt{\frac{2b_m}{\pi a_m}\tan(\frac{\pi a_m}{2b_m})}\sigma_m\sqrt{\pi a_m}=F_m\sigma_m\sqrt{\pi a_m} \tag{4-5}$$

式中，$F_m=\sqrt{\frac{2b_m}{\pi a_m}\tan(\frac{\pi a_m}{2b_m})}$。

由相似条件（4－1）式和（4－2）式，原型与模型诱导缝开裂相似条件为

$$\left.\begin{aligned}&C_{KI}=\frac{K_{Ip}}{K_{Im}}=\frac{K_{ICp}}{K_{ICm}}=\frac{F_p\sigma_p\sqrt{\pi a_p}}{F_m\sigma_m\sqrt{\pi a_m}}=C_F C_\sigma C_a^{\frac{1}{2}}\\&K_{Ip}=K_{ICp},\ K_{Im}=K_{ICm}\end{aligned}\right\} \tag{4-6}$$

式中，C_a 为原型、模型裂纹长度之比，即 $C_a=\frac{a_p}{a_m}$；C_F 为原型、模型有限宽度修正系数之比，即 $C_F=\frac{F_p}{F_m}$，与裂纹的长度和间距有关。

由此可见，原型、模型诱导缝开裂相似必须满足式（4－6），为此，进行了原型、模型材料的断裂韧度试验，获得沙牌拱坝 RCC 碾压混凝土试件的断裂韧度 K_{IC} 为 0.442 kN/cm$^{3/2}$～0.579 kN/cm$^{3/2}$，平均值为 0.5105 kN/cm$^{3/2}$，K_{IIC} 为 0.801 kN/cm$^{3/2}$～1.088 kN/cm$^{3/2}$，平均值为 0.9445 kN/cm$^{3/2}$，断裂能 G_F 为 106.26 N/m～149.07 N/m，平均值为 129.00 N/m，石膏材料的断裂韧度 K_{ICm} 为 0.061 kN/cm$^{3/2}$，满足了上面的相似关系。

4.6.3 试验结果分析

试验结果表明，选定方案的上下游坝面的最大主拉应力、最大主压应力均满足设计要求，上游坝面最大主拉应力出现在 1790 m 高程左拱端，其值为－1.74 MPa，最大主压应力出现在 1810 m 高程拱冠，其值为 3.37 MPa；下游坝面最大主拉应力出现在 1770 m 高程拱冠，其值为－1.73 MPa，最大主压应力出现在 1770 m 高程右拱端，其值为 6.04 MPa。有限元计算（计入坝体自重情况），上游坝面最大主拉应力出现在 1790 m 高程左拱端，其值为－1.12 MPa，最大主压应力出现在 1810 m 高程拱冠，其值为 2.19 MPa；下游坝面最大主拉应力出现在 1770 m 高程拱冠，其值为－1.11 MPa，最大主压应力出现在 1760 m 高程右拱端，其值为 6.86 MPa。可见，沙牌碾压混凝土拱坝体型设计较为合理。

对选定方案进行的超载破坏试验及坝体开裂计算分析表明，坝体开裂破坏的特点有：坝体下游面中下部最先开裂，裂缝自下向上发展，1810 m 高程以下破坏较严重；坝体破坏形态不对称，右半拱破坏形态较左半拱严重；$2^{\#}$ 和 $3^{\#}$ 诱导缝在 1790 m 高程最先出现局部初裂，对释放该部位的拉应力起到了明显的作用，荷载增大后，$3^{\#}$ 诱导缝往下部开裂至坝基，

往上部破坏至 1850 m 高程，从而限制了裂缝往左半拱扩展。2# 诱导缝中下部有局部开裂。1# 横缝出现剪切破坏，在下部较为严重。4# 横缝底部出现剪切破坏；坝体初裂超载系数为 1.6～1.8（模型试验未考虑自重情况），最终破坏超载系数为 3.2；开裂计算分析表明，在计入坝体自重的条件下，坝体超载系数为 3.7，图 4－11 为模型坝体的最终破坏形态示意图，图 4－12 为实拍的坝体最终破坏形态照片。坝体破坏形态的获取，为重复灌浆系统的埋设提供了可靠依据。

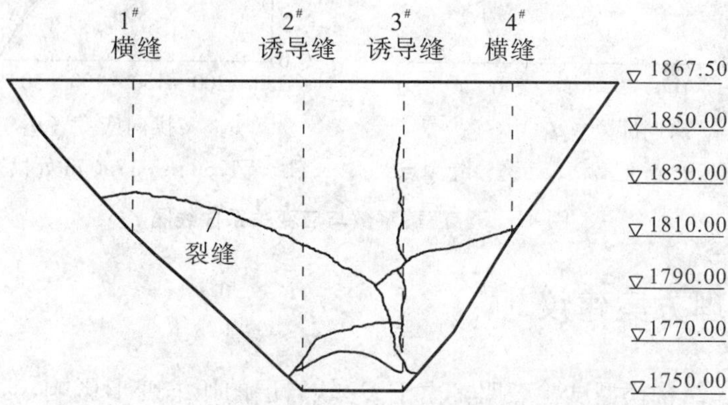

图 4－11　模型试验拱坝最终破坏形态示意图

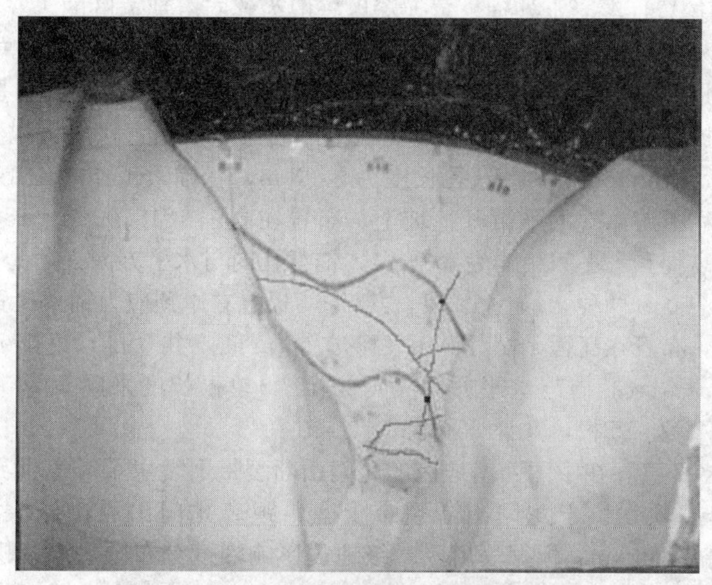

图 4－12　模型试验拱坝最终破坏形态照片

（注：粗线为光纤，细线为裂缝）

从坝体破坏过程来看，诱导缝对控制温度裂缝的产生和发展起到了一定作用。当 2# 和 3# 诱导缝最先出现局部开裂时，该区域的拉应变出现了由拉到压反向突变，如图 4－13（a）所示，此时，拱冠▽1790 m 高程附近的拉应变值也出现了反向突变，如图 4－13（b）所示。这表明诱导缝出现局部开裂后，对拉应力起到了一定释放作用。

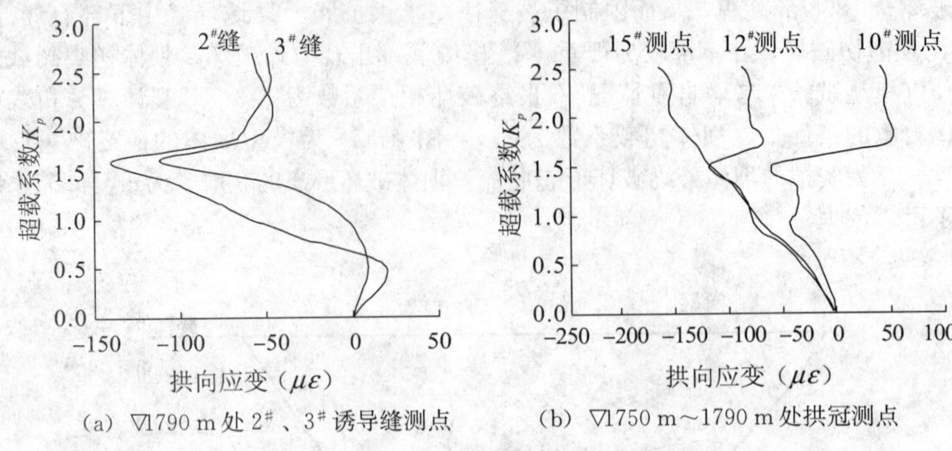

(a) ▽1790 m处2#、3#诱导缝测点　　(b) ▽1750 m～1790 m处拱冠测点

图4－13　超载系数与应变关系曲线图

4.7　加固处理方案建议

沙牌拱坝整体结构模型试验表明，由于S_c软岩层的压缩变形影响，致使坝体在向下游位移的同时，在平面上伴随有逆时针向的转动位移，为改善坝体的应力及变形状态，对两岸S_c软岩带采用槽挖置换混凝土处理。置换深度一般为软弱岩带宽度的1.5～2倍，并铺设一层Φ25@25 mm×25 mm的钢筋网。坝肩稳定地质力学模型试验结果表明右岸▽1810 m以上破坏严重，特别是上部山脊及冲沟部尤为明显；左岸▽1820 m以上，特别是坝肩下游侧陡岩部破坏较重。为提高坝肩抗滑稳定安全度，在左、右岸岸坡布置预应力锚索，共200 t锚索99根，造孔直径为165 mm，共计造孔长度为3793 m，总锚索工作吨位19800 t。左岸预应力锚索设置在紧靠下游拱端的下游开挖坡上，布置在高程1815.00 m～1850.00 m间，共8排，每排8根，高程和水平间距均为5.00 m，锚索孔向与水平方向夹角为15°，单根长度采用50.10 m和44.00 m两种，均为32根，共计64根。右岸预应力锚索设置在紧靠下游拱端的下游开挖坡上，布置在高程1820.00 m～1840.00 m间，共5排，每排7根，高程和水平间距均为5.00 m，锚索孔向与水平方向夹角为15°，单根长度采用25.00 m和19.00 m两种，相应根数为20和15根，共计35根。

2008年5月12日，在中国西南地区的龙门山断裂带上发生了震惊世界的“5.12”汶川大地震。而沙牌拱坝就位于龙门山断裂带上盘，距离龙门山后山断裂的直线距离仅为10 km，距离震中约36 km。根据汶川8.0级地震影响烈度分布图，沙牌拱坝坝址的地震烈度约为9度，远远大于大坝设防的7度水平。地震发生时，水库接近正常蓄水位，大坝安全令人担忧。但地震发生后，经航拍及现场检查，拱坝结构与大坝基础无明显震损破坏，坝肩抗力体稳定，仅见局部浅表岩体吊块或滑移。图4－14、图4－15为地震前沙牌拱坝现场施工情况和最终完工蓄水时的照片，图4－16、图4－17为地震后的沙牌拱坝。

图 4－14　沙牌大坝施工现场照片

图 4－15　沙牌大坝完工蓄水照片

图 4－16　“5.12”汶川大地震后沙牌拱坝完整的下游坝面

图 4－17　“5.12”汶川大地震后沙牌拱坝完整的上游坝面

沙牌拱坝在远超过设防等级的地震中，经受住了严峻的考验，仍能继续发挥正常的挡水作用，坝体与诱导缝在地震中均未发生破坏，这表明针对诱导缝作用机理和拱坝开裂破坏机理开展的前期研究工作深入扎实，对沙牌工程的设计和施工起到了有效的指导作用，为拱坝的稳定安全做出了贡献。建成后的沙牌拱坝成功地抵抗了“5.12”汶川大地震的冲击，拱坝表现出超强的整体稳定性和抗震性能。

第 5 章 锦屏一级拱坝地质力学模型试验研究

5.1 工程概况

锦屏一级水电站位于四川省凉山彝族自治州盐源县和木里县境内，是雅砻江干流上的重要梯级电站，为卡拉至江口河段梯级开发中的第一级电站。

锦屏一级水电站枢纽工程主要由混凝土双曲拱坝、泄洪、消能建筑物和地下引水发电系统组成。混凝土双曲拱坝最大坝高 305 m，水库正常蓄水位 1880 m，相应库容为 7.76×10^9 m^3，死水位 1800 m，相应库容为 2.85×10^9 m^3，调节库容 4.91×10^9 m^3，为不完全年调节水库。电站总装机 3300 MW，共 6 台 550 MW 的水轮发电机组，多年平均发电量 1.67846×10^{10} kW·h。水库淤沙高程为 1644.1 m，淤沙浮容重 5 kN/m^3，淤沙内摩擦角 0°。枢纽建成后，主要任务是发电，兼有拦沙、防洪、蓄能作用，无灌溉、供水及航运等要求。枢纽平面布置如图 5－1 所示。

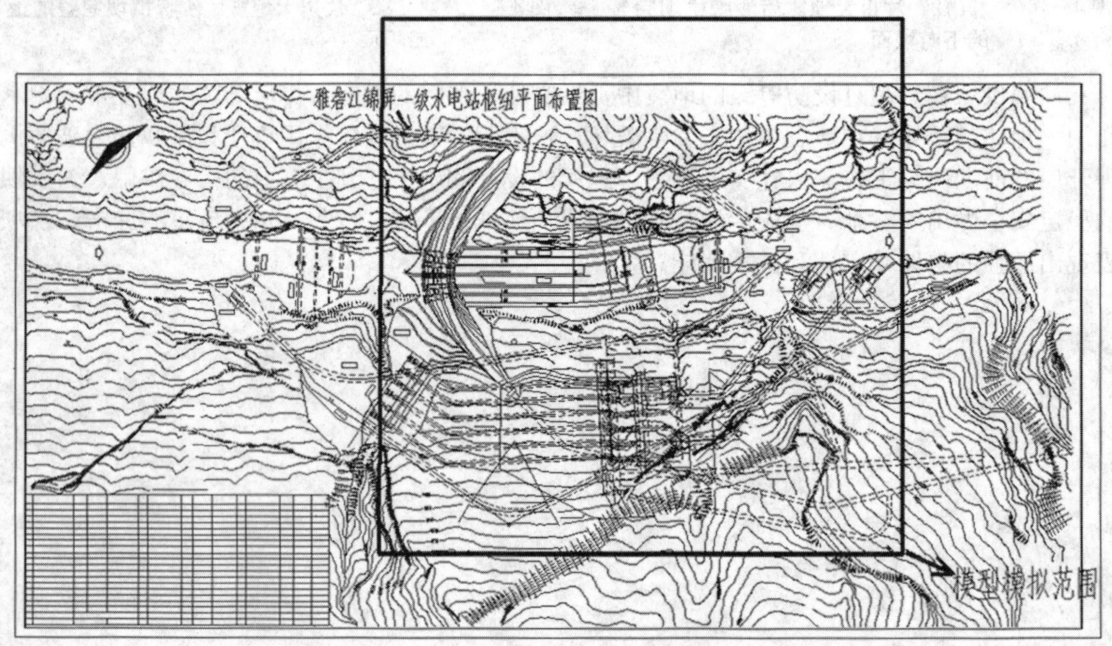

图 5－1 锦屏一级水电站枢纽平面布置图

5.2　坝址区工程地质条件

坝址区位于普斯罗沟至手爬沟之间 1.5 km 长的河段上，河流流向约为 N25°E，河道顺直狭窄。两岸谷坡为近千米的高陡边坡，基岩裸露，岩壁耸立，为典型的深切"V"型河谷。其中右岸 1810 m 高程以下，坡度为 70°～90°，以上为 40°；左岸 1900 m 高程以下，坡度为 60°～80°，以上坡度变缓至 45°左右。枯水期江面水位为 1635.7 m 时，水面宽 80 m～100 m，水深 6 m～8 m；正常蓄水位 1880 m 处，谷宽约为 410 m。坝址区地形及地质剖面如图 5－2 所示。

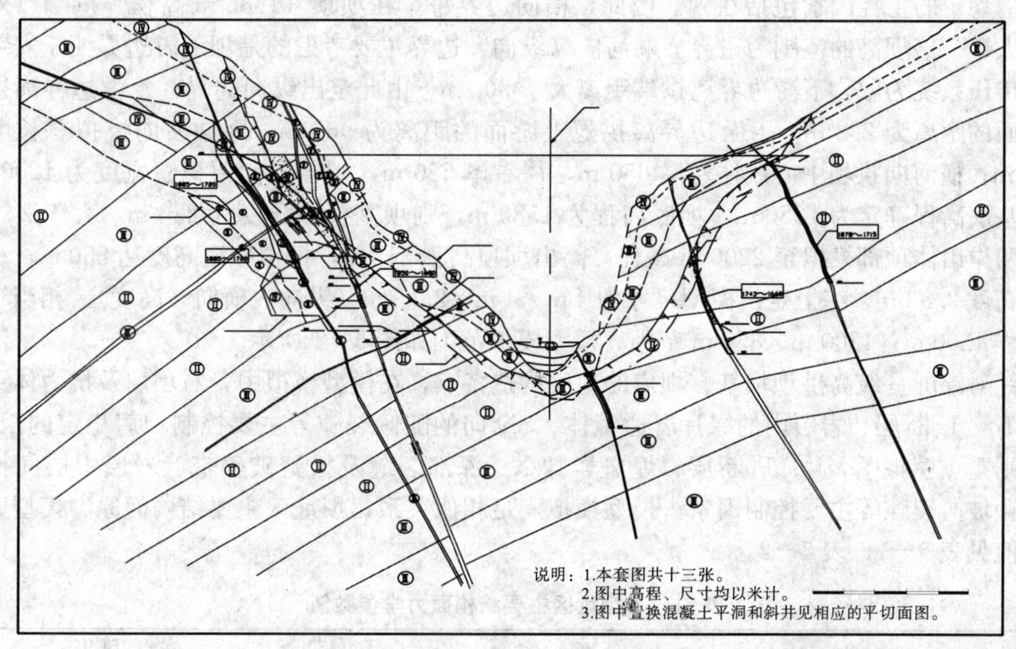

图 5－2　坝址区地形及地质剖面图

坝址区地层倾向左岸，产状 N15～45°E/NW∠15～45°，出露地层主要为中下三叠统杂谷脑组二段（T_{2-3Z}^{2}）大理岩，厚度约 600.0 m，按岩性组成细分为 8 层。第一段（T_{2-3Z}^{1}）绿片岩在地表未出露，深埋于河床 190 m 以下及右岸 350 m 以里，厚度大于 90 m。杂谷脑组第三段（T_{2-3Z}^{3}）砂板岩，出露于左岸 1900 m～2300 m 高程之间，厚度约 400 m。在 2300 m～2500 m 高程间又为杂谷脑组二段（T_{2-3Z}^{2}）大理岩，其中左岸为反向坡，存在 f_5，f_8，f_2，F_1 断层及煌斑岩脉 X、$T_{2-3Z}^{2(6)}$ 大理岩层中层间挤压带、深部裂缝 SL_{15} 及其周围的松弛破碎岩体和顺坡向节理裂隙等不良地质构造；右岸为顺向坡，存在 f_{13}、f_{14} 断层、$T_{2-3Z}^{2(4)}$ 含大理岩中的绿片岩透镜体夹层、近 SN 向的陡倾裂隙等软弱结构面。河床坝基岩体上部为杂谷脑二段（T_{2-3Z}^{2}）大理岩、大理片岩及绿片岩互层，下部为第一段（T_{2-3Z}^{1}）绿片岩。河谷基岩浅部大部分为弱风化岩体，透水性一般较大，但无大的断裂构造。

5.3 坝肩坝基整体地质力学模型试验研究

5.3.1 模型设计与制作工艺

根据工程规模及试验精度要求，选定模型几何比 $C_L=300$，容重比 $C_r=1$，变模比 $C_E=300$，应变比 $C_\varepsilon=1$。综合考虑坝址区河谷的地形特点、坝基及坝肩主要地质构造特性、拱坝枢纽布置特点等因素，模型横河向（横向）边界以满足试验过程中不致因边界约束影响坝肩及抗力体破坏失真为限。同时，应将两岸断层、煌斑岩脉及深部裂缝与破碎带等控制坝肩稳定的主控因素包括在内。因此，横向边界每岸在坝顶（1885 m 高程）拱端以外一般取大于一倍坝高的范围为边界。顺河向（纵向）边界主要考虑的是坝上游边界便于安装加压及传压系统为限，下游边界离拱端距离大于 800 m。由此定出纵向边界：上游边界离拱冠上游面的距离为 232 m；下游边界离拱冠上游面的距离为 968 m，则顺河向模拟总长度为 1200 m；横河向拱坝中心线往左岸 650 m，往右岸 550 m，则横河向模拟总宽度为 1200 m；模型基底高程确定为 1350 m，坝底高程为 1580 m，则坝基模拟深度为 230 m，大于 2/3 坝高。两岸山体顶部模拟至 2200 m 高程，高出坝顶高程 315 m，模拟原型高度达 850 m，相应模型高度 2.83 m。综上定出模型尺寸为 4 m×4 m×2.83 m（纵向×横向×高度），相当于原型工程 1200 m×1200 m×850 m 范围。模型模拟范围如图 5－1 所示。

针对锦屏一级高拱坝坝基、坝肩的地质构造特点，在模型模拟中，右坝肩及抗力体重点模拟 f_{13}、f_{14} 断层、岩层内的绿片岩透镜体、SN 向的陡倾裂隙等主要控制坝肩稳定的因素；左岸则重点模拟 f_5、f_2、F_1 断层、煌斑岩脉 X、深部裂缝及松弛破碎带、岩层中层间挤压带、顺坡向裂隙等主要控制因素。模型模拟满足相似关系，坝址区主要结构面原、模型力学参数值见表 5－1、表 5－2。

表 5－1　坝址区主要结构面力学参数值

编　号	产　状	宽度(m)	变模(GPa)	泊松比	抗剪强度	
					f'	C'(MPa)
新鲜 X（Ⅲ$_2$）类	N54°E/SE∠70°	3.0	6.5	0.28	0.8～1.0	0.64
弱强风化 X（Ⅳ$_2$）类			3.0	0.30	0.55～0.65	0.45
f_5	N37°E/SE∠75°	大理岩中 1.0 砂板岩中 6.0	0.4	0.38	0.34	0.02
f_2	N37°E/NW∠56°	0.5	0.4	0.38	0.34	0.02
F_1	N65°E/SE∠75°	6.0	0.4	0.38	0.34	0.02
层间挤压带 g		0.3	0.4	0.38	0.34	0.02
f_{13}	N55°E/SE∠70°	0.6	0.8	0.38	0.34	0.02
f_{14}	N52° E/SE∠66°	0.5	0.5	0.38	0.34	0.02

表 5－2 模型主要结构面参数表

编 号	产 状	宽度（m）	E（MPa）	泊松比	抗剪断强度	
					f'_m	C'_m（$\times10^{-3}$MPa）
新鲜 X（Ⅲ$_2$）类	N54°E/SE∠70°	1.0	21.67	0.28	0.9	2.1
弱强风化 X（Ⅳ$_2$）类			10.0	0.30	0.6	1.5
f_5	N37°E/SE∠75°	大理岩中 0.33 砂板岩中 2.0	13.3	0.38	0.34	0.06
f_2	N37°E/NW∠56°	0.17	13.3	0.38	0.34	0.06
F_1	N65°E/SE∠75°	2.0	13.3	0.38	0.34	0.06
层间挤压带 g		0.1	13.3	0.38	0.34	0.06
f_{13}	N55°E/SE∠70°	0.2	26.7	0.38	0.34	0.06
f_{14}	N52°E/SE∠66°	0.17	16.7	0.38	0.34	0.06

试验中岩体的抗剪强度以$\frac{\tau_p}{\tau_m}=C_L$满足相似要求进行模拟，即以岩体的$f'$与$C'$的综合效应满足相似条件进行模拟。

原型坝体混凝土材料容重为 2.4 g/cm^3，变形模量E_p为 24 GPa，由相似关系$C_\gamma=1$，$C_E=300$，可得模型坝体材料容重为 2.4 g/cm^3，E_m为 80 MPa。根据坝体材料试验结果，锦屏一级拱坝采用重晶石粉为加重料，少量石膏粉为胶结剂，水为稀释剂，并掺适量的添加剂，按一定配合比浇制而成。由于模型坝体的材料为高容重、低变模及低强度材料，为使制模坯及加工安装方便，故将其沿高程向分为两层浇制坝坯，即按▽1580 m～1710 m、▽1710 m～1885 m 两层分别浇制成半整体拱圈模坯，并同时浇制两个坝坯，经干燥养护后备用。当模型坝基砌筑至坝底高程 1580 m 后，首先将下部坝坯按设计要求与坝基面粘结好。随着两岸山体制作升高到一定高程后，将上部坝坯与下部坝坯按相应坝体强度粘结牢固。当坝体安装完后，再精加工至设计体型。模型砌筑采用横河向、顺河向及沿高程方向立体交叉控制，由于坝址区地质构造复杂，地层变化较大，因此，横河向采用八个横剖面控制，顺河向采用三个纵剖面控制，沿高程方向采用地质平切图控制，以便较真实、准确地模拟地形、地质构造情况。对主要断层、煌斑岩脉 X、层间挤压带及绿片岩透镜体等，布置有相对位移监测系统、电升温系统、热电偶温控监测系统，要协调好复杂的制模步骤与三大系统引出线的布置。

模型试验采用超载与强度储备相结合的综合法进行，研制了相应的模型变温相似材料，以实现模型材料的抗剪断强度逐步降低过程。各类断层 f_i、煌斑岩脉 X、$T_{2-3Z}^{2(4)}$层中的绿片岩透镜体及 $T_{2-3Z}^{2(6)}$层中的层间挤压带是影响左右坝肩稳定的重要控制因素，根据地质构造特点，本次试验考虑对主要断层、煌斑岩脉 X 的抗剪断强度进行适当降低。试验前，首先进行大量的材料试验，并得出材料抗剪强度与温度 T 之间的变化关系曲线，其中断层变温相似材料 τ_m-T 关系曲线如图 5－3 所示，煌斑岩脉 X 变温相似材料 τ_m-T 关系曲线如图

5－4 所示。

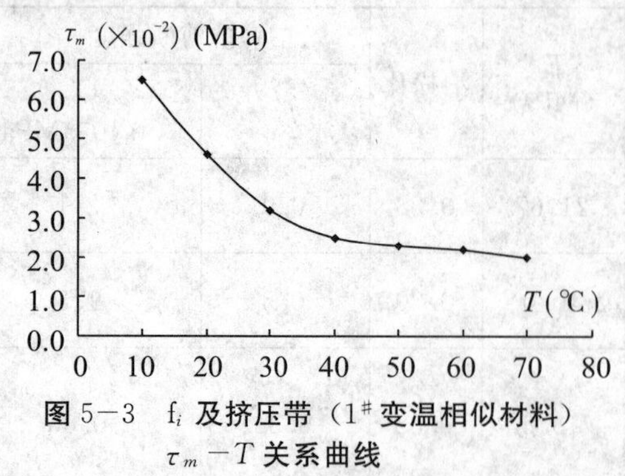

图 5－3 f_i 及挤压带（1[#] 变温相似材料）$\tau_m - T$ 关系曲线

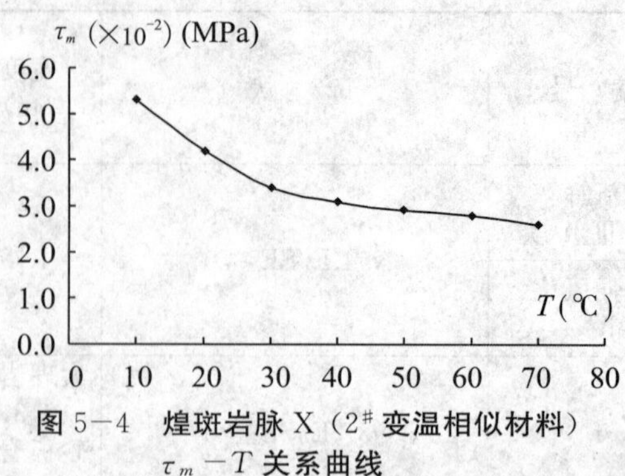

图 5－4 煌斑岩脉 X（2[#] 变温相似材料）$\tau_m - T$ 关系曲线

5.3.2 模型加载与量测系统

结合锦屏一级高拱坝工程的特点，试验主要考虑水压力、淤沙压力、自重及温度荷载，其中，水压力以上游正常蓄水位 1880 m 高程计，不计下游水位；淤沙压力按淤沙高程 1644.1 m 计；自重以坝体材料与原型材料容重相等实现；温度荷载对坝肩稳定最不利的是温升，因模型试验难以准确模拟温度场，故按温升计，以温度当量荷载近似模拟。水沙荷载采用油压千斤顶加载。地质力学模型试验主要有三大量测系统，即外部位移 δ_m 量测系统、内部相对位移 $\Delta\delta_m$ 量测系统、坝体应变量测系统。此外，为监测降强试验阶段温度升高变化情况，附设温度监控系统。表面位移 δ_m 采用 SP—10A 型数字显示仪带电感式位移计量测。两坝肩及抗力体共设表面位移测点 63 个。其中，左岸布置 36 个测点，右岸布置 27 个测点，特别着重在断层及煌斑岩脉 X 的上下盘布点，以便监测其表面错动情况。为控制各测点的位移方向，左右岸共布置表面位移测点 63 个，安装表面位移计 116 支；左右岸表面位移测点分别布置在Ⅴ－Ⅴ、Ⅰ－Ⅰ、Ⅵ－Ⅵ、Ⅳ－Ⅳ、A－A 五个典型断面的 1650 m、1710 m、1770 m、1830 m 及 1885 m 五个高程上；坝体下游面外测位移共布置 13 个测点，安装表面位移计 23 支，主要监测坝的径向位移及切向位移。测点布置及位移计编号如图 5－5 所示。

相对位移 $\Delta\delta_m$ 量测采用 UCAM—70A 型万能数字测试装置带电阻应变式相对位移计进行监测。相对位移测点共布置 100 个，安装相对位移计共 100 支。根据坝址区 f_i 断层及煌斑岩脉 X 等倾角较大的特点，每个测点按单向即沿断层等构造带的走向布置相对位移计。右岸 $T_{2-3z}^{2(4)}$ 层中的绿片岩透镜体中的相对位移测点，仍以单向布置位移计，即按 SN 向陡倾节理走向布置位移计，以监测该层大理岩向河槽错动的可能性。

坝体应变量测，主要是在拱坝下游 1580 m、1600 m、1670 m、1750 m、1830 m 及 1880 m 等六个高程的拱冠及拱端布置 15 个应变测点，每个测点在水平向、竖向及 45°向各贴一张共三张电阻应变片，其测点布置及应变片如图 5－6 所示。应变量测采用 UCAM－8BL 型万能数字测试装置进行应变监测。

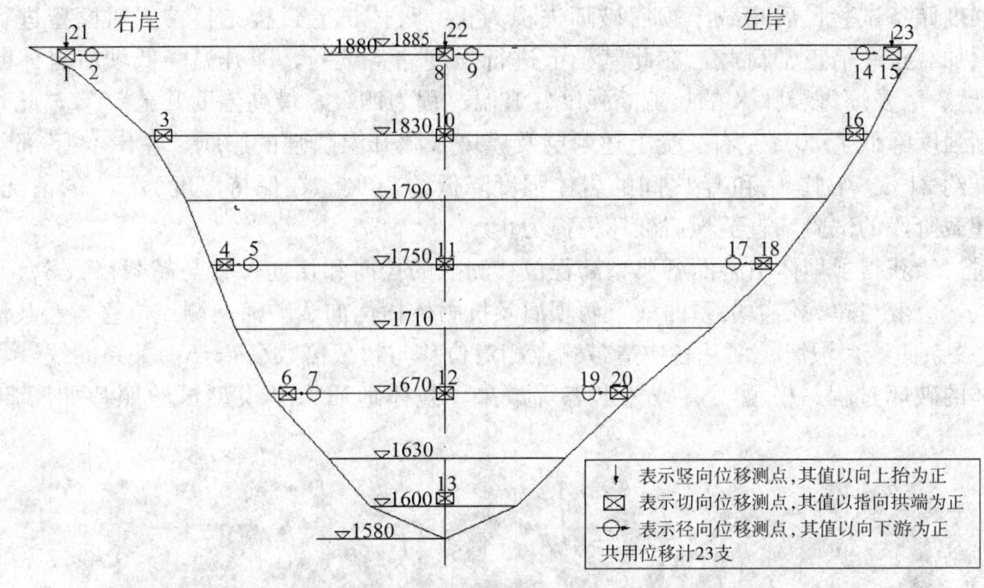

图 5-5　下游坝面位移测点布置图

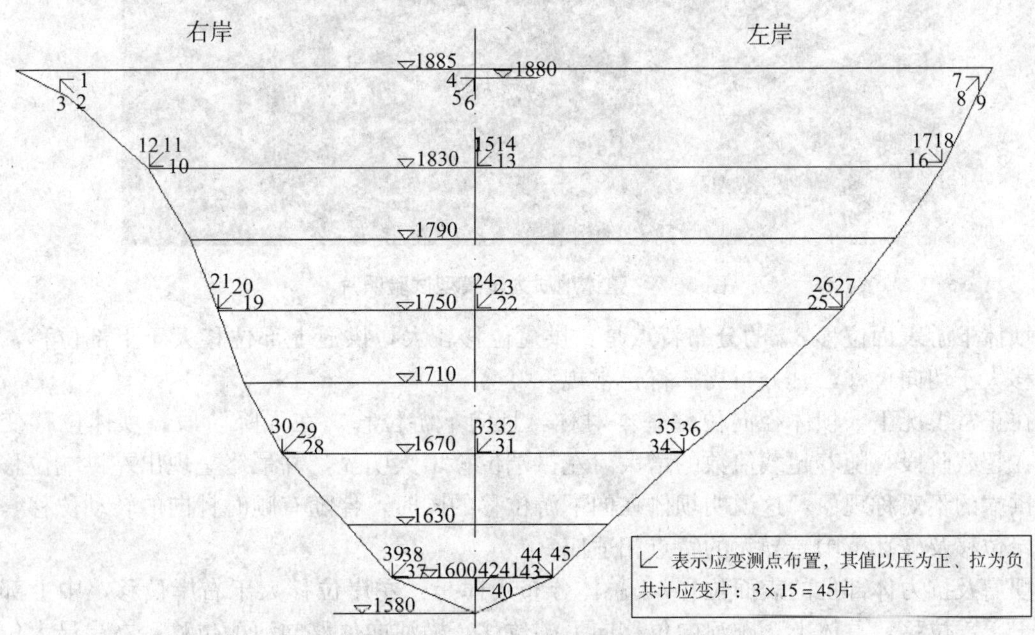

图 5-6　下游坝面应变测点布置图

温度监控系统包括电升温调控及温度数值监测两部分。前者采用多台调压器调节电压高低、控制升温快慢及高低。各变温部位温度升高值监测，采用 XJ—100 型巡回检测仪带 25 支热电偶分别监控各断层、煌斑岩脉 X、绿片岩透镜体控制面等部位的升温值及温度变化状态。

5.3.3　试验成果分析

锦屏一级拱坝坝肩坝基整体地质力学模型试验以超载法为主、强度储备方法为辅进行，先进行强度储备试验，后超载至坝肩破坏失稳为止。具体试验过程是：首先对模型进行预压，然后加载至一倍正常荷载，在此基础上进行强度储备试验，即升温降低坝肩岩体断层 f_5、f_2、f_{13}、f_{14} 及煌斑岩脉 X 的抗剪断强度。升温过程为四级，最高温度升至 50℃，此时相应抗剪断强度降低了 30%左右。受上述断层及煌斑岩脉升温降强的影响，左岸 f_2 下部岩体强度降低约 21%，右岸 f_{13} 和 f_{14} 之间的岩体强度降低约 10%。在保持温度为 T_4 的情况下，再进行超载阶段的试验，直至坝肩破坏失稳为止。

通过试验获得了坝体下游面各典型高程位移测点的径向和切向位移与超载倍数 $\delta_p - K_p$ 关系曲线，应变与超载倍数关系曲线，两坝肩及抗力体横河向、顺河向测点位移与超载倍数 $\delta_p - K_p$ 关系曲线，坝肩、坝基各构造带测点相对位移与超载倍数 $\Delta\delta - K_p$ 关系曲线，坝肩及抗力体的破坏过程、模型坝肩破坏形态等成果。整体地质力学模型试验照片如图 5－7 所示。

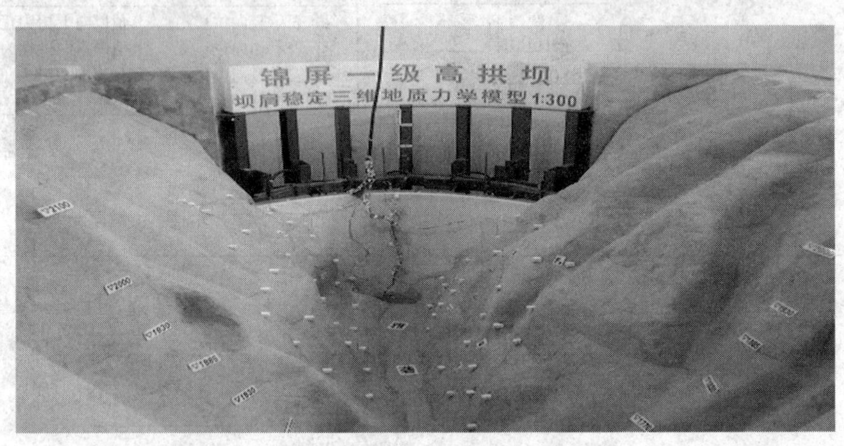

图 5－7　整体地质力学模型试验照片

坝体下游表面位移 δ_p 的分布特点是：拱冠位移较大，拱冠上部位移大于下部位移，径向位移大于切向位移，其分布规律符合常规。

在正常工况下，坝体径向位移基本对称，且向下游位移。在强降阶段，坝体位移变化小。在超载阶段，随着超载倍数的增大，左拱端位移增大明显，并最终呈现出左拱端位移大于右拱端的不对称现象，这说明坝体在向下游位移的同时，伴随有顺时针向的转动位移，与左右岸位移及破坏范围差异大的特点相适应。

坝肩及抗力体部位的表面位移 δ_p 总体分布规律是：左岸位移大于右岸位移，中上部位移大于下部位移，总体上，顺河向位移向下游位移，横河向位移向河槽位移。右岸最大位移出现在横Ⅴ剖面，左岸最大位移出现在横Ⅰ剖面，横Ⅴ剖面次之，其余剖面位移均较小，呈现出与两岸地质构造特点相适应的位移趋势。顺河向位移典型测点 $\delta_p - K_p$ 关系曲线如图 5－8 所示，从图中可以看出，在 $K_p = 3.0$ 前，位移虽随着加载过程而增长，但量值不大；而在 $K_p = 4.0$ 后，位移随荷载增加而显著增大，说明两坝肩已有较大塑性变形。

两坝肩及抗力体内部各断层、煌斑岩脉 X、挤压带 g、深部裂隙 SL 及绿片岩透镜体的相对位移 $\Delta\delta$ 总体分布特点是：$\Delta\delta$ 均以近拱端横Ⅴ剖面最大，横 $Ⅱ_1$、横Ⅰ剖面次之，远离拱端的横Ⅲ剖面最小，并呈现沿各构造带走向的位移趋势。总体上而言，左岸 $\Delta\delta$ 大于右岸 $\Delta\delta$，左岸以 f_5 断层 $\Delta\delta$ 较大，f_2 断层及煌斑岩脉 X 次之，层间挤压带 g、F_1 断层、深部裂隙 SL 的 $\Delta\delta$ 较小，并在高程上呈中部较大，上部次之，表明左坝肩混凝土垫座加固措施效果较为明显。右岸 f_{13}、f_{14} 断层中上部 $\Delta\delta$ 较大，绿片岩透镜体 $\Delta\delta$ 变幅与之相当。由此可见，左坝肩断层 f_5、临河侧煌斑岩脉 X、断层 f_2 以及右坝肩断层 f_{13}、f_{14}、绿片岩透镜体、SN 向陡倾节理对坝肩稳定性影响较大。超载阶段 $K_p \leqslant 2.0$ 时，$\Delta\delta$ 较小；$K_p = 2.6 \sim 2.8$ 时，左坝肩 f_5、f_2 断层、煌斑岩脉 X 及右坝肩 f_{13}、f_{14} 断层、绿片岩透镜体上的个别测点 $\Delta\delta$ 增幅有所加大，少数测点 $\Delta\delta$ 增加较为明显；$K_p \geqslant 3.6 \sim 3.8$ 以后，左坝肩 f_5、f_2 断层、煌斑岩脉 X 及右坝肩 f_{13}、f_{14} 断层、绿片岩透镜体上大部分测点 $\Delta\delta$ 曲线出现拐点或位移陡增现象，表明其相应位置构造带已有破坏迹象。

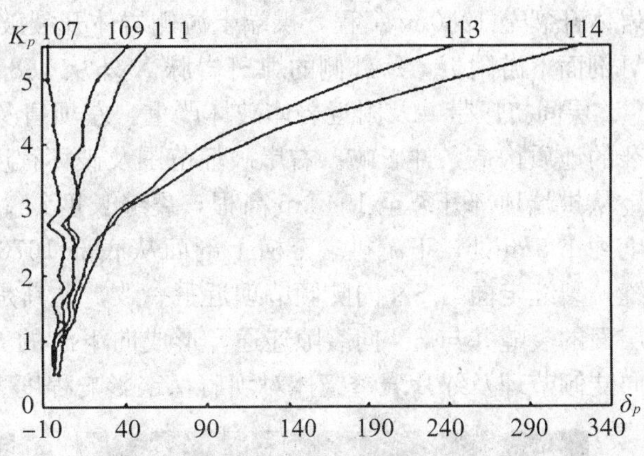

图 5−8　坝肩结构面典型位移测点 $\delta_p - K_p$ 关系曲线

坝体下游面拉压应变符合常规，拱端各高程测点主要受压，尤其是 1670 m 高程拱向和梁向的压应变均较大。这是由于受到左岸下部坝肩地质条件，特别是断层 f_5、煌斑岩脉 X、层间挤压带 g 的影响所致。根据超载阶段的应变与超载倍数关系曲线可以看出，当 K_p 为 3.8～4.5 时，各测点应变过程线转折明显，与位移过程线变化类似。由于受到坝体材料特性的限制，模型坝体应力不能换算成原型坝体应力。

根据试验现场观测记录和外测位移 δ_p 及各断层、结构面相对位移 $\Delta\delta$ 等试验结果，综合分析得出坝肩及抗力体的破坏发展过程。在正常工况下，大坝及坝肩位移正常。在强降试验阶段，大坝及坝肩表面位移变化小，由于受升温的影响，各断层及煌斑岩脉 X 位移较敏感，但坝肩及抗力体仍处于正常工作状态，无开裂迹象。当超载至 $K_p = 2.6 \sim 2.8$ 时，左坝肩拱端顶部上游侧附近岩体出现两条竖向微裂缝，右坝肩拱端上游附近岩体出现一条水平裂缝和一条竖向裂缝。这与内部及表面位移变化特点相适应。当超载至 $K_p = 3.6 \sim 3.8$ 时，两坝肩及抗力体位移曲线出现较大转折或拐点。左坝肩上游拱端附近裂缝上下延伸扩展，左坝肩下游断层 f_5、煌斑岩脉 X 外上部出现裂缝并延伸扩展，中下部断层 f_2 与挤压带 g 及附近岩体出现裂缝，坝顶上部陡岩裂缝开度增大，条数增多。右坝肩上游拱端附近裂缝上下延伸扩展，下游上部断层 f_{13}、f_{14} 出现裂缝，中上部岩体出现多条沿 SN 向裂缝，并扩展延伸至断层 f_{14}。下部陡岩绿片岩出露部分出现裂缝。此时两坝肩及抗力体表面位移及相对位移均显著增加，已出现较大变形，但仍具有承载能力。当超载至 $K_p = 5.0 \sim 5.5$ 时，两坝肩及抗力体破坏严重，大坝开裂破坏，整体失去承载能力。左岸下游断层 f_5 裂缝延伸至Ⅵ断面下游侧，煌斑岩脉 X 外开裂向岸坡中下部发展至 1710 m 高程，挤压带层面中下部拱端附近出现多条沿层面裂缝，尤以断层 f_2 以上和挤压带 g 附近破坏严重，有多条沿层面的裂缝与岩体陡倾裂隙连通，贯穿至 f_5 断层，形成整体滑移趋势；拱肩槽坝顶上部岩体出现多条裂缝，上游裂缝条数增多，开度增大，拱端裂缝延至坝底。

模型最终破坏形态如图 5−9、图 5−10 所示，左岸破坏范围及破坏程度较右岸严重，其主要破坏区域：顺河向从拱端下游面延至横Ⅵ剖面附近，长度约 330 m；立面上拱端顶部岩体开裂至 1960 m 高程，拱端上游侧岩体开裂破坏严重。断层 f_5 从拱端下游面开裂延至横Ⅵ剖面下游附近，f_5 外侧的煌斑岩脉 X 外从 1885 m 高程开裂至 1710 m 高程。中下部断层 f_2、层间挤压带 g 及附近岩体破坏严重。左坝肩及抗力体之所以破坏严重，主要是受左岸复杂的地质构造条件影响。右岸破坏范围及破坏程度不如左岸严重，其破坏区域：顺河向断层 f_{13} 从拱端顶部开裂至 1940 m 高程，裂缝长度约 150 m，f_{14} 从拱端下游面开裂延伸扩展至长度约 135 m 处，下游拱端至横Ⅰ剖面从底部 1670 m 到 1885 m 高程破坏严重，出现多条裂缝，裂缝走向与 SN 向陡倾节理近乎一致，尤其是绿片岩透镜体出露部分的陡岩上有多条沿层面的裂缝并与 SN 向裂隙连通，形成向下游的剪切滑移破坏趋势。右岸断层 f_{13}、f_{14}、SN 向陡倾节理及绿片岩透镜体对坝肩稳定影响程度大。

图 5-9　左坝肩最终破坏形态

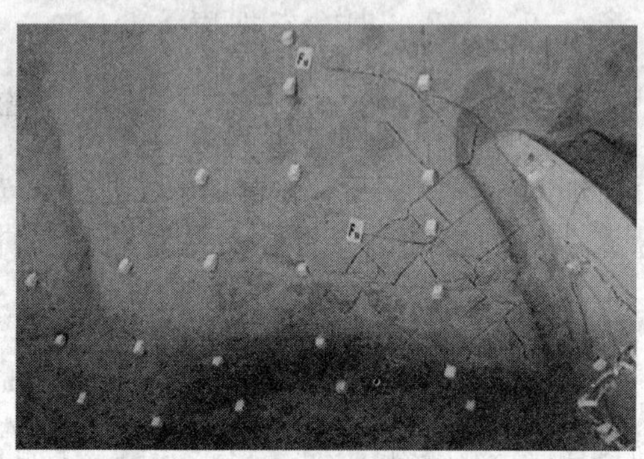

图 5-10　右坝肩最终破坏形态

拱坝下游面开裂破坏，其破坏区域从下游面左拱端 1750 m 高程开裂至坝顶大约 1/2 左弧长附近。这是因为受左坝肩复杂地质条件的影响，加之混凝土垫座底部位于 1750 m 高程，在拱端造成应力集中现象，同时左、右两岸坝肩复杂的地质构造条件，使两岸变形不对称，并伴有顺时针向的转动位移等因素的影响所致。

对锦屏一级高拱坝坝肩稳定三维地质力学模型试验的结果进行综合分析，得出坝肩综合稳定安全度 K_c 值为 4.68～4.94，可满足设计要求。但对坝肩破坏严重的部位进行处理，是十分必要的。

第 6 章　小湾拱坝地质力学模型试验研究

6.1　工程概况

小湾水电站位于云南西部大理州南涧县及临沧地区凤庆县境内，澜沧江与其支流黑惠江交汇口以下约 3.85 km 处的河段上，为澜沧江干流第二个梯级电站。小湾水电站的主要开发任务以发电为主，兼有防洪、灌溉、拦沙等综合利用效益。电站总装机 4.2×10^6 kW，水库正常蓄水位 1240 m，校核水位 1243 m，最大库容 1.5132×10^{10} m^3。工程枢纽建筑物由拦河大坝、左岸泄洪洞、坝后水垫塘和二道坝、右岸引水发电系统组成。其中拦河大坝为混凝土抛物线变厚度双曲拱坝，建基面高程 950.5 m，坝顶高程 1245 m，最大坝高 294.5 m，为世界同类型坝中最高之一。枢纽布置如图 6－1 所示。

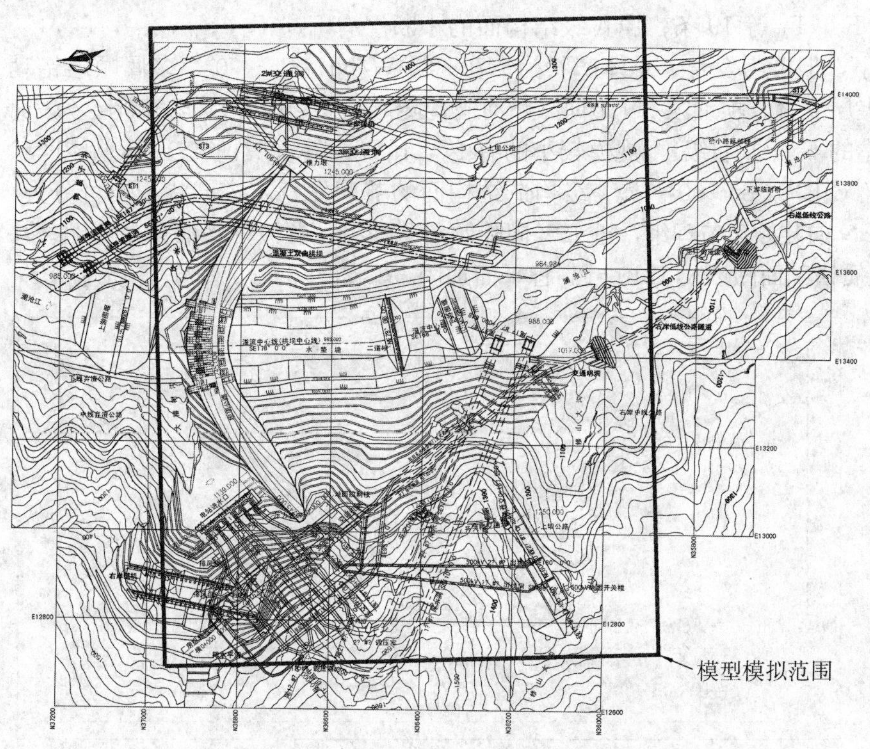

图 6－1　小湾水电站工程枢纽平面布置图及模型模拟范围平面图

小湾电站建成运行后，不仅可缓解我国西南和广东省的电力紧张状况，而且对电站周围地区的灌溉、防洪、航运开发都具有重要意义。

6.2 坝址区工程地质条件

枢纽区位于澜沧江与黑惠江汇合处下游高山峡谷段，河流总体流向为由北向南，并略呈向西凸出的弧形。河谷总体呈“V”字型，两岸岸坡上缓下陡。

坝址区基岩呈单斜构造横河分布，总体产状为N75～80°W/NE∠75～80°。该套变质岩系的主要岩石类型为黑云花岗片麻岩、角闪斜长片麻岩、花岗片麻岩、黑云片麻岩、二云斜长片麻岩以及各种片岩类岩石。

两岸坝肩抗力体边坡中还发育5条规模较大的蚀变岩带，其中右岸4条，从西向东依次为E_5，E_4，E_1和E_9；左岸1条，为E_8。此外，河床近左岸部位有一条规模不大的E_{10}。蚀变岩带主体延伸方向为近SN向，局部有近EW向分支，近直立。蚀变岩集中分布于黑云花岗片麻岩中。

本区地质构造主要受古老东西向构造体系控制，构造线方向近EW。枢纽区分布的变质岩层呈单斜构造，其走向为N75°W～EW，与河流近于正交，倾向上游，下游段岩层倾角约45°，向上游逐渐变陡至85°，主要水工建筑物布置地段的岩层倾角为70°～85°。

枢纽区断裂构造比较发育，主要构造形迹为不同规模的断层、挤压带、节理（组）。断层、挤压面以近EW走向陡倾角为主。它们多顺层或微切层发育，规模差异较大。其中，属Ⅱ级结构面的断层仅有F_7，在坝前沿大椿树沟、饮水沟展布；属Ⅲ级结构面的断层有F_{11}，F_{10}，F_5，F_{19}等19条；属Ⅳ级结构面的小断层有f_{11}，f_{10}，f_{14}，f_{17}，f_{19}，f_{12}等，挤压面虽规模较小，但极为发育，总体产状为N70～85°W/NE∠75～90°，多属顺层错动带，大部分顺片岩类夹层发育。坝址区SN走向（顺河向）陡倾断层以及中缓倾角断层不发育，规模较大的仅有左岸的F_{20}（属Ⅲ级），规模较小的有f_{29}，f_{30}，f_{34}等（属Ⅳ级），其总体产状为N10°W～N10°E/SW（SE）∠80～90°。属Ⅴ级构造结构面的节理发育，按产状主要可分为“两陡一缓”三组：近SN向陡倾角节理组，近EW向陡倾角节理组，顺坡中缓倾角节理组。小湾水电站坝址Ⅱ勘线地质横剖面图以及1210 m高程平面加固方案如图6－2、图6－3所示。

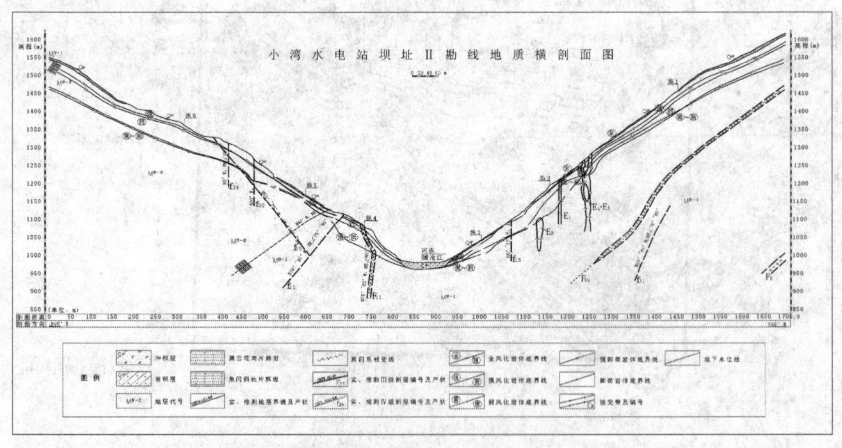

图6－2　小湾水电站坝址Ⅱ勘线地质横剖面图

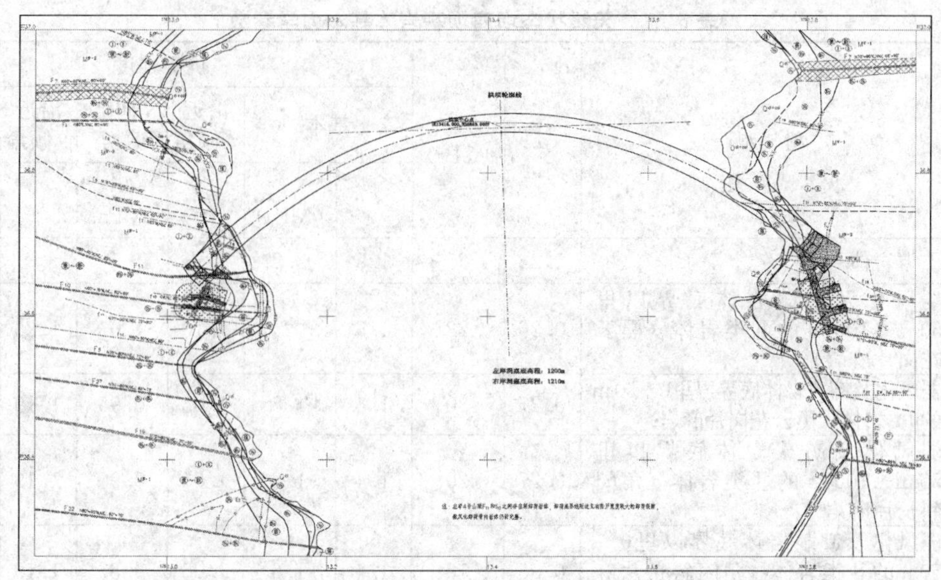

图6-3　小湾水电站坝基及抗力体1210 m高程加固方案图

6.3　拱坝整体地质力学模型试验研究

6.3.1　模型设计与制作工艺

根据小湾工程特点、试验场地规模及试验精度要求等综合分析，确定模型几何比$C_L=300$。模型模拟范围，主要根据坝址区河谷的地形特点、坝基及坝肩主要地质构造特性、拱坝枢纽布置特点及试验任务要求等因素综合分析，最后确定模型模拟范围的基本要求为：横河向（横向）边界要求以满足试验过程中不致因边界约束影响坝肩及抗力体破坏失真为限。同时，应将两岸断层、蚀变带及开挖松弛岩体等控制坝肩稳定的主控因素包括在内。因此，横河向边界每岸在坝顶（EL.1245 m）拱端以外取大于一倍坝高的范围为边界。顺河向（纵向）边界主要考虑的是，坝上游边界便于安装加压及传压系统为限，下游以大于3倍坝高以上为界，由此定出纵向边界为：上游边界离拱冠上游面的距离为120.0 m；下游边界离拱冠上游面的距离为963.0 m，则顺河向模拟总长度为1083 m；横河向拱坝中心线往左岸720.0 m，往右岸 720.0 m，则横河向模拟总宽度为 1440.0 m；模型基底高程确定为695.5 m，大坝建基面高程为950.5 m，则坝基模拟深度为255.0 m。两岸山体顶部模拟至1365 m高程，高出坝顶120 m，大于1/3倍坝高，则模拟原型高度达669.5 m，相应模型高度2.23 m。综上定出模型尺寸为3.61 m×4.80 m×2.23 m（纵向×横向×高度），相当于原型工程1083 m×1440 m×669.5 m范围。

坝址区各类天然状态岩体的力学参数原型与模型值见表6-1、表6-2。

表 6－1　天然状态坝肩坝基岩体基本力学参数

编号	材料	μ	E_0 (GPa)	抗剪强度					
				基本		沿近 SN 向陡倾角面剪切		沿近 SN 向缓倾角面剪切	
				f'	C' (MPa)	f'	C' (MPa)	f'	C' (MPa)
101	Ⅰ类岩体	0.22	25	1.5	2.2				
102	弱风化及卸载岩体底界以里 50 m～100 m 的Ⅱ类岩体（黑云花岗片麻岩）	0.26	22	1.5	2	1.10	1.05	1.26	1.43
103	弱风化及卸载岩体底界以里0～50 m 的Ⅱ类岩体（黑云花岗片麻岩）	0.27	20	1.4	1.8	1.05	0.95	1.19	1.29
104	弱风化及卸载岩体底界以里 50 m～100 m 的Ⅱ类岩体（角闪斜长片麻岩）	0.27	20	1.4	1.8	1.05	0.95	1.19	1.29
105	弱风化及卸载岩体底界以里0～50 m的Ⅱ类岩体（角闪斜长片麻岩）	0.28	18	1.4	1.6	1.05	0.85	1.19	1.15
106	Ⅲ$_a$类岩体	0.28	14	1.2	1.2	0.84	0.52	0.96	0.74
107	Ⅲ$_{b1}$类岩体	0.29	10	1.15	1	0.82	0.44	0.93	0.62
108	Ⅲ$_{b2}$类岩体	0.3	6	1.1	0.7	0.72	0.26	0.77	0.32
109	Ⅳ$_a$类岩体	0.32	5	1	0.6	0.65	0.22	0.65	0.22

表 6－2　坝肩坝基岩体基本力学参数（模型值）

编号	材料	μ	E_0 (GPa)	抗剪强度					
				基本		沿近 SN 向陡倾角面剪切		沿近 SN 向缓倾角面剪切	
				f'	C' (MPa)	f'	C' (MPa)	f'	C' (MPa)
101	Ⅰ类岩体	0.22	83.33	1.5	0.0073				
102	弱风化及卸载岩体底界以里 50 m～100 m 的Ⅱ类岩体（黑云花岗片麻岩）	0.26	73.33	1.5	0.0067	1.10	0.0035	1.26	0.0048
103	弱风化及卸载岩体底界以里 0～50 m的Ⅱ类岩体（黑云花岗片麻岩）	0.27	66.67	1.4	0.0060	1.05	0.0032	1.19	0.0043
104	弱风化及卸载岩体底界以里 50 m～100 m 的Ⅱ类岩体（角闪斜长片麻岩）	0.27	66.67	1.4	0.0060	1.05	0.0032	1.19	0.0043
105	弱风化及卸载岩体底界以里 0～50 m的Ⅱ类岩体（角闪斜长片麻岩）	0.28	60.00	1.4	0.0053	1.05	0.0028	1.19	0.0038
106	Ⅲ$_a$类岩体	0.28	46.67	1.2	0.0040	0.84	0.0017	0.96	0.0025
107	Ⅲ$_{b1}$类岩体	0.29	33.33	1.15	0.0033	0.82	0.0015	0.93	0.0021
108	Ⅲ$_{b2}$类岩体	0.3	20.00	1.1	0.0023	0.72	0.0009	0.77	0.0011
109	Ⅳ$_a$类岩体	0.32	16.67	1	0.0020	0.65	0.0007	0.65	0.0007

试验中岩体的抗剪强度以$\frac{\tau_p}{\tau_m}=C_L$满足相似要求进行模拟，即以岩体的$f'$与$C'$的综合效应满足相似条件进行模拟。

坝肩坝基断层及蚀变带中，右坝肩模拟的主要结构面有断层 F_{11}，F_{10}，F_5，F_{19}，F_{22}和 f_{12}，f_{11}，f_{10}以及蚀变带 E_1，E_4，E_5 等；左坝肩模拟的主要结构面有断层 F_{11}，F_{20}，F_5，F_{19}，f_{19}，f_{12}，f_{34}，f_{30}，f_{17}及蚀变带 E_8 等；拱坝上游重点模拟断层 F7。岩体节理裂隙主要模拟两陡一缓（三组）节理裂隙，即近 SN 向陡倾角节理组、近 EW 向陡倾角节理组、顺坡向中缓倾角节理组。

各类蚀变带、断层是影响小湾拱坝两岸坝肩稳定的重要因素，地质力学模型中对主要的Ⅲ级结构面（断层 F_{20}，F_{11}，F_{10}，F_5）、Ⅳ级结构面（断层 f_{19}，f_{12}）作降强处理。

原型断层 F_{11}，F_{10}平行断层面的抗剪强度为 $f_p'=0.45$，$C_p'=0.045$ MPa（模型值为 $f_m'=0.45$，$C_m'=0.00015$ MPa），经试验后选取以重晶石粉、机油及可熔性高分子材料等，按上述指标配制相应的混合料备用。配制时，首先按设计指标选择好相应的配比，然后在选定材料的基础上再做变温材料试验，得出不同温度条件下的抗剪断强度曲线，图 6－4 为断层 F_{11}，F_{10} 材料的变温相似曲线。

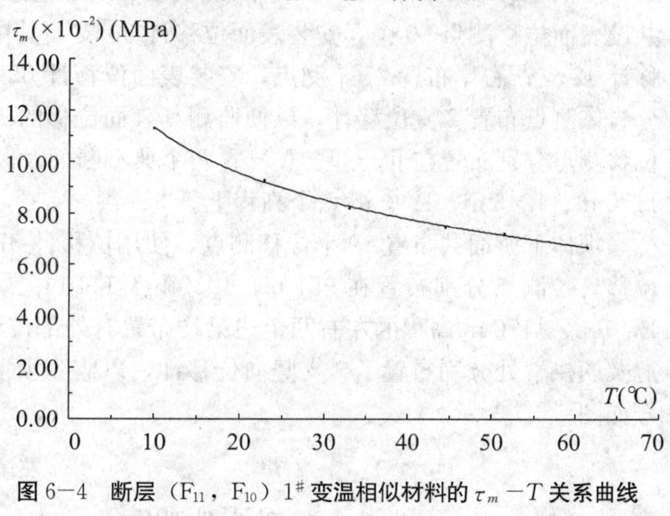

图 6－4　断层（F_{11}，F_{10}）1# 变温相似材料的 τ_m-T 关系曲线

针对坝肩坝基的加固处理情况，模拟两坝肩混凝土洞塞置换和下游贴角，由于在模型上游面要模拟水沙荷载，受千斤顶加载系统的限制无法模拟上游面的贴角。模型混凝土洞塞与下游贴角加固处理材料的力学参数采用与坝体相同的力学参数。

小湾拱坝模型制作对河谷地形、地质构造采用横河向、顺河向及沿高程方向立体交叉控制；根据地质力学模型的相似条件要求，模型坝体的容重应与原型坝体相似，原型坝体混凝土材料容重 γ_p 为 2.4 g/cm³，变形模量 E_p 为 24 GPa，由相似关系 $C_r=1$，$C_E=300$，可得模型坝体材料容重 γ_m 为 2.4 g/cm³，模型坝体变模 E_m 为 80 MPa；坝基、坝肩各类岩体，采用不同配合比的岩体相似材料，压制成不同尺寸的块体砌筑而成。Ⅰ类岩体块体尺寸为 10×10×10 cm³，Ⅱ类岩体块体为菱形状，尺寸为 7×5×5 cm³，Ⅲ类岩体块体为菱形状，尺寸为 5×4×5 cm³，根据不同高程中缓倾角的不同要求，Ⅱ类、Ⅲ类岩体又分别压制成 40°，25°，7°的块体。左右岸断层由于厚度小，无法压块制模，则按要求选定不同配合比的变温相似材料，按各自不同的厚度及要求采用敷填或铺填压实方法制作。蚀变带相对断层来说，厚度较大，强度较高，因此采用小块体方式砌筑。根据坝体材料试验结果，小湾拱坝坝体材料采用重晶石粉为加重料，少量石膏粉为胶结剂，水为稀释剂，并掺适量的添加剂，按一定配合比浇制而成。

6.3.2 模型加载与量测系统

试验主要考虑水压力、淤沙压力、自重，未考虑温度荷载、渗流场及扬压力、地震荷载的影响。其中，水压力以上游正常蓄水位 1240 m 高程计，下游水位以 1004 m 高程计；淤沙压力按淤沙高程 1097 m 计，淤沙容重 9.5 kN/m^3，内摩擦角 24°；自重通过坝体材料与原型材料容重相等实现。加载系统采用油压千斤顶加载。

模型量测系统包括拱坝与坝肩表面位移 δ_m 量测、断层内部相对位移 $\Delta\delta_m$ 量测、坝体应变量测三大量测系统。此外，为监测降强试验阶段温度升高变化情况，设有温度监测系统。

表面位移 δ_m 采用 SP—10A 型数字显示仪带电感式位移计量测。两坝肩及抗力体部位共设表面位移测点 50 个，安装表面位移计 96 支。其中，左岸布置 21 个测点，安装表面位移计 42 支；右岸布置 27 个测点，安装表面位移计 52 支；河心安装表面位移计 2 支。大部分岩体测点布置 2 支位移计，以便监测其表面位移的横河向与顺河向移动情况。左右岸表面位移测点分别布置在Ⅱ－Ⅱ、Ⅳ－Ⅳ两个典型断面及断层出露的 1010 m、1050 m、1110 m、1170 m、1245 m、1290 m 六个高程上。

坝体下游面共布置 19 个位移测点，使用位移计 37 支，主要监测拱坝的径向位移及切向位移。各测点分别布置在 981 m、1050 m、1110 m、1170 m 及 1240 m 的拱冠及拱端，在 1240 m、1170 m 高程的左右两个边梁均布置有外部位移测点，另外，在坝顶 1245 m 高程拱冠及两拱端处分别布置了 3 支竖向位移计，以监测坝顶竖向位移情况。测点布置及位移计编号如图 6－5 所示。

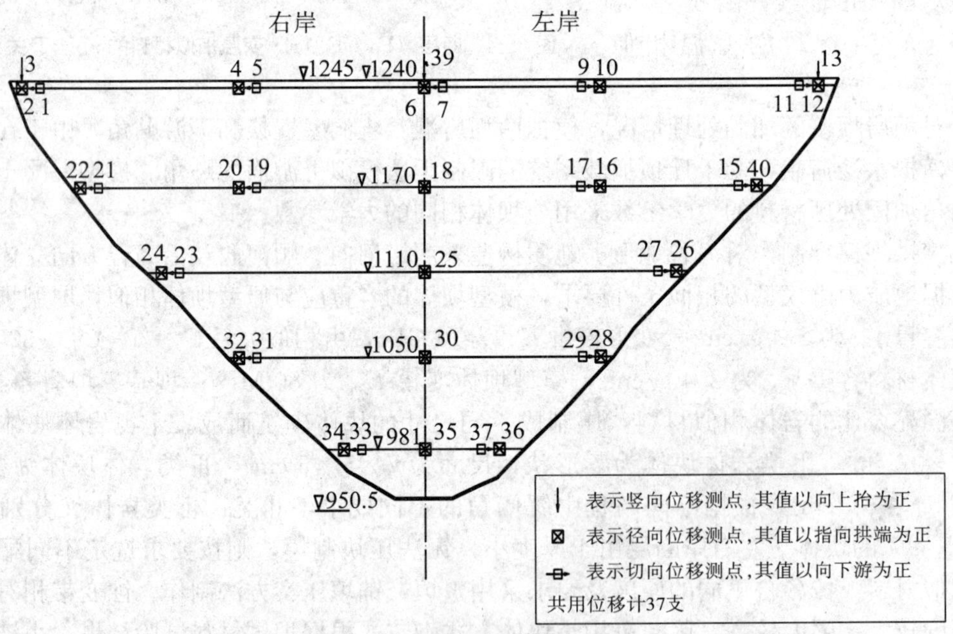

图 6－5　下游坝面位移测点布置图

坝体应变量测，主要是在拱坝下游 975 m、1050 m、1110 m、1170 m 及 1240 m 五个高程的拱冠及拱端布置 15 个应变测点，每个测点在水平向、竖向及 45°方向贴上三张电阻应变片，其测点布置及应变片编号如图 6－6 所示。应变量测采用 UCAM—8BL 型万能数字测试装置进行应变监测。这里必须说明的是，由大坝下游面应变测点所测得的应变值，不能用于换算坝体应力，应变变化过程曲线形态只能作为判定坝肩稳定安全度的依据之一，这是因为它受模型坝体材料的非线性特性限制。

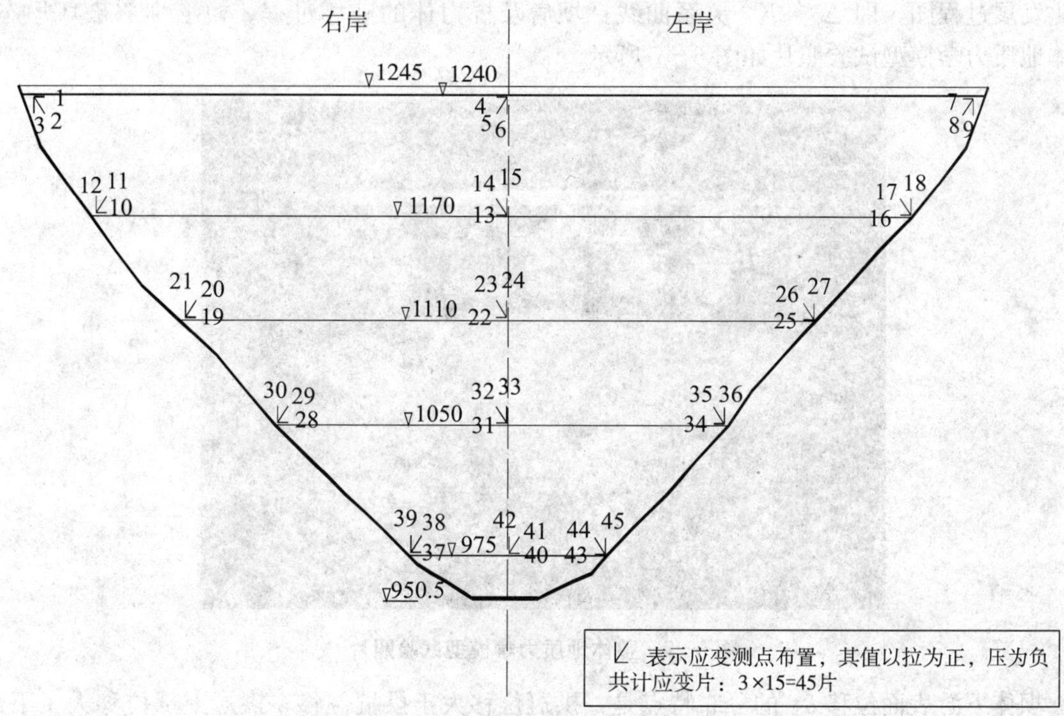

图 6－6　下游坝面应变测点布置图

相对位移 $\Delta\delta_m$ 量测采用 UCAM—70A 型万能数字测试装置带电阻应变式相对位移计进行监测。相对位移测点共布置 121 个，安装相对位移计 121 支。根据坝址区断层的特点，每个测点按单向即沿断层的走向布置相对位移计，在断层中共布置位移计 93 支；同时，为了监测缓倾角对工程的影响，及不同高程缓倾角的影响程度，在 EL. 1010 m，EL. 1090 m，EL. 1150 m，EL. 1210 m 四个平面上分别布置了横河向与顺河向的位移计，共 28 支。

模型升温降强控制系统，包括电升温调控及温度数值监测两部分。前者采用多台调压器调节电压高低以控制升温快慢及高低。各变温部位温度升高值监测，采用 XJ—100 型巡回检测仪带 21 支热电偶分别监控各断层的升温值及其变化状态。本次试验主要对六条断层 F_{11}，f_{12}，f_{19}，F_{10}，F_5，F_{20}的抗剪断强度参数进行升温降强，降低幅度为设计参数的 20%。

6.3.3　坝体与坝肩变形分析

试验首先对模型进行预压，然后加载至一倍正常荷载 P_0，在此基础上进行降强阶段试验，即升温降低坝肩坝基岩体内断层 F_{11}，F_{10}，F_5，f_{12}，f_{19}，F_{20}的抗剪断强度，升温过程分为五级，由 T_1 升至 T_5，最高温度为 45°，此时上述六条断层的抗剪断强度降低约 20%。在保持降强后强度参数不变的情况下，再进行超载阶段试验，当超载至 $3.3P_0$～$3.5P_0$ 时，坝体及坝肩抗力体相继发生大变形，并出现失稳趋势，加载停止。

通过地质力学模型试验获得了坝体下游面各典型高程表面测点径向位移 δ_r 和切向位移 δ_t 分布及发展过程图，即 δ_r-K_p 和 δ_t-K_p 关系曲线；坝体下游面各典型高程应变测点应变 $\mu\varepsilon$ 变化发展过程图，即 $\mu\varepsilon-K_p$ 关系曲线；两坝肩及抗力体表面位移测点的位移 δ_p 分布及发展过程图，即 δ_p-K_p 关系曲线；坝肩坝基各软弱结构面内部测点相对位移 $\Delta\delta$ 分布及变化发展过程图，即 $\Delta\delta-K_p$ 关系曲线；坝肩及抗力体的破坏过程、模型坝肩破坏形态。整体地质力学模型试验照片如图 6－7 所示。

图 6－7　整体地质力学模型试验照片

坝体下游表面位移 δ_p 的分布特点是：拱冠位移大于拱端位移，拱冠上部位移大于下部位移，径向位移大于切向位移，其分布规律符合常规。在正常工况下，坝体位移对称性好，径向位移向下游位移，最大径向位移出现在 1240 m 高程拱冠处；拱端切向位移向两岸山体内位移，其值较小。在降强阶段，坝体位移变化幅度小；在超载阶段，随着超载倍数的增加，右拱端位移略大于左拱端，当 $K_p>3.0$ 以后，坝体径向位移增长幅度加大，右拱端位移明显增大，最终两拱端位移呈现出不对称现象，这主要是受两岸地质条件不对称及坝肩岩体中断层和蚀变带的影响。

试验通过两坝肩及抗力体表面位移测点获得了各测点顺河向和横河向的位移分布情况，同时在断层出露表面布置了位移测点，获得了断层出露点的表面位移情况。其中顺河向位移总体呈向下游的位移趋势，少量测点有向上游位移情况，横河向位移远小于顺河向位移，呈向河谷位移趋势，少量测点有向山里的位移情况，位移值以靠近拱端测点的位移值最大，向下游逐步递减；坝肩中下部高程位移值较大、中上部高程位移值相对较小，可见中上部高程对断层和蚀变带进行的混凝土洞塞置换起到了较好的加固效果。从超载过程来看，根据典型位移与超载系数关系曲线，不同高程的测点中，大部分位移测点其变形规律具有相似性。右坝肩顺河向典型位移曲线如图 6－8 所示。从图中可以看出，超载阶段，当 $K_p=1.2\sim1.4$ 时，位移曲线出现微小的波动或拐点，与坝体应变过程曲线变化规律相似，随着超载倍数加大，位移逐步增大；当 $K_p>3.0$ 以后，右坝肩表面位移增长迅速，曲线变化幅度加大；当 $K_p=3.3\sim3.5$ 时，位移曲线出现波动或转折点，岩体裂缝扩展并相互贯通，坝肩岩体出现大变形。

由坝肩坝基各软弱结构面内部测点相对位移的结果得出：右坝肩断层相对位移在正常工况下，各断层内部相对位移值较小；在降强阶段，位移有所波动，但增长幅度不大；在超载阶段，位移逐步增大，靠近拱端的断层相对位移增长显著。断层 F_{11} 离拱端最近，同时受降强的影响，中下部高程相对位移大，而中上部高程由于对断层 F_{11} 采取了加固处理措施，其相对位移较小；其次是断层 f_{11} 位移较大，尤其是在受到蚀变带 E_4，E_5，E_1 影响的部位，其相对位移较大；断层 f_{12} 在中部高程离拱端最近，因而中部高程相对位移较大；断层 F_{10} 在中上部高程虽离拱端较近，但由于采用了混凝土洞塞置换，其相对位移较小，但在 1245 m 高程以上有开裂现象；断层 F_5，F_{19}，F_{22} 离拱端较远，其相对位移较小。由此可见，影响右坝肩稳定的主要断层和蚀变带是 F_{11}，F_{10}，f_{11}，f_{12}，E_4，E_5。左坝肩中上部高程，由于采取了混凝土洞塞置换，其置换洞塞里面的测点，相对位移较小；总体上断层 F_{11} 相对位移大，尤其是中下部测点位移较大；其次是断层 f_{12} 相对位移较大；断层 f_{19} 离拱端近，相对位移也较大；断层 F_{20} 在中下部高程位移较小，而在上部 1210 m 高程位移较大，主要受④号山梁的影响；断层 F_5 相对位移较小。由此可见，影响左坝肩稳定的主要断层和蚀变带是 F_{11}，f_{12}，f_{19}，F_{20}。建基面以下断层 F_{11}，F_5，F_{19} 的相对位移测点分别布置在 935.5 m 高程和 875.5 m 高程，总体相对位移较小；F_{11} 和 F_5 断层在 935.5 m 高程相对位移较大，这是因为该高程离建基面近，受建基面的影响较大；而 875.5 m 高程的相对位移均较小，这是由于该高程已位于建基面以下 75 m，埋深较大，相对位移小。

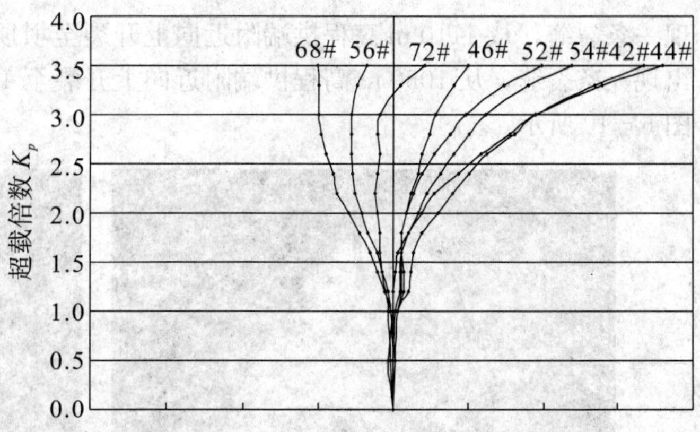

图 6－8　坝肩顺河向位移典型测点 $\delta_p - K_p$ 关系曲线

坝体下游面拉压应变符合常规，坝体下游面主要受压，个别测点受拉。梁向应变和剪应变较大，说明拱坝梁的作用较大，这是由于河谷为宽高比较大的“U”型河谷，使得梁向分载相对较大。根据超载阶段的应变与超载系数关系曲线可以看出，K_p 为 3.3～3.5 时，各测点应变过程线转折明显，与位移过程线变化类似。

6.3.4　模型破坏过程、破坏形态及安全度评价

根据试验现场观测记录、表面位移、断层相对位移等资料综合分析得出模型开裂破坏及发展过程，在正常工况下，拱坝及坝肩工作正常。在降强试验阶段，大坝及坝肩位移增幅小，无异常现象，表明坝肩及抗力体仍处于正常工作状态。当超载系数 K_p =1.2～1.4 时，大坝及坝肩位移曲线出现微小波动，坝体应变曲线出现明显转折或拐点，表明拱坝上游侧坝踵附近有初裂现象出现。当 K_p =1.8 时，右坝肩 1245 m 高程拱端 F_{11} 断层出露点出现微裂缝，并沿该断层向上开裂至约 1266 m 高程；当 K_p =2.0 时，右拱端下游贴角与岩体接触面出现开裂；当 K_p =2.2～2.4 时，左坝肩上游侧推力墩附近岩体从 1210 m～1240 m 高程出现裂缝；当 K_p =2.6 时，左拱端下游贴角与岩体接触面出现裂缝。随着超载倍数的增加，两坝肩及抗力体裂缝增多，并延伸扩展，相互贯通。当 K_p =3.3 时，大坝下游面左半拱出

现一条裂缝，从 1110 m 高程拱端附近向上开裂至坝顶。当 $K_p=3.5$ 时，大坝下游面右半拱出现一条裂缝，从 1050 m 高程拱端附近向上开裂至 1210 m 高程。最终破坏形态如图 6－9、图 6－10 所示。

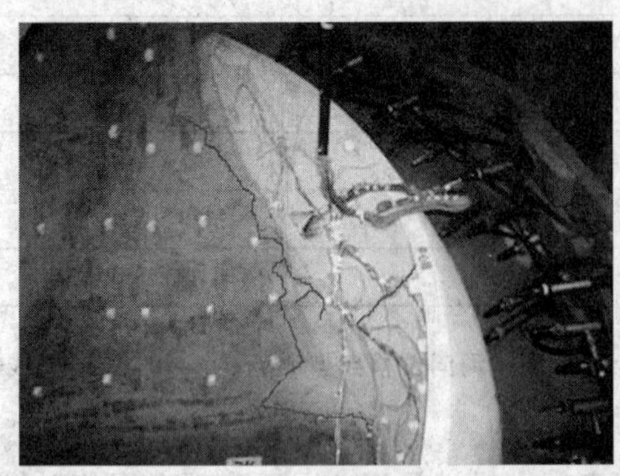
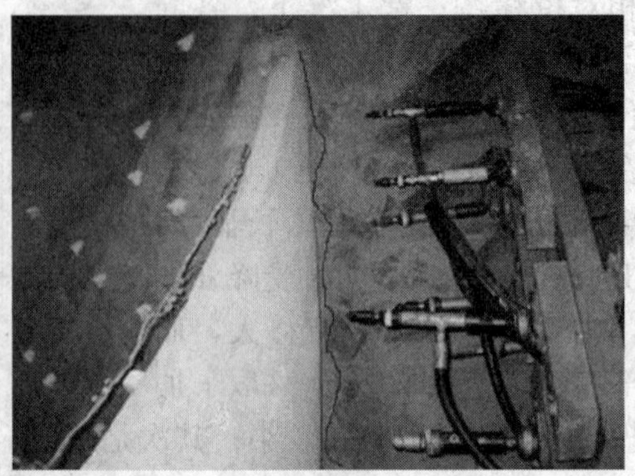

图 6－9　$K_p=3.5$ 时右坝肩（上下游）中下部破坏形态

图 6－10　$K_p=3.5$ 时左坝肩（上下游）中上部破坏形态

右坝肩位于右拱端的断层 F_{11} 和 F_{10} 及附近岩体在 1245 m～1310 m 高程开裂破坏；右拱端下游在 1170 m 高程附近岩体开裂，这主要受三类岩体和蚀变带 E_1 的影响；下游贴角与岩体接触面开裂破坏。

左坝肩左拱端 1245 m 高程推力墩附近岩体开裂破坏，由于受 40°中缓倾角影响，坝顶上部岩体出现沿中缓倾角的裂缝；坝肩下游中下部岩体受断层 F_{11} 的影响，在 1130 m 高程附近断层 F_{11} 出现裂缝；拱端贴角与岩体接触面开裂破坏。

拱坝建基面上游侧开裂破坏严重，上游侧坝踵附近从左岸至右岸出现贯通性裂缝。

拱坝整体地质力学模型试验采用超载与降强相结合的综合试验方法进行破坏试验，在正常工况下，先降低主要断层抗剪断强度约 20%，再超载至 $3.3P_0$～$3.5P_0$ 时，坝体及坝肩抗力体相继发生大变形，并出现失稳趋势，加载停止。根据试验获得的成果分析，得到强度储备系数 $K_1=1.2$，超载系数 $K_2=3.3$～3.5，则 $K_C=K_1K_2=1.2\times(3.3\sim3.5)=3.96\sim4.2$，即小湾拱坝与地基整体稳定安全度为 3.96～4.2，满足设计要求。

6.4　拱坝平面地质力学模型试验研究

6.4.1　试验内容及要求

针对小湾拱坝 1210 m 高程坝肩的地形地质条件，进行未加固处理和加固处理两种方案的对比分析研究。采用地质力学模型试验方法，较真实地模拟各种地质构造及其力学特性，即模拟出岩体中的断层、蚀变带、左右坝肩软弱岩带及主要节理组等，抓住影响坝肩稳定的主要因素，采用超载法进行破坏试验研究，分析坝体及坝肩变形分布特征，探讨坝肩失稳的破坏过程、破坏形态和破坏机理，确定坝肩超载稳定安全度，对工程的加固处理措施提出建议，为工程的设计和施工提供重要依据。

6.4.2　模型设计与制作工艺

(1) 模型几何比尺及模拟范围

根据小湾工程 1210 m 高程平面的地质特点及本次试验任务、要求，综合考虑试验精度及试验场地等因素，确定模型几何比尺 $C_L=350$，模拟范围为：顺河向约 1200 m，横河向约 1400 m，即拱坝中心线以左约 700 m，拱坝中心线以右约 700 m。平面模型槽采用钢架制作，模型钢架平面尺寸为 4.5 m×3.8 m。

(2) 坝肩岩体地质构造模拟

针对小湾 1210 m 高程平面坝肩的地质构造特点，在模型模拟中，对右坝肩及抗力体而言，按照力学相似的要求，重点模拟坝肩的断层 F_{11}，F_{10}，F_5，F_{27}，F_{19}，蚀变带 E_4，E_5 及软岩带和南北向、东西向节理等主要控制坝肩稳定的因素。对左坝肩而言，重点模拟断层 F_{11}，F_5，蚀变带 E_8，E 及④号山梁卸载岩体，坝肩南北向、东西向节理等控制坝肩稳定的主要控制因素。在加固方案中，还要重点模拟左右坝肩的加固处理措施，即明挖回填混凝土和混凝土塞置换。两种方案的地形及地质构造图如图 6－11、图 6－12 所示。

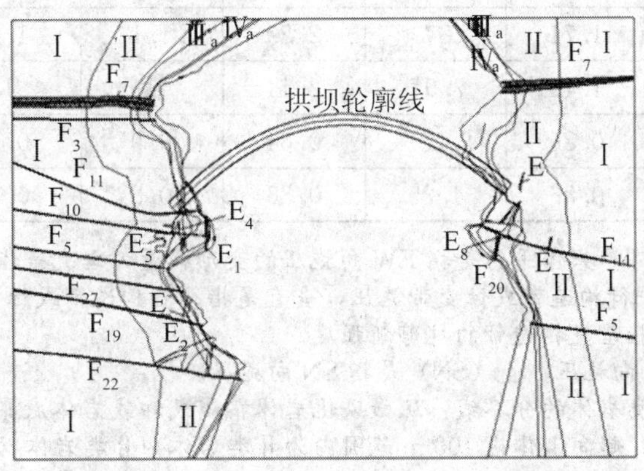

图 6－11　小湾拱坝 1210 m 高程平面坝肩地质平切图（未加固方案）

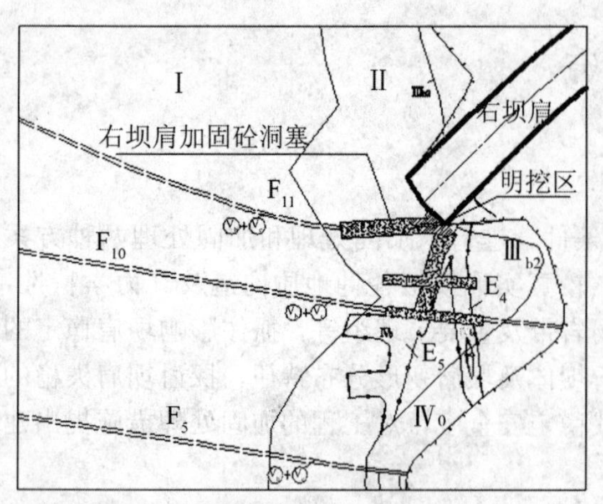

(a) 右坝肩加固情况

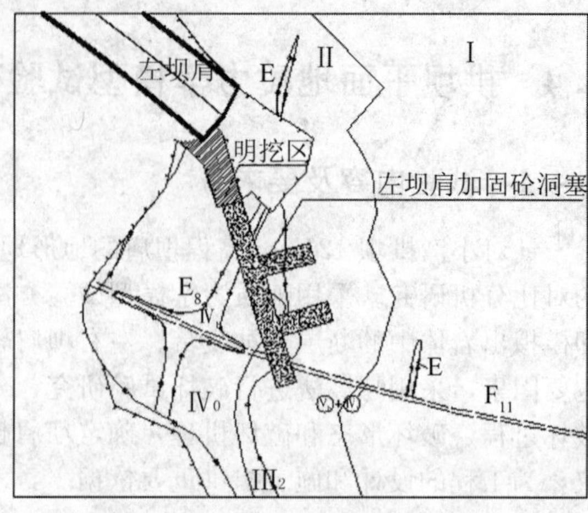

(b) 左坝肩加固情况

图 6－12　小湾拱坝 1210 m 高程平面坝肩地质构造及加固情况（加固方案）

(3) 坝肩岩体、断层及蚀变带的力学参数

坝址区各类天然状态岩体、断层及蚀变带的力学参数原型与模型值见表 6－3～表 6－6。

表 6－3　坝肩抗力岩体力学参数基本值

岩体质量类别		变形模量# (GPa)				抗剪断强度*			
类别	亚类	原型 $M_{\parallel}$ (EW)	模型 $M_{\parallel}$ (EW) ($\times10^{-2}$)	原型 $M_{\perp}$ (SN)	模型 $M_{\perp}$ (SN) ($\times10^{-2}$)	原型 f'	模型 f'	原型 C' (MPa)	模型 C' (MPa) ($\times10^{-2}$)
Ⅰ		25	7.14	25	7.14	1.48	1.48	2.2	6.29
Ⅱ		19	5.43	19	5.43	1.43	1.43	1.7	4.86
Ⅲ	Ⅲa	14	4.00	14	4.00	1.2	1.2	1.3	3.71
	Ⅲb1	8#	2.29	10#	2.86	1.15	1.15	1	2.86
	Ⅲb2	6#	1.71	8#	2.29	1.1	1.1	0.75	2.14
Ⅳ	Ⅳa	5#	1.43	7.5#	2.14	1	1	0.6	1.71
	Ⅳb	3#	0.86	2.25#	0.64	0.9	0.9	0.5	1.43
	Ⅳc	1.25	0.36	1.25	0.36	0.8	0.8	0.3	0.86

注：① #：∥、⊥对Ⅲb、Ⅳa 岩体平行是指 EW 向施压的变形模量，垂直是指 SN 向施压的变形模量；对Ⅳb 岩体平行是指平行构造带或蚀变带施压，垂直是指垂直构造带或蚀变带施压。

② *：Ⅳb、Ⅳc 类是指垂直构造带的抗剪断强度。

③ ∥（EW）是指 EW 向施压，⊥（SN）是指 SN 向施压。

④ 对于Ⅱ类岩体与Ⅰ类岩体的分界线：从微风化岩体界线或卸载岩体底界线（当二者位置不一致时，以埋深最大的起算）起向山体内 100 m 范围内为Ⅱ类岩体，Ⅱ类岩体以里为Ⅰ类岩体。

表 6－4　左岸软弱岩带力学参数表

编号	弱风化、卸载						微风化、未卸载					
	原型 M (GPa)	模型 M (MPa)	原型 f'	模型 f'	原型 C' (MPa)	模型 C' (MPa) ($\times10^{-3}$)	原型 M (GPa)	模型 M (MPa)	原型 f'	模型 f'	原型 C' (MPa)	模型 C' (MPa) ($\times10^{-3}$)
F_{11}	0.6	1.71	0.4	0.4	0.04	0.11	3.5	10.00	0.5	0.5	0.05	0.14
F_{20}	0.6	1.71	0.4	0.4	0.04	0.11	3.5	10.00	0.5	0.5	0.05	0.14
E_8	1.00	2.86	0.5	0.5	0.1	0.29	4.00	11.43	0.8	0.8	0.3	0.86

表 6－5　右岸软弱岩带力学参数表

<table>
<tr><th rowspan="2">编号</th><th colspan="6">弱风化、卸载</th><th colspan="6">微风化、未卸载</th></tr>
<tr><th>原型 M (GPa)</th><th>模型 M (MPa)</th><th>原型 f'</th><th>模型 f'</th><th>原型 C' (MPa)</th><th>模型 C' (MPa) ($\times10^{-3}$)</th><th>原型 M (GPa)</th><th>模型 M (MPa)</th><th>原型 f'</th><th>模型 f'</th><th>原型 C' (MPa)</th><th>模型 C' (MPa) ($\times10^{-3}$)</th></tr>
<tr><td>F_{11}</td><td>0.60</td><td>1.71</td><td>0.4</td><td>0.4</td><td>0.04</td><td>0.11</td><td>3.50</td><td>10.00</td><td>0.4</td><td>0.4</td><td>0.05</td><td>0.14</td></tr>
<tr><td>F_{10}</td><td>0.60</td><td>1.71</td><td>0.4</td><td>0.4</td><td>0.04</td><td>0.11</td><td>3.50</td><td>10.00</td><td>0.4</td><td>0.4</td><td>0.05</td><td>0.14</td></tr>
<tr><td>E_4</td><td rowspan="2">1.00</td><td rowspan="2">2.86</td><td rowspan="2">0.6</td><td rowspan="2">0.6</td><td rowspan="2">0.20</td><td rowspan="2">0.57</td><td rowspan="2">4.00</td><td rowspan="2">11.43</td><td rowspan="2">0.6</td><td rowspan="2">0.6</td><td rowspan="2">0.50</td><td rowspan="2">1.43</td></tr>
<tr><td>E_5</td></tr>
</table>

表 6－6　小湾水电站主要断层物理力学参数

<table>
<tr><th rowspan="2">断层编号</th><th colspan="6">卸载</th><th colspan="6">未卸载</th></tr>
<tr><th>原型 $M_{//}$ (GPa)</th><th>模型 $M_{//}$ (MPa)</th><th>原型 $f'_{//}$</th><th>模型 $f'_{//}$</th><th>原型 $C'_{//}$ (MPa)</th><th>模型 $C'_{//}$ (MPa) ($\times10^{-3}$)</th><th>原型 $M_{//}$ (GPa)</th><th>模型 $M_{//}$ (MPa)</th><th>原型 $f'_{//}$</th><th>模型 $f'_{//}$</th><th>原型 $C'_{//}$ (MPa)</th><th>模型 $C'_{//}$ (MPa) ($\times10^{-3}$)</th></tr>
<tr><td rowspan="2">F_7</td><td>0.2</td><td>0.57</td><td>0.25</td><td>0.25</td><td>0.025</td><td>0.07</td><td>0.3</td><td>0.86</td><td>0.3</td><td>0.3</td><td>0.03</td><td>0.09</td></tr>
<tr><td>2</td><td>5.71</td><td>0.8</td><td>0.8</td><td>0.3</td><td>0.86</td><td>3</td><td>8.57</td><td>0.9</td><td>0.9</td><td>0.35</td><td>1.00</td></tr>
<tr><td>F_5</td><td>0.6</td><td>1.71</td><td>0.35</td><td>0.35</td><td>0.4</td><td>1.14</td><td>0.04</td><td>0.11</td><td>0.5</td><td>0.5</td><td>0.05</td><td>0.14</td></tr>
<tr><td>F_{19}</td><td>0.6</td><td>1.71</td><td>0.35</td><td>0.35</td><td>0.4</td><td>1.14</td><td>0.04</td><td>0.11</td><td>0.5</td><td>0.5</td><td>0.05</td><td>0.14</td></tr>
<tr><td>F_{27}</td><td>0.6</td><td>1.71</td><td>0.35</td><td>0.35</td><td>0.4</td><td>1.14</td><td>0.04</td><td>0.11</td><td>0.5</td><td>0.5</td><td>0.05</td><td>0.14</td></tr>
<tr><td>F_{23}</td><td>0.6</td><td>1.71</td><td>0.35</td><td>0.35</td><td>0.4</td><td>1.14</td><td>0.04</td><td>0.11</td><td>0.5</td><td>0.5</td><td>0.05</td><td>0.14</td></tr>
<tr><td>F_{22}</td><td>0.6</td><td>1.71</td><td>0.35</td><td>0.35</td><td>0.4</td><td>1.14</td><td>0.04</td><td>0.11</td><td>0.5</td><td>0.5</td><td>0.05</td><td>0.14</td></tr>
<tr><td>F_3</td><td>0.6</td><td>1.71</td><td>0.35</td><td>0.35</td><td>0.4</td><td>1.14</td><td>0.04</td><td>0.11</td><td>0.5</td><td>0.5</td><td>0.05</td><td>0.14</td></tr>
</table>

注：① $M_{//}$ 为平行断层面的变形模量，单位为 GPa；$f'_{//}$，$C'_{//}$ 为平行断层带中碎裂岩带的抗剪强度，$C'_{//}$ 单位为 MPa。

②垂直结构面按 IV_b 类岩体参数取值，参见表 6－3。

(4) 模型材料与模型制作

根据上述各表中原型材料的力学参数，按照相似条件要求进行了大量的材料试验，得出了模型材料的力学参数，并研制出相应的各种材料配比，进行模型材料选配和模型制作。

模型坝肩各类岩体，采用小块体砌筑，根据材料试验结果，小湾各类岩体均以重晶石粉为主，高标号机油为胶结剂，根据岩类的不同，掺入一定量的添加剂等，经多次材料试验后，选定配合比制成混合料，再用 Y32—50 型四柱式压力机压制成不同尺寸块体备用。块体面积一般为 10×10 cm^2，厚度为 5.0 cm～10.0 cm 不等。块体之间按力学相似要求，采用高分子材料粘结剂进行粘结构成整体。模型中还对左右坝肩岩体的各向异性进行了模拟，模型制作中模拟了两坝肩岩体的南北向和东西向两组节理。

各类断层和蚀变带采用满足力学相似关系的软料和聚乙烯、聚酯、聚四氟乙烯等进行组合配制，按照各自不同的厚度，采用夹层法、铺填法或敷填法制作。

坝体采用重晶石粉为主，少量石膏粉为胶结剂，水为稀释剂，并掺适量的添加剂，依据配合比配料，按照提供的坝体 1210 m 拱圈体形制作模坯而浇制成型。经干燥养护后，将坝坯与拱座进行粘结，最后精加工至设计体形。

模型制作完成情况如图 6－13、图 6－14 所示。

图 6－13　模型制作完成时全貌（未加固方案）

图 6－14　模型制作完成时全貌（加固方案）

6.4.3　模型加载与量测系统

根据小湾拱坝 1210 m 高程平面荷载分布特点，将荷载根据荷载大小、拱弧长度及千斤顶出力进行分块，全坝共分为 8 块，分别由不同吨位的 8 支千斤顶加载，算出各分块的尺寸及油压千斤顶的作用点等，采用 WY—300/Ⅴ型五通道自控油压稳压装置进行供压和稳压。

未加固方案和加固方案布置相同，加固方案的模型加载系统如图 6−15 所示。

图 6−15　模型加载系统布置情况（加固方案）

针对小湾拱坝 1210 m 高程平面坝肩及抗力体的地质构造特征，左右坝肩内存在 F_{11}，F_{10}，F_5，F_{27}，F_{19} 等断层，蚀变带 E_4，E_5，E_8，E 及软弱岩带等主要控制坝肩稳定的因素，因此，还应着重量测它们的相对位移。此外，在拱坝 1210 m 平面拱圈上下游面布置少量的应变测点，以进行应变量测，以此作为判断安全度的依据之一。

综上所述，本地质力学模型试验主要有两大量测系统，即位移量测、坝体应变量测系统。加固与未加固方案布置相同，未加固方案模型量测系统如图 6−16 所示。

图 6−16　模型测试系统布置情况（未加固方案）

两坝肩及抗力体部位共设表面位移测点 108 个。其中，左岸布置 45 个测点；右岸布置 63 个测点，特别注重在断层及蚀变带的上下盘布置测点，以便监测其压缩变形和剪切变形等。坝体下游面共布置 10 个位移测点，主要监测坝体下游面的径向位移及切向位移。

坝体应变量测，主要是在 1210 m 平面拱圈上下游面布置 14 个应变测点，每个测点在水平向、竖向及 45°向贴上三张电阻应变片。

6.4.4 两种方案试验成果对比分析

本次对小湾工程 1210 m 高程平面采用超载法进行破坏试验，两种方案的具体试验过程都是首先对模型进行预压，然后加载至一倍正常荷载 P_0（P_0 为正常工况荷载），在此基础上以 0.2 P_0 作为步长进行超载试验，通过试验获得的主要成果如下：

①坝体下游面各测点的位移分布及发展过程图，即 $U-K_p$ 关系曲线，典型曲线未加固方案如图 6－17 所示，加固方案如图 6－18 所示。

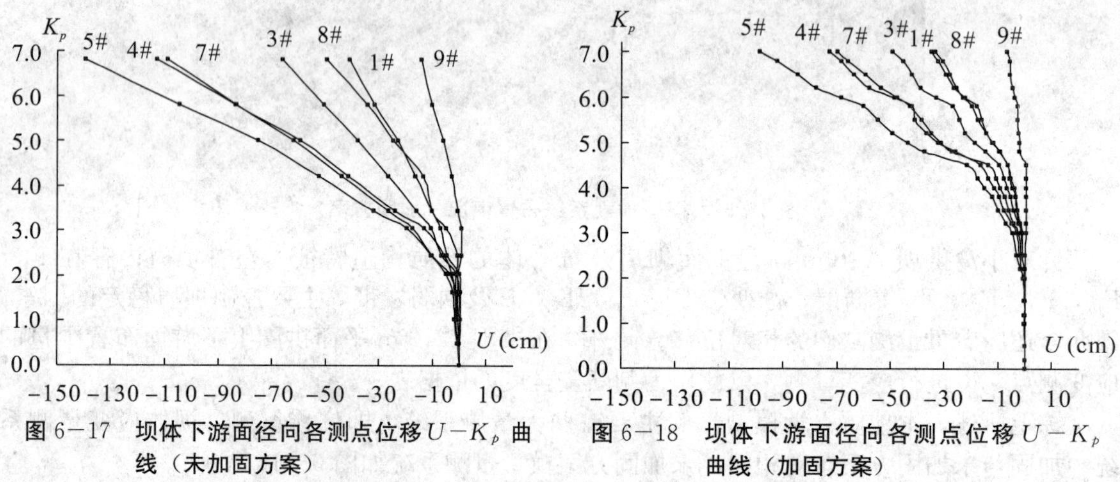

图 6－17 坝体下游面径向各测点位移 $U-K_p$ 曲线（未加固方案）

图 6－18 坝体下游面径向各测点位移 $U-K_p$ 曲线（加固方案）

注：径向变位以向上游为正；曲线上的编号为测点编号；K_p 为超载系数。

②坝体上下游面各应变测点的应变变化发展过程图，即 $\mu\varepsilon-K_p$ 关系曲线，典型曲线未加固方案如图 6－19 所示，加固方案如图 6－20 所示。

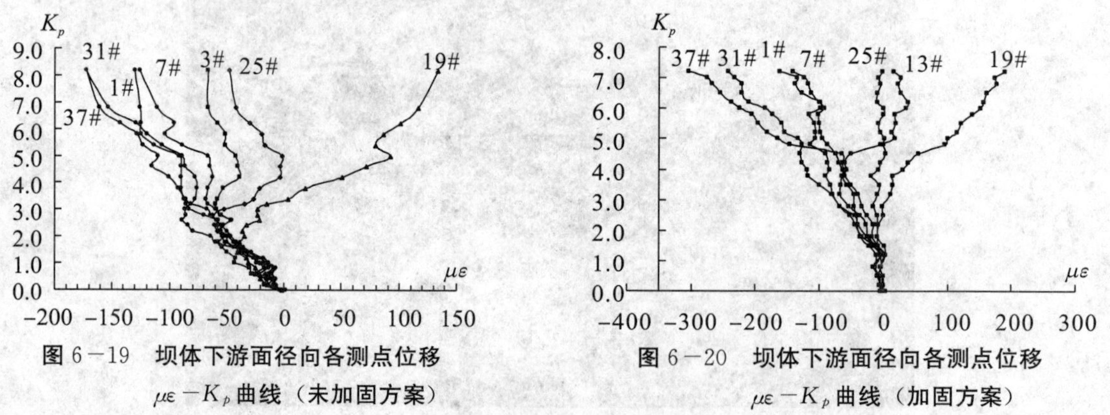

图 6－19 坝体下游面径向各测点位移 $\mu\varepsilon-K_p$ 曲线（未加固方案）

图 6－20 坝体下游面径向各测点位移 $\mu\varepsilon-K_p$ 曲线（加固方案）

注：拉应变为正，压应变为负；图中编号为坝体应变测点号；K_p 为超载系数。

③两坝肩及抗力体表面位移测点的位移分布及发展过程图，即 $U-K_p$ 关系曲线，典型曲线未加固方案如图 6－21 所示，加固方案如图 6－22 所示。

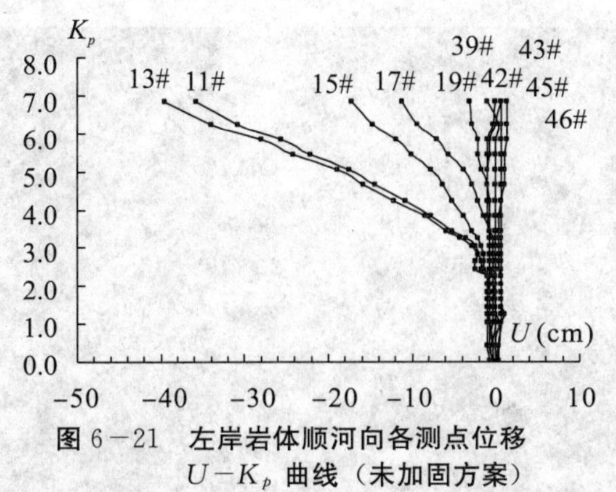

图 6－21　左岸岩体顺河向各测点位移 $U-K_p$ 曲线（未加固方案）

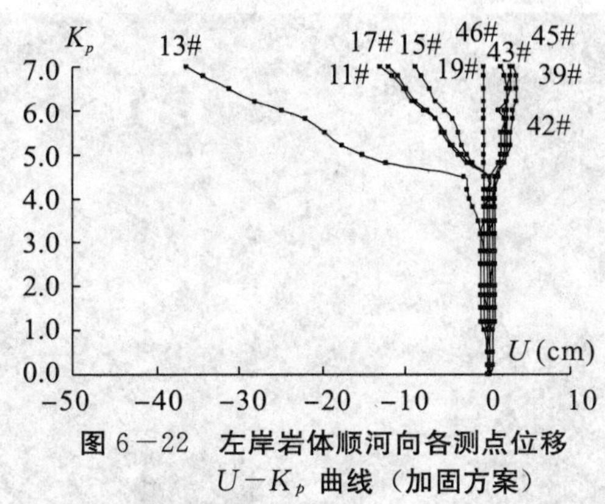

图 6－22　左岸岩体顺河向各测点位移 $U-K_p$ 曲线（加固方案）

注：顺河向变位以向上游为正；图中编号为变位测点号；K_p 为超载系数。

④两岸断层、蚀变带表面位移测点的位移分布及发展过程图，即 $U-K_p$ 关系曲线，典型曲线未加固方案如图 6－23 所示，加固方案如图 6－24 所示。

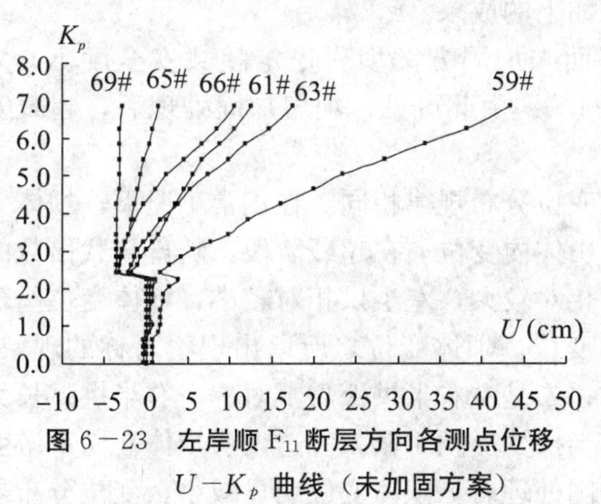

图 6－23　左岸顺 F_{11} 断层方向各测点位移 $U-K_p$ 曲线（未加固方案）

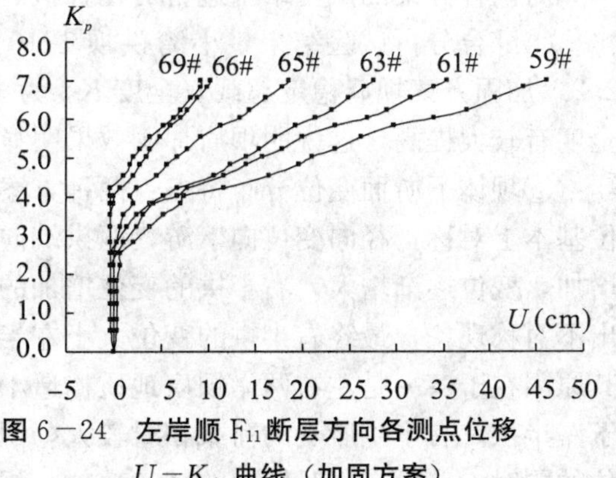

图 6－24　左岸顺 F_{11} 断层方向各测点位移 $U-K_p$ 曲线（加固方案）

注：顺河向变位以向上游为正；图中编号为变位测点号；K_p 为超载系数。

⑤坝肩及抗力体的破坏过程、破坏形态等。模型坝肩破坏形态如图 6－25～图 6－26 所示。

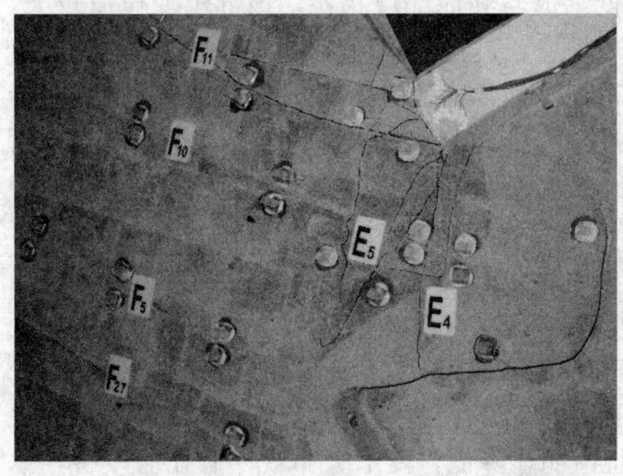

图 6－25　模型右坝肩破坏形态（未加固方案）

图 6－26　模型左坝肩破坏形态（未加固方案）

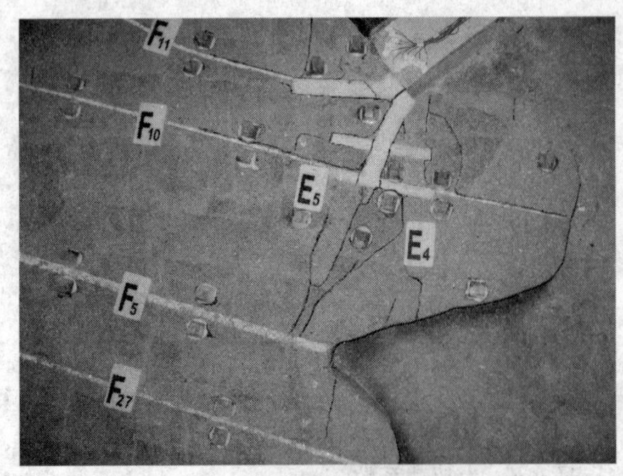

图 6－27　模型右坝肩破坏形态（加固方案）

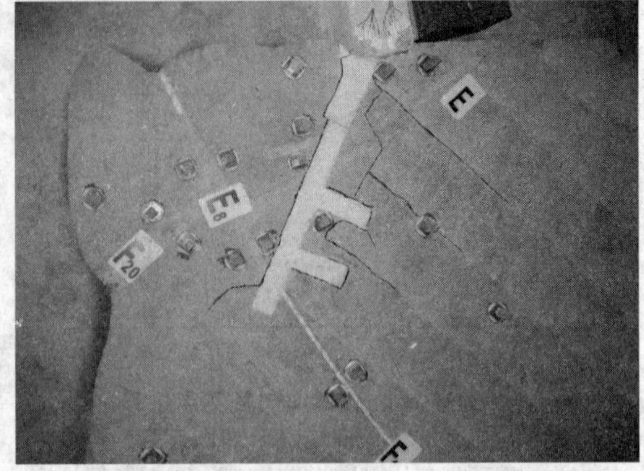

图 6－28　模型左坝肩破坏形态（加固方案）

注：图 6－25～图 6－28 中，黑线为裂缝，小方点为位移测点。

对两种方案的试验结果进行对比分析，得到如下的成果：

①综合分析试验结果，小湾拱坝 1210 m 平面未加固方案坝肩稳定超载安全度 K_p 为 2.2，加固方案坝肩稳定超载安全度 K_p 为 3.0～4.0。由此可见，坝肩加固处理后，超载安全度有较大提高，这说明坝肩加固效果明显。

②坝体下游面变位分布特点：两种方案坝体变位分布规律相同。在正常工况下，坝体变位基本上对称，径向变位向下游，两拱端向两岸山体内变位。在超载阶段，随着超载倍数的增加，变位逐渐增大，右半拱的变位增加的幅度相对较大，左半拱相对较小，坝体变位呈现出不对称现象，最终右半拱的变位大于左半拱的变位。坝体变位之所以出现不对称的现象，其原因在于：一是左右两岸坝肩地质构造不对称；二是左右半拱弧长不对称，右半拱弧长大于左半拱，右半拱所受的荷载相对较大，因而右半拱变形相对较大。这说明坝体在向下游变位的同时，伴随有逆时针向的转动变位。坝肩加固处理后，坝体变位明显减小，变位分布规律有所改善，这表明坝肩加固处理效果明显。

③左坝肩的变位特点及薄弱部位：拱座附近变位最大，其次是靠近拱座下游，处于卸载线外侧与断层 F_{11} 交汇部位的 $Ⅲ_{b2}$ 和Ⅳ类岩体、F_{11}、E_8 及 E，对坝肩稳定影响较大，该部位的变位由于进行了加固处理，其值有一定的降低，但与其他部位相比，该部位变位值较大，仍是控制左坝肩稳定的主要因素。不同于未处理坝肩，进行加固后，左坝肩变位曲线没有出现方向突变的现象，说明左坝肩的位移场分布得到改善，这是由于加固措施改善了坝肩的传力方式。与未处理坝肩方案不同，加固方案将拱座力较集中传向山里的Ⅰ、Ⅱ类岩体，从而提高了左坝肩的承载能力，达到了加固的目的，也说明通过传力洞塞改善坝肩稳定是可行的。

④右坝肩的变位特点及薄弱部位：总体上右坝肩变位大于左坝肩，仍以拱座附近变位最大，主要是 F_{11} 至拱端的三角地带变位大，其次是 F_{11} 及 E_4，E5 附近。顺河向变位总体上大于横河向变位，这主要是由于拱座处有 $Ⅲ_{b2}$ 软岩条带和 F_{11} 等几条断层和蚀变带，当荷载较大时，这些地质构造带压缩变形大，所以顺河向变位较大。此外，断层 F_{11} 变位最大，其次是 F_{10}，最后是 F_5，进行加固处理后，坝肩变位值明显降低，变形分布规律有显著改善，承载能力有所提高，这说明加固方案是可行的。

⑤未加固方案坝肩及抗力体最终破坏形态及特征：左坝肩的主要破坏区域是坝肩拱座附近破坏严重，其最终破坏特征是下游拱端出现压剪破坏，上游出现拉剪破坏，拱座附近裂缝沿东西节理方向向山内侧延伸；另一破坏区域主要集中在靠近拱座下游，位于卸载线外侧与断层 F_{11} 交汇部位的Ⅳ类岩体，其主要破坏特征是破坏裂缝沿东西和南北向节理相互交汇贯通，并且沿蚀变带方向形成一滑裂区。

右坝肩破坏范围及破坏程度较左坝肩严重，右坝肩的主要破坏区域：一是坝肩拱端至 F_{11} 的三角形地带破坏严重，下游拱端出现压剪破坏，上游拱端出现拉剪破坏；二是断层 F_{11} 开裂破坏严重，其裂缝沿断层向山内侧延伸。另一破坏区域主要集中在靠近拱座下游侧蚀变带 E_4，E_5 部位，其主要破坏特征是裂缝沿蚀变带向下游侧贯通，并且沿蚀变带方向形成滑裂区。

⑥加固方案坝肩及抗力体最终破坏形态及特征：两坝肩加固后，破坏形态和部位有了明显的改善。对左坝肩及抗力体，由于混凝土加固洞塞的作用，拱推力往山体深部传递，使位于拱端下游临河侧与加固混凝土洞塞外侧的Ⅳ类岩体及④号山梁卸载岩体未出现破坏区域，改善了未加固方案破坏严重的状况，拱端下游明挖区采用混凝土置换后，也使原来开裂破坏现象有所改善，左坝肩的破坏区域主要出现在拱端附近岩体沿东西向节理开裂，沿加固混凝土洞塞与岩体接触面开裂。对于右坝肩及抗力体，拱端下游明挖区采用混凝土置换和采用加固混凝土洞塞后，使坝肩拱端至 F_{11} 的三角形地带和 F_{11} 断层的破坏形态有了明显的改善，破坏区域明显减小，蚀变带 E_4，E_5 的变形破坏相对未加固方案也有较大的改善。右坝肩的破坏区域主要出现在拱端下游附近加固混凝土塞与基岩的接触面、F_{11} 断层和 F_{10} 断层部分破坏、拱端附近南北向及东西向节理开裂、E_4 外侧（临河侧）的部分岩体出现破坏。

⑦坝体应变分布特点：两个方案坝体应变分布规律相同，坝体上下游面总体受压，上游面拱冠处压应变最大，下游拱冠处出现受拉区。随着超载倍数的增加，受拉区逐步扩展，对未加固方案，最终在拱圈下游面拱冠偏左部位出现裂缝，对加固处理方案，拱坝未出现开裂。

⑧对加固方案的建议：从本次试验的破坏形态来看，左坝肩处理重点部位是坝肩拱座附近核心抗力区及东西向结构面和靠近拱座下游，位于卸载线外侧与断层 F_{11} 交汇部位的Ⅳ类岩体，原加固方案采用明挖回填混凝土和洞塞混凝土置换的处理方案是可行的。根据本次试验的成果，建议左岸的明挖区向山内侧适当扩大开挖范围，对位于核心抗力区附近的Ⅳ类岩体进行灌浆处理，能进行锚固更好。

右岸处理的一个重点部位是坝肩靠近拱座的 F_{11} 断层和 F_{11} 至拱端的三角形地带，另一重点处理部位是靠近拱座下游侧的蚀变带 E_4，E_5，原加固方案采用明挖回填混凝土和混凝土洞塞置换的处理方法是合理的。建议右岸断层 F_{11} 混凝土塞部分适当加长，蚀变带洞塞置换范围适当加大，将位于断层 F_{10} 上游侧的蚀变带 E_4 适当置换。

第7章　重力坝三维地质力学模型试验研究

7.1　试验研究的目的和意义

坝基稳定是影响重力坝安全的最关键因素之一，据统计，在有记载的所有重力坝失事案例中，40%是由于坝基失稳所致。而导致坝基失稳的最主要的原因之一是坝基中存在断层、节理、裂隙、软弱夹层等地质缺陷。我国许多已建、在建及设计中的大中型工程中，常因新发现的地质缺陷而改变设计、增加工程量或在后期加固，为此使工程暂停、改变坝址或限制库水位的情况时有发生。在国外工程中也存在这个问题，而且还发生过一些溃坝事故，例如，美国奥斯汀坝是沿地基内被水软化的页岩夹层滑动破坏的，美国圣弗朗西斯重力坝因坝基失稳而导致溃坝事故，美国韦勒坝上的重力式船闸闸墙是沿地基内页岩下一层 6 mm～9 mm的极薄的粘土层滑动的。可见，重力坝的坝基稳定问题具有普遍性。重力坝是我国水电建设中的重要坝型，现在越来越多的重力坝将建在地质构造复杂的地基上，如何科学、合理地对坝与地基的稳定性作出评价并提出有效的处理措施，对工程具有十分重要的技术经济意义。

就目前国内外的研究现状来看，重力坝坝基稳定性问题的研究采用的方法主要有刚体极限平衡法、有限元计算及地质力学模型试验方法。三种方法在稳定分析上各有优点和不足，有各自的适用条件和范围。地质力学模型试验方法从弹塑性力学的观点出发，采用试验的手段，研究地质条件对工程的影响。它主要研究岩体的断层、破碎带、软弱夹层等不连续结构对结构物的应力分布和变形状态的影响及岩体稳定和工程安全问题。据统计，建在复杂地基上高于 100 m 以上的重力坝或拱坝，大多进行过坝与地基整体稳定的地质力学模型试验。近年来，由于模型材料、模拟技术和试验方法等方面的突破性进展，特别是变温相似材料的研制成功，在模型中实现了降强方法，使地质力学模型试验更广泛应用于高坝的整体稳定分析。

本章以武都高碾压混凝土重力坝的 16#～19# 四个典型坝段坝基岩体失稳破坏形式为研究内容，用三维地质力学模型超载法和综合法分别对天然地基方案和加固地基方案进行坝基稳定破坏试验，获得了两种方案下坝基失稳的破坏过程、变形分布特点以及破坏形态，得出了两种方案各自的稳定安全度。研究结果对比分析表明：武都重力坝的四个典型坝段在天然地基下存在深层抗滑稳定问题，加固处理后，混凝土加固塞阻隔了断层裂纹的扩展和滑移通道的形成，说明以置换混凝土塞为主的加固方案对坝基能起到很好的加固作用。

7.2 工程概况与坝基地质构造

武都水库是武都引水工程的水源工程，位于四川省江油市境内的涪江干流上，是四川省"西水东送"总体规划中确定的以防洪和灌溉为主、结合发电、兼顾城乡工业生活及环境用水等综合利用的大（1）型水利工程，是国家重点投资建设的大型骨干工程。该工程为碾压混凝土重力坝，最大坝高 120 m，水库总库容 5.7×10^{8} m^{3}，电站装机容量 3×50 MW。

武都水库工程区位于龙门山褶断带前山构造带的北段，库尾附近、库首段分别有龙门山主中央断裂和前山断裂通过，区内主要构造线呈 NE～SW 向展布，岩层总体产状 N41°～68° E/NW∠66°～78°。坝区内断裂构造发育，褶皱发育次之，形成了以北东向为主的断裂，如 F_5，F_{11}，F_7。次一级断层为北东向 F_{31}，F_{58} 断层。坝址区为泥盆系中统白石铺群观雾山组可溶岩地层，按岩性分为九个工区层位，即 D_2^1 为结核灰岩，D_2^2 为微层泥灰岩，D_2^3 为介壳灰岩，D_2^4，D_2^6，D_2^8 为灰岩，D_2^5，D_2^7，D_2^9 为白云岩。工区层位中夹有透镜体状岩层，其岩性分别是：D_2^{4-1} 为泥质介壳灰岩，D_2^{5-2} 为灰岩，D_2^{5-5} 为白云质灰岩，D_2^{5-6} 为微层泥灰岩，D_2^{7-2} 为结核灰岩，D_2^{4-1} 为白云岩，D_2^{7-1} 和 D_2^{5-3} 为结核白云岩类，D_2^{5-1} 为沥青质白云岩。

武都坝区 16#～19# 坝段，是武都水库工程最大坝高坝段，也是武都大坝地质缺陷集中反映的典型坝段，坝基内存在四条缓倾断层 $10f_2$（倾角 27.5°），f_{101}（倾角 16°），f_{114}（倾角 22°），f_{115}（倾角 17°），陡倾断层 F_{31}（倾角 66.9°），五条层间错动带 JC6－B，JC7－B，JC60－B，JC2－C，JC21－C 等地质构造。

武都工程典型坝段天然地基和加固地基两种方案的地质构造如图 7－1 和图 7－2 所示。

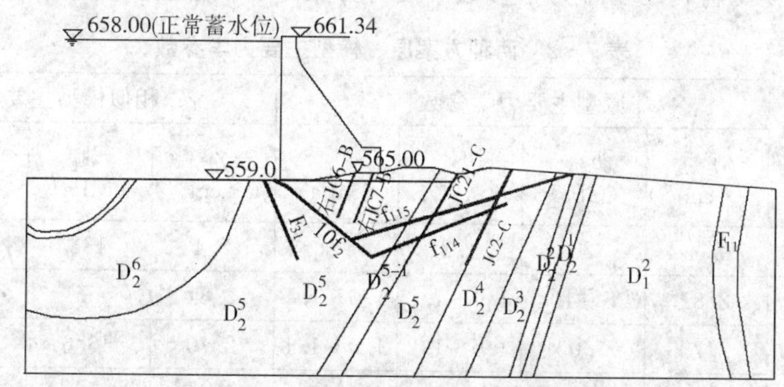

图 7－1 武都 RCC 重力坝典型坝段天然地基地质构造图

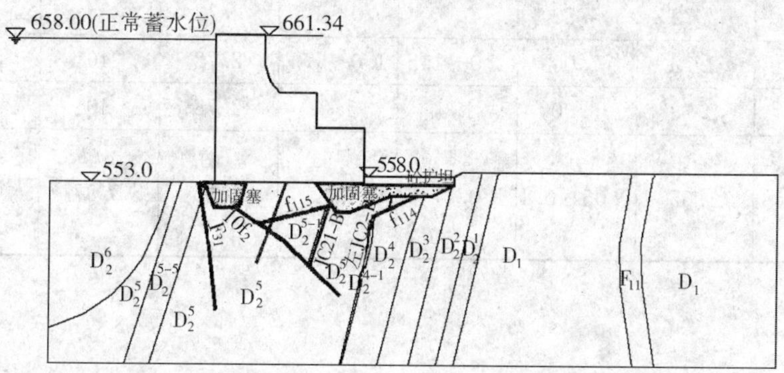

图 7－2 武都 RCC 重力坝典型坝段加固地基地质构造图

7.3　三维地质力学模型试验研究

7.3.1　模型相似系数及原模型力学参数

由于地质力学模型试验属破坏试验，因此它必须满足破坏试验相似律的要求，由地质力学模型相似理论，模型相似满足下列关系：$C_\gamma=1$，$C_\varepsilon=1$，$C_f=1$，$C_\mu=1$，$C_\sigma=C_\varepsilon C_E$，$C_\sigma=C_E=C_L$，$C_F=C_\sigma C_L^2=C_\gamma C_L^3$。由此得出武都重力坝两种方案采用的相似常数，见表7-1。

表 7-1　两种方案采用的相似常数

相似常数	天然地基	加固地基
几何相似常数 C_L	150	150
容重相似常数 C_γ	1	1
变模相似常数 C_E	150	150
摩擦系数相似常数 C_f	1	1
荷载相似常数 C_F	150^3	150^3
凝聚力相似常数 C_c	150	150

根据设计单位最终提供的坝体材料、各类岩体和主要结构面的物理力学参数，按相似关系换算得到各类模型材料的物理力学参数。两种方案原、模型主要力学参数见表 7-2。

表 7-2　两种方案原、模型主要力学参数

工程	岩层类别	原型主要力学参数				相似模型主要力学参数			
		γ_p (g·cm^{-3})	E_{0p} (GPa)	f'_p	C'_p (MPa)	γ_m (g·cm^{-3})	E_{0m} (MPa)	f'_m	C'_m (MPa)
天然地基	坝体材料	2.4	20	1.2	1.1	2.4	133	1.2	7.33
	D_2^5，D_2^7	2.81	6.5～10.0	1.0～1.2	1.0～1.1	2.81	55	1.1	7.00
	D_2^4，D_2^6	2.70	7.00	1.0～1.2	1.0～1.1	2.70	46.6	1.1	7.00
	D_2^2，D_2^{5-6}	2.65	2.65	0.65	0.45	2.65	18	0.65	3.00
	D_2^1，D_2^3	2.72	5.50	0.9	0.9～1.0	2.72	35	0.9	6.33
	D_1^2	2.72	7.00	1.0～1.2	1.0～1.1	2.72	46	1.1	7.00
	D_2^{5-1}	2.78	6.00	1.0	1.0	2.78	40	1.0	6.67
	f_{115}，f_{114}，$10f_2$，F_{31}	1.65	0.05～0.1	0.37	0.02	1.65	0.37	0.13	0.5

续表7－2

工程	岩层类别	原型主要力学参数				相似模型主要力学参数			
		γ_p (g·cm^{-3})	E_{0p} (GPa)	f'_p	C'_p (MPa)	γ_m (g·cm^{-3})	E_{0m} (MPa)	f'_m	C'_m (MPa)
加固地基	坝体材料	2.4	20	1.2	1.1	2.05、2.16	133	1.2	7.33
	置换混凝土	2.42	20	1.1	1.5	2.42	133	1.1	10
	D_2^5，D_2^7	2.81	6.5～10.0	1.0～1.2	1.0～1.1	2.81	55	1.1	7.00
	D_2^4，D_2^6	2.70	7.00	1.0～1.2	1.0～1.1	2.70	46.6	1.1	7.00
	D_2^2，D_2^{5-6}	2.65	2.65	0.65	0.45	2.65	18	0.65	3.00
	D_2^1，D_2^3	2.72	5.50	0.9	0.9～1.0	2.72	35	0.9	6.33
	D_1^2	2.72	7.00	1.0～1.2	1.0～1.1	2.72	46	1.1	7.00
	D_2^{5-1}	2.78	6.00	1.0	1.0	2.78	40	1.0	6.67
	f_{115}，f_{114}，$10f_2$，F_{31}	1.65	0.05～0.1	0.37	0.02	1.65	0.37	0.13	0.5

7.3.2　天然地基方案模型试验

天然地基条件下三维地质力学模型超载法破坏试验研究坝体、基岩以及主要断层的变形分布特征，探讨坝与地基整体失稳的破坏过程、破坏形态和破坏机理，揭示影响坝基稳定的控制性因素，评价坝基稳定超载安全度，评价工程的安全性，提出坝基加固处理的措施和建议，为加固方案的确定和处理措施的设计提供重要依据。

试验流程是：根据试验的精度、试验的条件等确定几何比尺和模拟范围，对模拟范围内的地质构造进行概化，重点模拟四条缓倾断层 $10f_2$，f_{101}，f_{114}，f_{115}，陡倾断层 F_{31} 等地质构造，如图7－1、图7－2所示。按表7－2分别研制坝体、岩体、软弱结构面等模型材料，均以重晶石粉为加重料，加石膏粉、机油、水等材料，按模型材料的力学指标选定配合比，满足力学相似原理。模型采用小块体砌筑，断层采用铺填法进行制模。模型上布设内部位移计、外部位移计以及坝体应变片三大量测系统，以便在试验中获得位移和应变等数据。水沙荷载用油压千斤顶施加在坝上。首先对模型进行预压，然后逐步加载至一倍正常荷载，在此基础上对水荷载进行超载，每级荷载以 $0.2P_0$～$0.3P_0$（P_0 为正常工况下的荷载）的步长进行增大，直至坝基破坏，坝与地基出现整体失稳为止。

7.3.3　加固地基方案模型试验

根据天然地基方案的成果及设计提供的加固处理方案，采用超载与降强相结合的综合法进行三维地质力学模型破坏试验，研究加固处理后坝与地基稳定安全问题，并与天然状态下的情况进行对比分析，评价加固处理效果，论证加固处理方案的可行性。

试验流程同天然地基方案，只是在加固地基模型中重点模拟四条缓倾断层 $10f_2$，f_{101}，f_{114}，f_{115}，陡倾断层 F_{31} 等软弱结构面，试验中采用变温相似材料实现这些软弱结构面的降强。加固模型中武都重力坝的变温相似材料抗剪断强度与温度关系曲线如图7－3、图7－4所示。

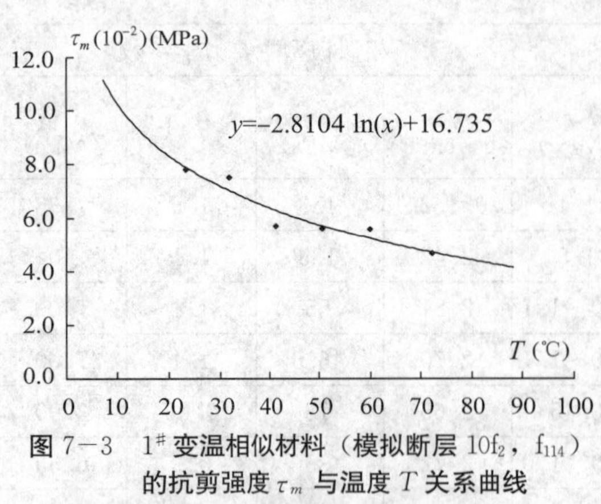

图 7－3　1# 变温相似材料（模拟断层 $10f_2$，f_{114}）的抗剪强度 τ_m 与温度 T 关系曲线

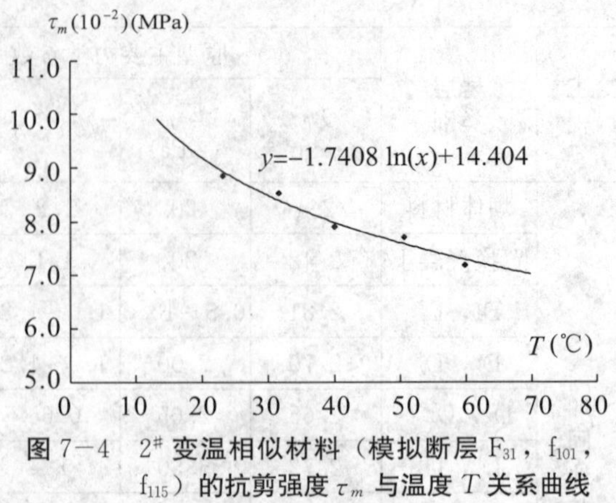

图 7－4　2# 变温相似材料（模拟断层 F_{31}，f_{101}，f_{115}）的抗剪强度 τ_m 与温度 T 关系曲线

综合法试验时，首先进行模型预压，然后加载正常荷载，在此基础上进行强度储备试验，即升温降低坝基中断层 F_{31}，$10f_2$，f_{101}，f_{114}，f_{115} 的抗剪断强度 15%～20%，升温降强过程共分为五级。在保持降强的状态下，再进行超载试验，超载荷载为 $1.2P_0$，$1.4P_0$，$1.6P_0$……直至超载到 $4.6P_0$ 时，坝与地基出现整体破坏失稳趋势，试验终止。模型全貌如图 7－5 所示。

图 7－5　模型全貌

7.4　试验成果分析

7.4.1　试验成果

由模型中布设的外部位移、内部相对位移、坝体应变三大量测系统，通过试验，可获得坝与地基的外侧位移 δ_p，各个断层、蚀变带等软弱结构面的相对位移 $\Delta\delta_p$，坝体建基面以上部位应变的变化过程等。由此可绘制出一系列表面位移、内部相对位移、应变与超载倍数关系曲线，两种方案典型曲线如图 7－6～图 7－9 所示。图中位移值均由模型量测值换算为

原型位移值，单位为 mm，其中顺河向位移向下游为正，相对位移方向以断层上盘岩体向下滑为正。

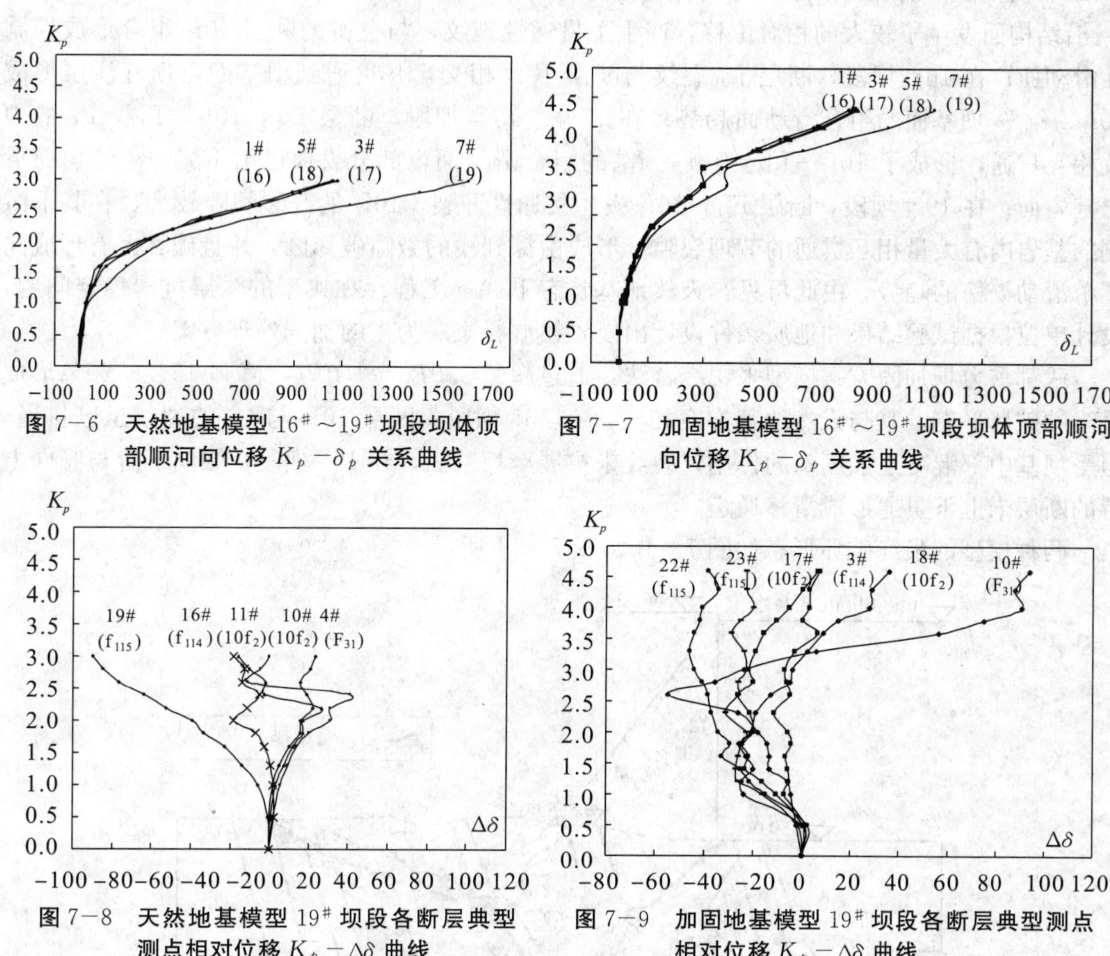

图 7-6　天然地基模型 $16^{\#}\sim19^{\#}$ 坝段坝体顶部顺河向位移 $K_p-\delta_p$ 关系曲线

图 7-7　加固地基模型 $16^{\#}\sim19^{\#}$ 坝段坝体顶部顺河向位移 $K_p-\delta_p$ 关系曲线

图 7-8　天然地基模型 $19^{\#}$ 坝段各断层典型测点相对位移 $K_p-\Delta\delta$ 曲线

图 7-9　加固地基模型 $19^{\#}$ 坝段各断层典型测点相对位移 $K_p-\Delta\delta$ 曲线

试验结果表明：在正常工况下，两种方案坝体位移的分布均符合常规，坝体总体发生向下游的顺河向位移，最大顺河向位移发生在坝顶处。加固方案与未加固方案的坝基最大顺河向位移相比，坝体变形得到明显降低，坝与地基的整体刚度得到提高。两种方案下游坝基面位移值均较小，位移值随着超载倍数的增加而逐渐增大；坝趾处的位移较大，测点位移值向下游逐步递减；基岩总体发生了向下游的顺河向位移和竖直向的沉降位移，顺河向位移相对于竖直向位移较大。从位移曲线图中还可以看出，由于加固方案下游布置有置换混凝土，下游坝基得到加固；断层的相对位移较小，随着超载倍数的增加，相对位移值逐步增大。倾向下游的断层 F_{31}，$10f_2$ 在未加固处理部位产生的位移较大，在加固处理部位产生的位移较小。加固方案在超载至 $2.3P_0\sim2.6P_0$ 时，F_{31}，$10f_2$ 的位移曲线出现明显的拐点和转折；超载至 $3.0P_0\sim3.3P_0$ 时，位移曲线增幅显著增大；超载至 $4.0P_0\sim4.3P_0$ 时，坝与地基发生大变形，呈现出破坏失稳趋势。

7.4.2　模型破坏形态与破坏机理

武都重力坝天然地基方案模型超载 $2.4P_0\sim3.0P_0$ 时形成最终的破坏形态，试验结果显示：坝踵处的断层 F_{31}，$10f_2$ 产生了贯通性的裂纹，其中 $10f_2$ 的破坏较严重，产生了2 mm～3 mm（模型值）的裂缝间隙，对坝与地基的稳定和变形都有较大的影响；断层 f_{101}，f_{114} 和 f_{115} 沿结构面发生了较大的相对位移，产生了贯通性裂纹，与上游的断层 $10f_2$ 组合形成控制性滑动面；在 16＃坝段，断层 f_{101} 裂纹与断层 $10f_2$ 相交，并贯通到坝基面，坝基浅层形成 $10f_2$—f_{101}—坝基面的组合滑动面趋势；在 17＃、18＃坝段，断层 F_{31}，$10f_2$，f_{114}，f_{115} 的裂纹相互贯通，形成了 $10f_2$—f_{114}，$10f_2$—f_{115} 的组合滑动面，部分岩体已沿 f_{114}，f_{115} 结构面滑出基岩面；在 19＃坝段，断层 F_{31}，$10f_2$ 发生贯通性开裂，$10f_2$ 的开裂间隙较大，在其下游侧的基岩内有大量相互贯通的节理裂隙，形成由深到浅的裂隙破坏区，并且破坏区有形成向下游滑动失稳的趋势。由此可见，天然地基状态下武都工程存在典型的深层抗滑稳定问题，设计单位根据试验结果和地质条件设计出以置换混凝土塞为主的加固处理方案。

武都重力坝加固方案模型采用综合法，通过超载 $3.0P_0$～$4.0P_0$，降强 15%～20%形成最终的破坏形态，其与天然地基方案相比，在 16# 坝段，断层 $10f_2$ 与 f_{101} 的裂纹虽已贯通，但受坝基中部混凝土加固塞的作用，裂纹未扩展至坝基面，在 19# 坝段，倾向下游与倾向上游的断层未上下贯通形成滑移通道。

两种模型的最终破坏形态如图 7－10、图 7－11 所示。

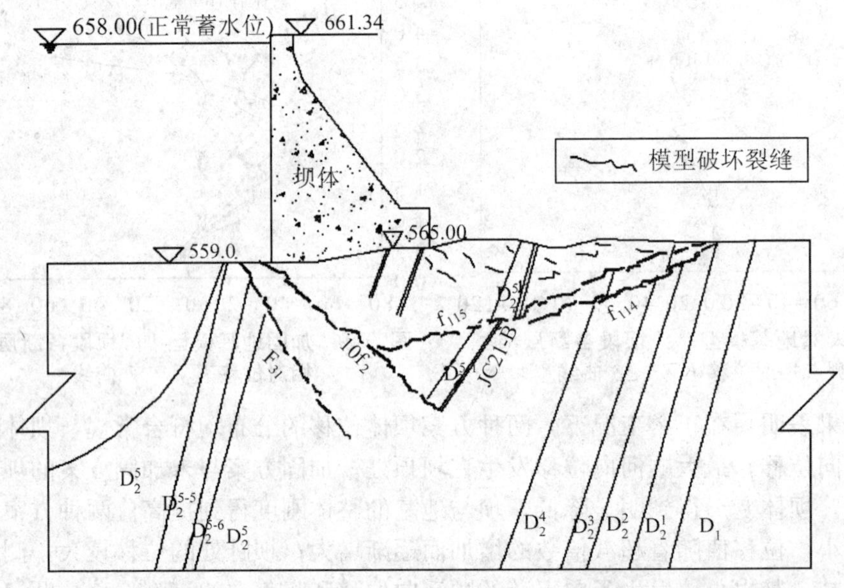

图 7－10　天然地基模型 19# 坝段外侧的破坏形态

坝基岩体的深层滑动除要形成连续的滑动面外，还要有其他软弱面在周围切割，才能形成最危险的滑动岩体，同时在下游具有可能滑出的空间，才能形成滑动破坏。滑动面通常由缓倾角（指倾角小于 30°）软弱结构面构成。武都重力坝河床的 16# ～19# 四个坝段坝基中存在四条缓倾断层 $10f_2$（倾角 27.5°），f_{101}（倾角 16°），f_{114}（倾角 22°），f_{115}（倾角 17°），陡倾断层 F_{31}（倾角 66.9°），五条层间错动带 JC6－B，JC7－B，JC60－B，JC2－C，JC21－C 等地质构造，从地质构造分析及破坏形态可知，天然地基下武都工程存在典型的深层抗滑稳定问题，加固方案由于受坝基中混凝土加固塞的作用，各组合滑移面未上下贯通形成滑移通道，但在未加固部位断层开裂较早，破坏程度较重。

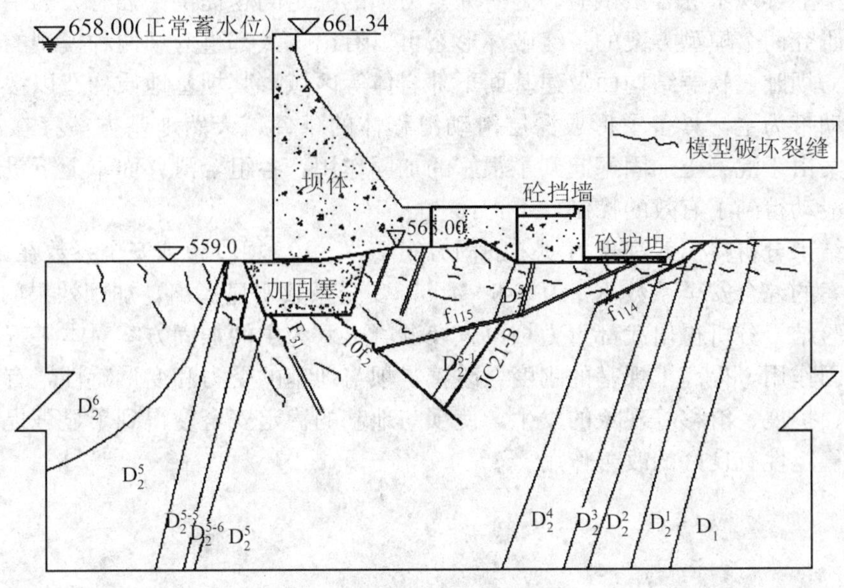

图 7-11 加固地基模型 19# 坝段外侧的破坏形态

7.4.3 稳定安全度评价

武都 RCC 重力坝典型坝段天然地基方案根据坝基中断层内部测点的相对位移 $\Delta\delta-K_p$ 关系曲线、下游基岩外部测点的表面位移 $\delta-K_p$ 关系曲线、坝体典型高程外部测点的表面位移 $\delta-K_p$ 关系曲线、坝体建基面应变测点的应变 $\mu_\varepsilon-K_p$ 关系曲线、试验现场的观测记录，并结合由试验结果分析得到的模型破坏过程和破坏机理，综合评定各坝段的超载安全度 K_p：16＃坝段超载安全度 $K_p=2.4$；17＃坝段超载安全度 $K_p=2.0$；18＃坝段超载安全度 $K_p=2.2$；19＃坝段超载安全度 $K_p=3.0$。

武都 RCC 重力坝典型坝段加固地基方案采用以超载为主、降强为辅的综合法进行破坏试验，在加载至正常工况后，对主要断层的抗剪断强度降低 15％～20％（即降强系数 $K_1=1.2$），再超载至 $3.0P_0\sim4.0P_0$（即超载系数 $K_2=3.0\sim4.0$）时，位移幅度明显增大，坝与地基相继发生大变形，出现破坏失稳趋势。由试验成果综合分析得出，武都重力坝16＃～19＃坝段加固处理方案的综合稳定安全度 $K_C=K_1K_2=3.6\sim4.8$，安全系数明显提高，加固措施起到了有效的作用。

7.5 结论与建议

①工程实践表明，重力坝在水、沙等荷载作用下，坝与地基的失稳破坏形态有三种，即沿坝基滑动、浅层滑动和沿深层软弱地质结构面的滑动，其中浅层滑动和深层滑动是目前重力坝稳定分析中最为关注的，特别是深层抗滑稳定问题，由于其隐蔽性和复杂性的特点，往往成为安全隐患。

②在刚体极限平衡法、有限元计算、地质力学模型试验三种分析重力坝坝与地基稳定的方法中，地质力学模型试验方法对于复杂的地基有很大的优势，特别是变温相似材料的研制

成功，在模型上实现了综合法试验，为研究重力坝的稳定问题提供了强有力的手段。

③对比研究两个模型方案的最终破坏形态可以看出，武都重力坝两种模型的破坏都主要发生在坝踵、坝趾、软弱结构面及建基面下部岩体等区域，其坝基地质构造以缓倾角地质构造和层间错动带为主，具备了形成深层滑动滑移体的条件，天然地基方案存在深层滑移趋势，加固方案由于混凝土加固塞起到了很好的加固作用，各组合滑移面未上下贯通形成滑移通道，深层滑动得到了有效的控制。

④试验结果分析得出武都重力坝未加固方案 16# ～19# 坝段超载安全系数在 2.0～3.0 之间，加固方案的综合安全系数 K_C 为 3.6～4.8。安全系数明显提高，加固效果明显。

⑤由试验结果分析得出武都重力坝以置换混凝土塞为主的加固方案对本工程的坝基起到了良好的加固作用，提高了坝基的刚度，改善了坝与地基的受力和变形特性，有效地减少了断层的起裂、扩展、滑移等现象的发生，使坝与地基的稳定安全度得到了显著提高，对坝基的深层抗滑稳定性有良好的改善作用。

第 8 章　国外典型工程地质力学模型试验研究

8.1　瓦依昂拱坝

8.1.1　工程概况

瓦依昂拱坝位于意大利阿尔卑斯山东部瓦依昂河下游河段，横跨于深狭的峡谷之中，坝址附近有兰加伦镇，坝址距汇入皮雅威河的瓦依昂河河口约 2 km。

瓦依昂拱坝于 1960 年建成，当时被列为世界已建成的第四高坝。该工程包括一座稍不对称的双曲薄拱坝、泄水建筑物及左岸地下厂房，其布置如图 8－1 所示。

瓦依昂双曲拱坝，最大坝高为 261.6 m，坝顶长度 190.15 m，坝顶宽 2.92 m，坝底宽 22.11 m。

泄水建筑物包括：坝顶上有 16 个宽 6.6 m 的溢洪孔；坝左岸上部有一个直径为 3.5 m 的溢洪隧洞；坝左岸中部也有一个直径为 3.5 m 的溢洪隧洞；下部有一个直径为 2.5 m 的泄水口。此外，在坝的底部还有一个完全放空库水时用的泄水口。

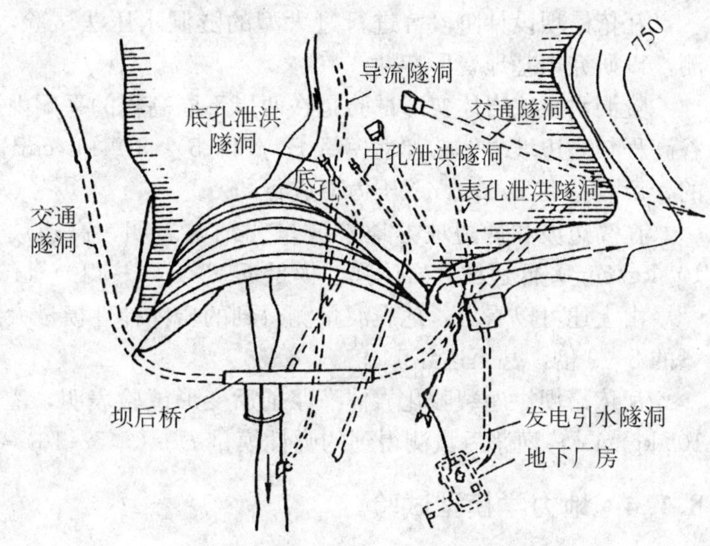

图 8－1　瓦依昂拱坝枢纽布置图

瓦依昂工程的地质勘察工作最早追溯到 1928 年。1956 年 10 月开始开挖坝肩和坝基，于 1958 年 4 月完成。同年 5 月开始浇制混凝土，1960 年 9 月完成。

水库在正常高水位 722.5 m 高程时总库容达 1.69×10^8 m^3。

8.1.2　瓦依昂坝址地质特征

瓦依昂峡谷是在连绵山区切割出来的峡谷。出露的地层有：下侏罗世里阿斯统岩石；中侏罗世道格统岩石，主要是灰岩及部分白云质灰岩，其厚度约 350 m；上侏罗世麻姆统岩石以及上下白垩统岩石，主要是结核灰岩、隧石灰岩和局部泥灰岩。白垩统岩层厚度一般为 5 cm～15 cm，而麻姆统及其上麻姆统的石灰岩平均层厚 20 cm～100 cm。麻姆统和白垩统岩层总厚度约 230 m～350 m。此外，还有第四系更新世冰渍层。

坝址区主要构造为向斜褶皱，褶皱轴方向大致东西，且稍向东缓倾，即河床岩层由下游向上游微倾。向斜褶皱两翼岩层由河谷两岸向河床倾斜。据地质量测，河谷中央部分岩层近于水平，向两侧延伸的岩层走向为南北，倾向东倾角约 18°～20°，再向两侧延伸，岩层突然陡倾，向上延伸，其岩层走向变为东西，左岸倾向北，右岸倾向南，其倾角约 40°～50°。

瓦依昂坝址向斜构造岩层，在复杂的造山运动过程中，裂隙和断裂均较发育。裂隙统计资料表明，坝址主要有三组裂隙：一是层理和层理裂隙，裂隙面一般粗糙，充填有极薄的泥化物，经分析鉴定主要成分是蒙脱石；二是走向南北（垂直河流流向）的垂直裂隙；三是两岸岸坡卸载裂隙，它们重叠分布，形成深度为 100 m～150 m 的卸载软弱带。这三组裂隙将岩体切割成 7 m×12 m×14 m 的斜棱形体。

除上述构造外，坝址区石灰岩内岩溶现象普遍，岸坡表面有很多落水洞。河床部位亦有断层分布。坝址区地震基本烈度为 7～8 度。

8.1.3 瓦依昂坝基岩石力学试验

瓦依昂坝基岩石力学试验主要包括室内试验、现场试验等。

室内试验主要有岩块静弹性模量试验及地力学模型试验。试验资料表明，石灰岩的静弹性模量 $E=(78.7\sim85.0)\times10^4\ kg/cm^2$，河谷底的石灰岩弹性模量更高。

瓦依昂坝设计阶段曾进行过大型的隧洞水压法试验，与此同时还进行了现场地震波量测，以研究坝基地变形特性。

隧洞水压法岩体变形试验是在两岸不同高程的平硐内进行的。试验结果表明，瓦依昂河谷高程较高边坡岩体的弹性模量 $E=(4\sim5)\times10^4\ kg/cm^2$，前者是在 24 kg/cm² 压力下进行的，后者是在 40 kg/cm² 压力下进行的。

在高边坡和低边坡处地震波量测结果表明，高边坡处岩体弹性模量 $E=(33\sim46)\times10^4\ kg/cm^2$，低边坡处岩体弹性模量 $E=(31.4\sim140)\times10^4\ kg/cm^2$。

由上述可以看出，地震波量测得到的岩体弹性模量大致是隧洞水压法量测得到的弹性模量的 8～9 倍，甚至达到 11 倍。

瓦依昂坝拱座裂隙化岩体灌浆前后变形试验表明，灌浆前岩石弹性模量 $E=(3\sim10)\times10^4\ kg/cm^2$，灌浆后量测得到的弹性模量 $E=(7.5\sim16)\times10^4\ kg/cm^2$。

8.1.4 地力学模型试验

地力学模型试验是坝和地基的整体模型试验，模型长度比例尺和应力比例尺（λ 和 ζ）均为 1∶85，相对比例尺 $\rho=1$。原型岩石中均质岩石弹性模量按 $60\times10^4\ kg/cm^2$，岩部总体按 $20\times10^4\ kg/cm^2$ 考虑。模型材料为硫酸钡石膏和不同类型的胶体，加载形式为液体加载。

模型制作方法是先将硫酸钡石膏材料预制成 16 cm×14 cm×9 cm 的斜棱柱体，约 3200 块。然后将预制块一层层浇制起来，以模拟大坝和地基实际轮廓和三组主要裂隙及一些顺河断层大型结构面，其中，裂隙面的粗糙度是用不同类型的胶体灌注在裂缝内加以模拟的，顺河断层等大型结构面是在大结构面所在位置将模型切开表示。最后用液体施加荷载，并量测其应力应变。

依照上述方法制作的模型尺寸高 3 m，长 7 m，宽 5 m。

试验结果表明，与整体、均质、无裂隙整体型相比，建筑在具有裂隙断层坝基上的整体模型具有最低的稳定安全系数 2，其拱冠变形为前者的 5 倍。因此，根据这种模型试验成果，决定在坝肩部位采取固结灌浆和加锚索的加固措施。实践证明，在震惊世界的托克山灾害性滑坡过程中，大坝经受住了超载 2～3 倍的考验，加固坝肩措施是正确、有效的。瓦依昂拱坝修建完成蓄水的照片以及托克山灾害性滑坡发生后的现状如图 8－2、图 8－3 所示。

图 8－2　Vajont 双曲拱坝（1963 年）

图 8－3　Vajont 水库现状

我们还可以看出，地力学模型试验在评价坝的安全和地基稳定性以及采取有效措施方面是多么重要。

8.2 伊泰普空腹重力坝

8.2.1 工程概况

伊泰普水利枢纽位于南美洲巴西和巴拉圭边界的巴拉那河上，是两个国家共同兴建的工程。1975年动工兴建，于1988年完成。装机容量12600 MW（18×700 MW），平均年发电量7500亿度，是当时世界上最大的水电站，同时还具有防洪、航运、渔业、旅游及生态改善等综合效益。

巴拉那河全长4000 km，流域面积2.97×10^{6} m^{2}，伊泰普坝址以上流域面积82 km^{2}，平均流量为8.46×10^{3} m^{3}/s，水库总库容为2.9×10^{10} m^{3}。

由于坝址区范围宽广，地形复杂，工程规模大，综合效益大，所以，枢纽组成的水工建筑物较大，布置也分散。枢纽的主要水工建筑物包括：

①横跨主河床的主坝—混凝土空腹重力坝，最大坝高196 m，坝顶长1260 m。

②右岸混凝土翼墙，平面上为圆弧形，最大高度为64.5 m，长986 m，连结主坝与右岸溢洪道。

③右岸土坝，在溢洪道的右侧，最大坝高10 m，长842 m。

④左岸堆石坝，最大坝高70 m，长2200 m。

⑤左岸土坝，最大坝高30 m，长2000 m。

⑥电站厂房在主坝下游，总长960 m，除布置在整个河床和导流明渠部分外，还向两岸伸展了一部分。

⑦溢洪道设在右岸山脊上，宽355 m，最大溢流量6.22×10^{4} m^{3}/s。

⑧通航建筑物，包括引航道及三级船闸，每级船闸长210 m，宽17 m，深5 m。临时建筑物的工程也很大，导流明渠底宽100 m，最大开挖深度90 m，两侧边坡为20：1。导流量最大达3×10^{4} m^{3}/s。上游围堰高90 m，下游围堰高70 m。

由于坝基为多次喷发的玄武岩，产状近于水平，特别是河床主坝坝基岩体内有多层的软弱结构面，包括剪切带、接触带和裂隙带，其中还有软弱夹层。所以，设计和施工当局都对此坝基的深层处理予以特别的注意。

8.2.2 工程地质条件

水库与坝区位于巴拉那盆地的侏罗纪玄武岩上，岩层近于水平。玄武岩层内，岩性变化有一定的规律，每层中心部分为深灰色细粒，逐渐过渡为粗粒结晶，然后成为气孔状、杏仁状的玄武岩。最上部的边缘为角砾岩过渡带，厚度1 m～30 m，比较松软，易变形。平行于层面的不连续夹层，通常分布在层间的接触面上或过渡带的底部。

坝址的岩层一般倾向NE（上游），倾角为1°～2°。直接与大坝基础有关的有五层，按照自老到新、从下到上的顺序排列，称为A，B，C，D，E层。其中上面的四层一般在山坡上出露，A层只在河床下有出露。每层厚度在30 m～70 m之间。较厚的E，C，B，A层都有熔岩冷却过程中产生的节理，并形成块状、圆柱和棱柱状的结构。由于巴拉那河下切，使河谷边坡岩体失去了侧向限制，从而向河床产生轻度位移，形成了若干接近水平的结构面，如图 8－4、图 8－5 所示。

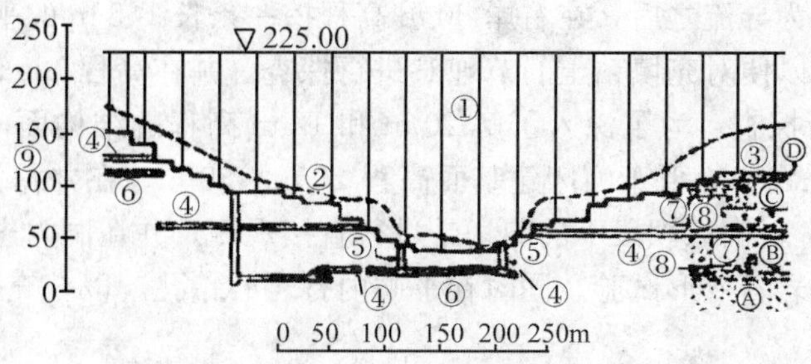

图 8－4 伊泰普大坝主坝纵剖面（从下游看）

①主坝—双支墩混凝土重力坝；②天然地面剖面；③开挖剖面；
④排水隧洞；⑤地勘竖井和平洞；⑥剪力键槽；⑦致密的玄武岩；
⑧角砾岩和多孔状玄武岩；⑨高程（m）；A，B，C，D 为岩石流层编号

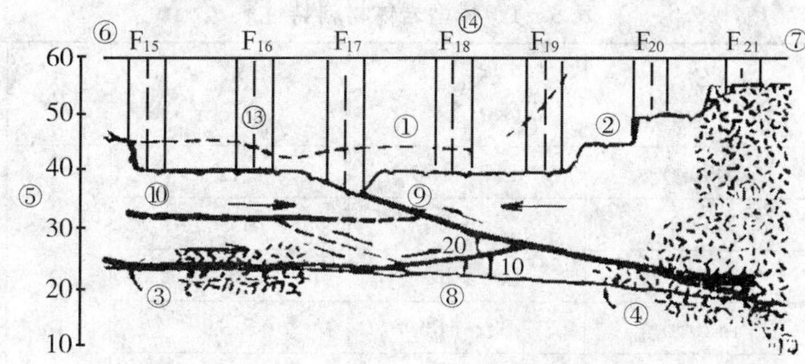

图 8－5 主坝基础河床不连续层组成结构示意

①天然地面剖面；②开挖剖面；③A—B 张开接触层；④A—B 闭合接触层；
⑤高程（m）；⑥右岸；⑦左岸；⑧第一剪切层；⑨第二剪切层；
⑩第三剪切层；⑪致密的玄武岩；⑫角砾岸；⑬混凝土坝块的支墩；
⑭坝块编号

软弱结构面一般出现在角砾岩上部和致密玄武岩下部之间的接触带上，是影响大坝稳定的主要水平滑动面。为了查明软弱结构面的分布范围和力学特性，曾进行了大量的勘测工作和试验工作。勘测工作从 1972 年 1 月开始，1977 年基本完成。

勘测分两个阶段。第一阶段的调查是在导流前进行的，当时查明了以下两个情况：

①不连续夹层的出露处，风化和应力释放发展很快，是最危险的部位。

②主河床中存在断裂和软弱带的位置。

根据上述情况，便把右岸直径 4 m 的竖井，从高程 120 m 向下开挖至高程 7 m，以低于不连续面 A，并在最软弱夹层处打支洞，以便在导流前挖出软弱带和进行试验。竖井内高程 70 m、59 m 和 12 m 处分布开挖了三个平硐，用以查明 B 层角砾岩、B 层底部破碎带、节理面（高程 62 m）、AB 两层接触面（高程 20 m）与节理 A（高程 12 m）的性质。在 62 m、20 m高程平硐中进行了 1 m×1 m 试块的直剪试验（现场直剪试验共达 14 组）。根据这些勘

测和试验，证实上述①的情况确实是主坝基础中的一个关键问题，而②的情况却未构成本区的一个不连续面。

由于河床地质情况复杂，所以未把平硐延伸至河床区。

第二阶段的勘测为导流之后，在右岸 60 m 高程挖一条长 165 m 的平硐，左岸 55 m 高程挖长 210 m 的平硐，以便对充填粘土的节理 B 进行探查。并在高程 125 m 处挖平硐，对上部岩层的结构面 D 进行探查。为了深入了解 20 m 和 12 m 高程的结构面，又在河床上开挖了四个竖井，挖至高程 10 m，低于河床建基面高程 20 m～30 m。在井内沿 AB 层界面挖了总长达 1000 m 的平硐，对河床坝段下的剪切带进行直接观测。并在洞内进行三组 1 m×1 m 的现场直剪试验，六个岩石变形试验。同时在平硐内打岩心钻孔，以补充确定软弱破碎带的位置和延伸情况。

8.2.3　坝基岩体力学特性研究

通过坝址岩体力学试验和坝体中主要结构面的力学试验，得到模型断面以及材料和节理的特性表，见表 8－1、表 8－2。

表 8－1　模型岩体材料特性表

L 岩层	E (kg/cm²)	σ_c (kg/cm²)	σ_k (kg/cm²)	μ	γ (t/m³)
C_1	200000	140～150	12	—	2.7～2.8
C_2A	72000	75～80	6～7		2.5～2.7
C_2B	96000	85～95	7		
C_2C	143000	95～105	8～9		
C_3	72000	65～70	6～7		2.3～2.5
C_4	100000	65～95	9		2.4～2.7

表 8－2　模型节理材料特性表

节　理	K_i (kg/cm²)	φ (度)
J_1A	30～50	30
J_1B	40～50	30
J_1C	50～60	30
J_2A	60～70	35
J_2B	60～70	40
J_3A	60～70	35
J_3B	60～70	40
J_3C	40～50	30
J_4	50～70	35
所有节理的粘结力为 0		

8.2.4　地质力学模型试验

伊泰普的混凝土坝具有几个主要的特点：主坝高达 196 m，是当时世界上最高的空腹重力坝；在高 160 m 的重力坝中，开有 6.7 m×22 m 的大孔口的导流建筑物；坝下地基除存在软弱带外，两端的 110 m 高的空腹重力坝，每个坝块的下游部分都座落在倾斜的混凝土“支座”上，而此“支座”是紧靠着厂房开挖基坑的上游边坡浇制的，它的稳定问题极需引起高度的重视。所以，大坝设计中，除进行常规计算和有限元法计算外，还进行过物理模型实验（采用最高空腹重力坝块、导流建筑物和门槽的细部模型、带下游倾斜支座的坝块共三种模型），验证了结构在弹性阶段和到达破坏阶段的完整性与安全度。成果表明，除了证明结构在弹性阶段与计算值很一致外，还提供了一个从弹性阶段到破坏阶段的明确的破坏机理及相应的安全系数，其结果与工程需要相比是满意的。

但是，上述的模型未能把基岩包括进去，不能反映大坝沿坝基软弱面的抗滑安全程度，所以，又在意大利的贝加莫结构研究所（ISMES）进行了地质力学模型试验，以确定混凝土坝和基岩联合系统中的最软弱的部位，并查明其潜在的破坏机理。这个试验得出的安全系数值，既考虑了直到破坏为止的基岩性状，又考虑了三维的影响，从而可对用常规方法和有限单元法二维计算得出的成果进行评价，为设计的完善性提出了可靠的论证。

伊泰普工程的地质力学模型是目前世界上用过的一个最大的模型。它包括了全部混凝土坝块，以保证中央部分有合适的边界条件。基岩则按其强度性质而模拟到最低建基面以下 110 m 的深处。地基的上游部分按通过竖轴式发电机的圆柱面确定，此面相当于假定的上游坝基的破裂面。模型下游的范围延伸到相当于节理 J_1 的露头处。节理 J_1 是验算岩体抗滑稳定的最低的主要节理面。

模型在以下三个主要方面进行模拟：

①混凝土和岩层。

②岩体的不连续面（接触面、大节理和破碎带）。

③荷载（重量、推力和扬压力）的确定，施加的荷载从正常荷载到超过正常的荷载，直至破裂为止。

地质特征被简化到可以模拟的程度，而模型的几何形状与工程现实的几何形状也有些不同，只是其差别很小，而且也是偏向于对本工程有利的方面考虑的。主要的差别是：开挖剖面，位于河床中央的 16 个厂房坝块在模型中只用 14 个；右安装间和中央安装间的实际开挖比模型中规定的小一些。地质特征主要简化到适合用几何比尺 $\lambda=130$ 的模拟范围。主要是以单一的模型层（相同的高度、变形特性和强度特性）来代替一些非危险的岩层组；大节理则用无凝聚力的摩擦面来代替，使其偏于安全；与节理有联系或无联系的破碎带，均以破碎带顶部无凝聚力的摩擦节理来代替；节理的单位剪切刚度 K_i，由贝加莫结构研究所的一种特殊装置予以适当地考虑；破碎带的单位正常刚度则被转化为相当的变形模量 E。

岩体的参数是在 1977 年 6 月模型施工时最后确定的。由于野外调研进度和开挖进度不一样，参数的选用不一定反映了实际情况，但多是采用比较保守的假定，或采用补救的一些野外测试而加以验证，所以，这样可使设计和施工的最后情况都比地质力学模型上进行试验的情况更为安全。

为了模拟材料，使其重量、变形能力和强度组合得适宜，以保证使建筑物破坏是在岩基中而不是发生在混凝土中（因为混凝土建筑物不是地质力学模型试验研究的主要对象），模拟的岩层是用绝缘油与粉末的混合物加压制成的，并且根据位置，特别是高程的不同，分别采用了不同的制模方法，以保证各相应的部分都有符合规定的参数。

岩体中节理的单位剪切刚度 K_i 和摩擦角 φ，每一个都在全部范围内通过聚乙烯薄膜（其合成的 K_i 和 φ 的特性都先经过测试）的适当组合进行了模拟。对于节理的更重要的部位，除 K_i 和 φ 的合理组合外，还施加了可能的扬压力作用，它是用充填适宜的单位材料的气密式橡皮囊而实现的，据文献称，这也是伊泰普工程首先使用的。

坝底下三角形或梯形的传统的扬压力图形，在应用橡皮囊考虑扬压力的作用时，已被转换成等效的矩形。模型中四个节理的每一个都装设有三个或两个扬压力囊。

在考虑扬压力的试验中，除了要预测基本的扬压力荷载（设计扬压力）外，还对较高的“超”扬压力的情况进行了试验研究。此外，对模型中很重要的一组试验还考虑了第三种情况的扬压力，即节理 J_1 中引入的所谓“降低摩擦力的扬压力”。它是 J_1 的摩擦角从原理采用的 30°（1977 年 6 月）降低到大约 25°的情况（1978 年 9 月），从现场剪切试验的成果看，这样考虑是合适的，最后还采用了第四种情况的扬压力，即在一次试验中用了所谓的“特殊扬压力”，它是进一步加大了节理 J_1 上的扬压力而进行试验研究的。

在地质力学模型中，容易进行量测的重要效应是位移，所以，有大约 200 多个位移计适当地分布在 19 个重要断面上。

1978 年 7～9 月，在贝加莫结构研究所共进行了 24 次试验。试验的全部过程及其成果表明，即使在非常复杂的情况下，所得的结论都是可靠的，约 5000 个荷载—位移曲线图中，在各个不同的横断面及沿整个坝轴线都表明了内部的一致性；在广泛的和不同的一系列模型试验中，也同样表现出这种一致性。而且模型研究的成果，同弹性范围的计算位移相比，以及同常规的以及有限单元法的弹—塑性二维滑动的分析相比，也得出了相应的一致性。不过由模型得出的剪摩安全系数 K_C 比数学分析的结果要高一些。而实际工程设计和施工的最终情况又会比模型试验的情况产生更为安全的条件，这种情况认为是切实可行的。

8.3 川俣拱坝

8.3.1 工程概况

川俣拱坝坝址位于利根川水系鬼怒川上游栃木县盐谷群栗山村，在国立日光公园境内。鬼怒川总流域面积 1760 km²，系日本最大河流利根川的支流（利根川流域面积达 15840 km²）。

开发川俣工程的主要目的为防洪、灌溉、发电。工程建成后，通过水库调节，可将坝址地区洪水由 1350 m³/s 减至 550 m³/s，同时可以解决下游沿岸面积为 194 km² 农田的灌溉问题，并且川俣电站装机容量为 2.7×10^4 kW。

川俣拱坝采用不等厚变半径薄拱坝型式，坝高 117 m，最大厚度 15.5 m（厚高比仅 0.13），坝顶长 137 m，坝体混凝土量 15×10^4 m³。水库的其他指标如下：

坝址控制流域面积（km²） 179.4

水库总库容（10^4m³） 8.760

有效库容（$10^4 m^3$）　7.310
最高洪水位（m）　979
年平均流量（m^3/s）　9.53
防洪库容（$10^4 m^3$）　2450
水库面积（km^2）　2.59
正常蓄水位（m）　976
死水位（m）　930

本工程于 1957 年 4 月开工，1965 年 5 月竣工。由建设省负责设计，工程建设单位为建设省及关东地方建设局，施工单位为鹿岛建设株式会社。

日本在 20 世纪 50 年代末至 60 年代初修建了一系列拱坝，川俣坝是在取得丰富建坝经验以后修建的工程。由于当时川俣坝的坝高仅次于黑部第四，坝址地质条件特别复杂，开工不久又遇到法国马尔帕赛拱坝因左坝肩破坏造成失事，因此，川俣坝的设计和施工单位对该坝的坝肩稳定和基础处理工作非常重视。经过大量科学试验和分析研究工作，川俣坝首先采用了较为扁平的拱坝，并在破碎基岩内修建了预应力锚固的传力墙，同时采用先进的施工开挖方法，这在世界筑坝史上也是少见的。川俣工程坝基基础处理费用达 15 亿日元，是坝体本身工程费用 10 亿日元的 1.5 倍。

8.3.2　工程地质条件

川俣坝早在 1939 年至 1940 年就已进行过规划阶段的地质勘测工作。1957 年决定工程施工后，又进行了选坝阶段和技施阶段的复勘工作，历年完成的实际工作量有勘探平硐 1100 m，直井 1 个，深 25 m，钻孔 32 个，共计 960 m，基岩弹模试验点 24 处。

坝址地形为狭窄的 U 型河谷，河谷高度比仅 1∶1，地形上极宜修建薄拱坝。坝址基岩为石英粗面质熔结凝灰岩，岩性致密、坚硬，具有高度抗侵蚀能力，但断层、层状裂隙及节理相当发育。其中有些遭受过热液蚀变，左岸 N10°～30°W 方向的裂隙组尤为明显，形成了许多张开裂隙。

根据地质编录，坝址断层共 60 条，其中与工程关系密切的主要断层为 F_{30}，F_1，F_8。断层 F_{30} 在左坝肩上游侧岩体中出露，是坝址最大断层，走向 N60°W；由于该断层以 75°～80°倾角倾向右岸下游侧，因此，在大坝建基高程以上约 50 m 范围内（高程 863 m～910 m），断层恰处于左拱端范围，并顺 N80°W 走向斜向穿越水库，向右岸上游侧延伸。在左拱端下游侧还存在另一条规模较大的 F_1 断层，走向 N15°W，向西（向河）倾斜，倾角 75°，与 F_{30} 断层交切，使拱端岩体形成一个由 F_{30}，F_1 及山坡面三者相互切割组成的楔形单薄山体。如图 8－6 所示。

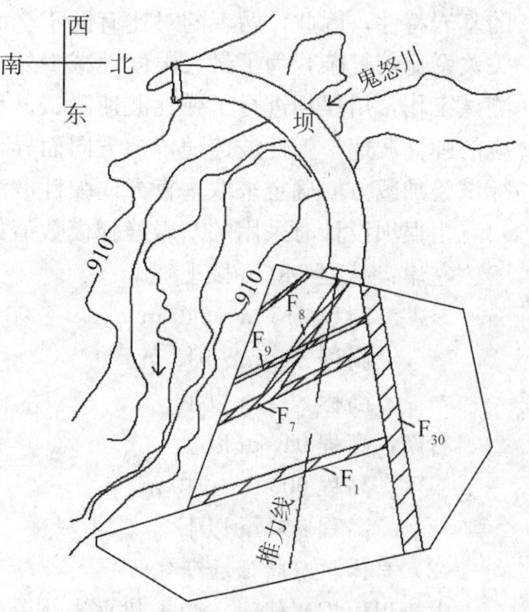

图 8－6　910 m 高程左岸平面图

在楔形岩体内，由于成组发育的 NW 向层状张开裂隙群（如 F_7，F_9 等）以及 N65°W75°W 产状的 F_8 断层切割，导致楔形岩体不仅单薄，而且破碎，难以支承拱端推力。另外，由于左拱端外侧山体相当单薄，拱端推力方向又在一定距离内与山坡地形接近平行，从坝肩稳定性条件看，容易产生沿 F_8 断层或 NW 向断层发生滑动。

左坝肩下游 890 m 高程以下的山坡，受到倾角 80°W 层状裂隙群及倾角 50°W 节理群切割，存在山坡崩塌的危险，需要进行加固保护。

右岸坝肩地质条件相对较好，虽然坝肩附近也存在产状为 N20°～40°W，80°～90°W 的裂隙带，但这些断裂结构规模较小，产状也比较有利。主要存在的问题是高程 900 m 以上部位的拱座下游山体比较单薄，与拱端推力方向交角为 10°～15°的断裂较为发育；同时高程 900 m 以上岩体也较风化，波速测试值仅为 2000 m/s～2200 m/s。

坝址河床部分有 F_{30} 断层在坝后斜穿伸入水库，因此，除了需要研究断层本身的承载能力，防止过度变形外，尚需考虑库水沿断层渗漏的防渗加固措施。

8.3.3 坝基岩体力学性质研究

日本在 1957 年开工兴建川俣拱坝时期，虽有上椎叶、鸣子等若干座已建高拱坝经验，但当时对基岩特性以及岩体力学领域的认识尚很肤浅。川俣坝在兴建时，尚未建立岩级分类标准，工作不够细致，现将岩体力学的研究工作叙述如下。

（1） 岩体变形模量的试验研究

川俣坝址在地质查勘阶段，曾在平洞中有代表性的基岩及断层上进行平板荷载试验。试验方法是借助两个 160 t 油压千斤顶加载，并通过直径 80 cm 的柔性板作为加载板进行测定。由于承压板法的测试成果只代表局部狭隘范围内的基岩状况，而弹性波波速能反映较宽范围的基岩特性，因此，两者的对比有助于全面进行基岩评价。弹性波波速与基岩静弹模间的相关关系比较复杂，为了最大限度地减少外在干扰因素，应尽可能在同一地点对同一岩种进行测试工作，川俣坝进行了弹性波速测试。承压板变形试验得到的基岩静弹模及其附近区域相应的弹性波速，弹性波速随传播方向而异，川俣坝址近垂直方向的节理裂隙发育，根据承压板试验加载方向确定采取垂直方向弹性波波速作为与基岩静弹模对比的基础。

川俣坝设计时采用的基岩静弹模数值如下：

左岸：高程 940 m 以上　$E_s=67000\ \mathrm{kg/cm^2}$

高程 915 m～940 m　$E_s=60000\ \mathrm{kg/cm^2}$

高程 895 m～915 m　$E_s=55000\ \mathrm{kg/cm^2}$

高程 895 m 以下　$E_s=60000\ \mathrm{kg/cm^2}$

右岸：高程 940 m 以上　$E_s=62000\ \mathrm{kg/cm^2}$

高程 900 m～940 m　$E_s=80000\ \mathrm{kg/cm^2}$

高程 900 m 以下　$E_s=83600\ \mathrm{kg/cm^2}$

（2） 岩体抗剪断试验研究

由于川俣坝兴建时，尚未建立岩体分级标准，在坝基开挖后对照菊地、斋藤氏的岩石风化等级分类标准进行岩体分组和设计。

在川俣坝址的左岸断层及基岩进行了现场剪切试验，最后采用的抗剪断强度设计值如下：

断层破碎带：$\tan\varphi=0.7$　$C=5\sim8\ \mathrm{kg/cm^2}$

岩体：　　$\tan\varphi=1.0$　　　　$C=30\ \mathrm{kg/cm^2}$

8.3.4　坝肩岩体稳定分析及采用的安全系数

川俣坝由于地质情况复杂，由断层、层状裂隙和节理将岩体切割成可能滑动的楔形岩体，因此，对坝肩稳定进行了较深入的研究。计算时采用了三维分析方法，即采用所谓的岩柱法，并求出抗滑稳定安全系数，同时还进行了二维模型试验。计算情况及模型试验方法分别叙述如下。

(1) 稳定分析方法

川俣坝的稳定分析采用刚体法中的岩柱法，这种方法是将由断层或软弱带切割形成的滑动体视作岩柱，根据拱端推力、边界面反力等综合荷载作用下，岩柱与周围介质的变位相容条件确定边界面反力，并最终按下式求得抗滑稳定安全系数：

$$K=\frac{C_R\cdot A_R+\tau_F\cdot A_F+f\cdot W}{H}$$

式中，τ 为岩柱侧、底面及断层带的抗剪强度；f 为摩擦系数；C 为粘着力；A 为各相应滑动面的面积；W 为岩柱自重；H 为平行于滑动面的下滑力；K 为安全系数；脚标 R 为岩柱的底面；脚标 F 为断层面。

川俣坝在进行稳定分析时，应注意以下几个问题：

① 川俣坝的 F_{30} 断层，可使拱座传到基岩上的力不能扩散，以致拱端附近岩体内的应力和变形增加；同时，F_{30} 断层可能处于帷幕的上游，会形成一个与推力方向大致垂直的静水压力，因而增加了坝肩推力，并使总的推力方向向岸坡偏转；另外，F_{30} 断层与下游其他不利断层或裂隙组合，可能成为危险的滑动面。

②川俣坝址的 F_8 断层严重地恶化拱坝附近的应力变形状态，造成局部应力升高；它也影响拱推力向山体内部传递；同时，它与下游不利的断层或裂隙组合成为可能的滑动面。

③川俣坝的 F_{30} 断层与河流方向大致垂直，且倾向下游，除需研究防渗问题外，还应视其倾斜度和宽度，同时研究它的变形对坝体应力的影响。

计算结果是：安全系数大致与拱端距离成正比，在较低高程拱座附近的抗滑稳定系数较小，不能满足安全系数 $K>4$ 的设计要求，故需进行加固，加固具体要求 $\tau_F=0$（即断层抗剪强度等于零）的情况下 $K>4$。

(2) 二维物理模型试验研究

川俣坝除进行稳定分析外，还进行了二维模型试验。为了减少左岸拱座附近断层带所承担的拱推力，设计了能传递拱推力至坚硬岩体的混凝土传力墩，传力墩的形状和规模由二维模型试验来确定。

模型是根据实际地质情况来模拟的，比尺为1∶100。二维模型厚度为10 cm。模型使用的材料为石膏和硅藻土的混合物，其弹模值与实物弹模值相同，见表8−3。

表 8－3　模型材料力学参数及配比表

	断层	断层厚度（m）	模型模拟的弹模值（kg/cm²）	硅藻土/石膏（%）	水/石膏＋硅藻土
模型	F_{30}	5.0	3.0	130	1/0.55
	F_1	3.0	15.0	40	1/0.82
	F_7	2.0	20.0	50	1/0.90
	F_8	3.0	20.0	50	1/0.90
	F_9	0.5	15.0	40	1/0.82
	F_{11}	0.5	15.0	40	1/0.82
	良好岩体		70.0	仅用石膏	1/1.53

使用的石膏材料，在弹性限度范围内用来测定应力是很优良的。但做破坏试验时，其破坏机制与实际破坏机制不同，严格地讲，其破坏的相似规律不一致。但强度和弹模之间有一定的相关性，破坏时的相似率认为大体上能够满足要求。另外，模型在制作时，根据不同的弹模分别制成不同的模块，然后用粘结剂粘合成所需要的形状。

试验时，先对岩体未加处理措施的模型进行加载，模型在荷载达到设计荷载的 1.2 倍时破坏，然后在模型中加设拱端传力墩，墩宽采用 2 m，3 m，5.5 m 三种型式，宽度在 3 m 以上时，在传力墩端部岩体压破坏显著，而在宽度为 2 m 时，当荷载为设计荷载的 1.45～1.70 倍时，传力墩自身及其端部岩体受剪切破坏。为了防止传力墩端部岩体压破坏，将传力墩的端部做成直径 5 m 的圆拱形，以避免应力集中。用传力墩宽度为 3.5 m 进行试验时，其破坏荷载为设计荷载的 3.4～4.0 倍，其最终破坏形态如图 8－7 所示，由此确定了加固方案。

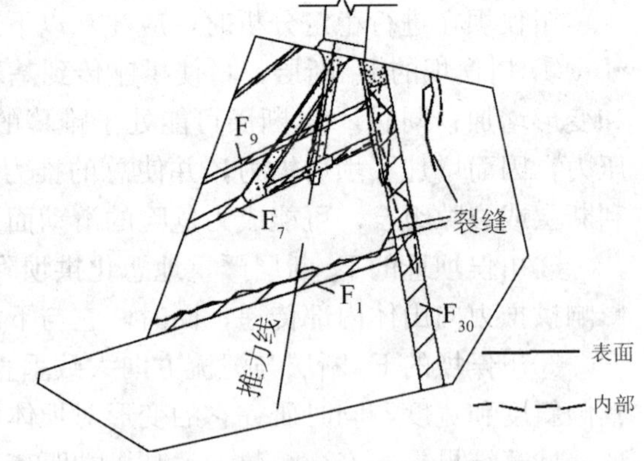

图 8－7　模型中加入 3.5 m 宽传力墩的破坏形态

8.3.5　基础处理

川俣坝修建时适逢马尔帕塞拱坝失事，因此，对坝肩稳定问题极为重视。首先从坝型上予以改进，改为扁平型拱坝，使拱端推力向山体深部转动了 5°～8°，以增加山体的稳定性。

川俣拱坝基础处理的重点为左岸坝肩部分，左岸拱端因 F_{30} 及 F_1 断层的切割形成楔形岩体，岩体被 NW 方向层状张开裂隙以及 F_8 断层切割，非常破碎，不仅影响拱端推力传递，而且存在 F_8 或 NW 向结构面滑动的危险。因此，考虑采用基础处理措施。

(1) 处理方案选定

共考虑以下三种处理方案：

①用混凝土置换断层和裂隙。

②以预应力钢筋将断层与裂隙组锚固，加强断层断裂面抗剪切能力。

③在左拱端基岩内设置传力墙，以传递拱端推力，减少施加于断层和裂隙的剪应力。

经研究分析，方案①因裂隙太多难以实现；方案②施工费用太高；方案③较为切实有效，但担心传力墙开挖使山体分裂并松动围岩，此外担心库水位变化及温度变化，使拱推力偏转，导致传力墙与围岩脱开，达不到加固目的。最后决定采用方案②与方案③结合的方案，方案③取其改进基岩力学性能的优点，方案②则起固结山体、加强阻滑的作用，弥补方案③的不足。

通过模型试验，确定传力墙在910 m高程，其厚度为3.5 m，传力墙长度自870 m高程处的55 m，向上至930 m高程减少为30 m。传力墙头部做成圆弧形。由于试验测得在垂直于拱端推力方向有一定数量的拉应力，为抵消这部分拉应力，同时为防止传力墙与周围基岩脱开，在左拱端下游侧山坡面高程877 m～945 m范围内设置预应力锚筋，施加15500 t预应力（相当于该部位拱端总推力的4%），用以抵消基岩中的拉应力。

(2) 传力墙与F_{30}混凝土施工

需要建造的混凝土传力墙，从高程856 m至高程935 m，高70 m，厚2.8 m～3.5 m，最深处深入基岩55 m。F_{30}混凝土塞厚度4 m～10 m。

传力墙在每一高程都是沿着拱推力线的，因此它是倾斜的，与主要裂隙组交角40°～50°。基岩裂隙近于垂直，而且非常发育，这样就给施工开挖带来困难。经研究，采用下述工序建造传力墙。

首先开挖用于进行预应力施工的大宽度平洞，立即浇筑混凝土衬砌以防止岩石塌落，并在这些平洞上开挖导洞，从这些导洞向上开挖并扩大，随之加以整理。然后从底板开始顺序浇筑混凝土。F_{30}混凝土塞按同样方法施工。

传力墙与混凝土塞的开挖，使用光面爆破，减少岩石松动，对断层进行全面开挖，并立即用混凝土回填。传力墙与混凝土塞的接缝部分设置键槽，施工缝进行灌浆。

通过传力墙与F_{30}断层的锚孔深达90 m，每孔用6根直径27 mm钢筋组成钢筋束。每根钢筋施加预应力40 t（每个钢筋束为240 t）。重复张拉数次，于1～2月后用加铝粉砂浆封堵，以防钢筋锈蚀。

(3) 河床部分F_{30}断层的处理

F_{30}断层走向与河床大致垂直，在大坝上游侧河床出露，通过河床部分都进行了处理，其主要要求是防渗。但是F_{30}向下游倾斜，通过几个坝段的地基，需挖除至一定深度，并以混凝土置换。处理工作量较大，一般坝段深度为12 m，中央悬臂梁下面的处理深度达55 m。

传力墙内埋设了观测仪器，但未取得成功资料。对于传力墙的作用，在日本仍有不同的意见，反对者认为传力墙将坝肩岩石分为两个大块体，破坏了拱端基岩的完整性。但川俣坝建成已20余年，运行依旧正常。

参考文献

[1] 陈兴华. 脆性材料结构模型试验［M］. 北京：水利电力出版社，1984.

[2] 沈泰. 地质力学模型试验技术的进展［J］. 长江科学院院报，2001，18（5）：32－35.

[3] 陈安敏，顾金才，沈俊，等. 地质力学模型试验技术应用研究［J］. 岩石力学与工程学报，2004，23（22）：3785－3789.

[4] 周维垣，杨若琼，刘耀儒，等. 高拱坝整体稳定地质力学模型试验研究［J］. 水力发电学报，2005，24（1）：53－58，64.

[5] 姜小兰，操建国，孙绍文. 构皮滩双曲拱坝整体稳定地质力学模型试验研究［J］. 长江科学院院报，2002，19（6）：21－24.

[6] 张林，费文平，李桂林，等. 高拱坝坝肩坝基整体稳定地质力学模型试验研究［J］. 岩石力学与工程学报，2005，24（19）：3465－3469.

[7] 张林，陈建康，张立勇，等. 溪洛渡高拱坝坝肩稳定三维地质力学模型试验研究［C］//中国岩石力学与工程学会编. 第八次全国岩石力学与工程学术大会论文集. 北京：科学出版社，2004：946－950.

[8] 李朝国，陆金池，张林，等. 综合法与超载法在沙牌 RCC 拱坝坝肩稳定分析中的应用［J］. 四川联合大学学报（工程科学版），1997，1（3）：64－70.

[9] 张林，刘小强，陈建叶，等. 复杂地质条件下拱坝坝肩稳定地质力学模型试验研究［J］. 四川大学学报（工程科学版），2004，36（6）：1－5.

[10] E·富马加利. 静力学模型与地力学模型［M］. 蒋彭年，译. 北京：水利电力出版社，1979.

[11] 张林，范景伟，何江达. 拱坝坝肩含断续节理岩体破坏机理研究［J］. 四川大学学报（工程科学版），2000，32（1）：7－11.

[12] 李朝国，胡成秋. 右江百色 RCC 重力坝坝基稳定三维地质力学模型试验研究［J］. 红水河，1997，16（2）：1－6.

[13] 李朝国，张林，胡成秋. 普定碾压混凝土拱坝破坏试验研究［J］. 水力发电，1996，（1）：55，63－65.

[14] 沈泰. 地质力学模型试验技术的进展［J］. 长江科学院院报，2001，18（5）：32－35.

[15] 李仲奎，徐千军，罗光福，等. 大型地下水电站厂房洞群三维地质力学模型试验［J］. 水利学报，2002，（5）：31－36.

[16] 李朝国，陆金池，张林，等. 综合法与超载法在沙牌 RCC 拱坝坝肩稳定分析中的应用

[J]. 四川联合大学学报（工程科学版），1997，1（3）：64－70.

[17] 张立勇，张林，李朝国，等. 沙牌RCC拱坝坝肩稳定三维地质模型试验研究［J］. 水电站设计，2003，19（4）：20－23.

[18] 于骁中等. 岩石和混凝土断裂力学［M］. 长沙：中南工业大学出版社，1991.

[19] Rossi P，et al. New method for detecting cracks in concrete using fiber optics［C］. Materials and Sturctures，Research and Testing (RILEM)，1989.

[20] 刘浩吾. 混凝土重力坝裂缝观测的光纤传感网络［J］. 水利学报，1999，（10）：61－64.

[21] 杨朝晖. 工程结构安全监测的光纤传感技术及神经网络方法研究［D］. 成都：四川联合大学，1996.

[22] 于骁中等. 岩石、混凝土断裂力学在国内的进展［J］. 水利学报，1984，(9)：1－10.

[23] 徐世良，赵国潘. 混凝土断裂力学研究［M］. 大连：大连理工大学出版社，1991.

[24] 中国金属学会. 断裂分析与断裂韧性测试研究［M］. 湖南：湖南科学技术出版社，1980.

[25] 中国航空研究院. 应力强度因子手册［M］. 北京：科学出版社，1982.

[26] 李朝国. 结构模型试验新方法及其安全度评价［J］. 四川水力发电，1995，(4)：88－89.

[27] 陈国，刘富德. 拱坝稳定模型研究方法的改革［J］. 水力发电，1990，(7)：46－49.

[28] 李朝国，张林. 拱坝坝肩稳定的三维地质力学模型试验研究［J］. 成都科技大学学报，1994，(3)：73－76.

[29] 张林. 高碾压混凝土拱坝结构特性试验研究［J］. 成都科技大学学报，1995，(6)：11－18.

[30] 张林. 高边坡稳定的三维地质力学模型试验研究［J］. 水电站设计，1994，(3)：39－44.

[31] 李朝国等. 综合法与超载法在沙牌RCC拱坝中的应用［J］. 四川联合大学学报（工程科学版），1997，(3)：64－71.

[32] 李朝国，马衍泉. 岩体中软弱夹层力学特性试验模拟新技术研究［J］. 模型结构，1991，5：20－27.

[33] 李朝国，马衍泉. 地质力学模型材料力学特性的试验研究［J］. 成都科技大学学报，1988，6：1－6.

[34] 陈祖坪. 拱坝线性破坏轨迹的随机分析［J］. 水利学报，2000，(2)：42－48.

[35] 俞茂金宏. 双剪理论及其应用［M］. 北京：科学出版社，1998.

[36] 曾昭扬. 高碾压混凝土拱坝诱导缝和横缝布置研究总结报告［R］. 北京：清华大学，1999.

[37] 曾昭扬. 高碾压混凝土拱坝诱导缝和横缝布置研究（之二）［R］. 北京：清华大学，1998.

[38] 陈刚. 碾压混凝土高拱坝结构可靠度分析与破坏试验研究［D］. 成都：四川大学，2001.

[39] 高碾压混凝土拱坝分缝及建坝材料特性研究专题研究报告［R］. 国家电力公司成都勘

测设计研究院，2000.
[40] 黄文熙. 温度应力当量荷载在拱坝模型试验中的应用［A］. 黄文熙论文选编 1：水工建设中的结构力学与岩石力学问题［C］. 1982：10－80.
[41] 沈崇刚. 国外碾压混凝土坝建设情况及发展趋势［J］. 水利学报，1988，1（2）：5－20.
[42] 李朝国，张林. 高碾压混凝土拱坝结构模型试验及破坏试验研究［R］."八五"国家科技攻关成果报告 1. 四川大学水电学院，1995.
[43] 张林等. 高碾压混凝土拱坝结构特性试验研究［J］. 成都科技大学学报，1995，（6）：11－18.
[44] 沈崇刚. 中国碾压混凝土坝的发展成就与前景（上）［J］. 贵州水力发电，2002，（2）：1－7.
[45] 朱伯芳. 碾压混凝土拱坝的温度应力与接缝设计［J］. 水力发电，1992，（9）：11－17.
[46] 刘光廷，谢树南，李鹏辉，张富德. 碾压混凝土拱坝设人工短缝的应力释放及止裂作用［J］. 水利学报，2002，（5）：9－14.
[47] 张小刚，宋玉普，吴智敏. 碾压混凝土穿透型诱导缝等效强度和断裂试验研究［J］. 水利学报，2004，（3）：98－102.
[48] 黄达海. 碾压混凝土拱坝的发展［J］. 水利水电科技进展，2000，（3）：21－21.
[49] 黄文熙. 水工建设中的结构力学与岩石力学问题［M］. 北京：水利电力出版社，1982.
[50] 钟永江. 高碾压混凝土拱坝结构分缝及材料特性研究［J］. 水力发电，2001，（8）：17－19.
[51] 丁遂栋，孙利民. 断裂力学［M］. 北京：机械工业出版社，1997.
[52] 刘光廷，谢树南，李鹏辉，等. 碾压混凝土拱坝设人工短缝的应力释放及止裂作用［J］. 水利学报，2002，（5）：9－14.
[53] 郑颖人. 岩土塑性力学基础［M］. 北京：中国建筑工业出版社，1989.
[54] 杨俊杰. 相似理论与结构模型试验［M］. 武汉：武汉理工大学出版社，2005.
[55] 张强勇，李术才，焦玉勇. 岩体数值分析方法与地质力学模型试验原理及工程应用［M］. 北京：中国水利水电出版社，2005.
[56] 华东水利学院. 模型试验量测技术［M］. 北京：水利电力出版社，1984.
[57] 左东启等. 模型试验的理论和方法［M］. 北京：水利电力出版社，1984.
[58] 南京水利科学研究院. 水工模型试验［M］. 北京：水利电力出版社，1985.
[59] 张学言，闫澍旺. 岩土塑性力学基础［M］. 天津：天津大学出版社，2004.
[60] 赵光恒. 中国水利百科全书，工程力学、岩土力学、工程结构及材料分册［M］. 北京：中国水利水电出版社，2004.
[61] 巴赞特. 岩土和混凝土力学［M］. 张庙康，等译. 重庆：重庆大学出版社，1991.
[62] 四川省水利局. 拱坝简捷计算［M］. 成都：四川人民出版社，1976.
[63] 周维垣，林鹏，杨若琼，杨强. 拱坝地质力学模型试验方法与应用［M］. 北京：中国水利水电出版社，科学出版社，2008.
[64] 吴持恭. 水力学［M］. 3 版. 北京：高等教育出版社，2003.

[65] 王鹏. 水工结构试验工 [M]. 郑州：黄河水利出版社，1996.
[66] 邱绪光. 实用相似理论 [M]. 北京：北京航空学院出版社，1988.
[67] 徐挺. 相似理论与模型试验 [M]. 北京：中国农业出版社，1982.
[68] 崔广心. 相似理论与模型试验 [M]. 徐州：中国矿业大学出版社，1990.
[69] 孙振东. 因次分析原理 [M]. 北京：人民铁道出版社，1979.
[70] 李德寅等. 结构模型试验 [M]. 北京：科学出版社，1996.
[71] 王汉鹏，李术才，张强勇，李勇，等. 新型地质力学模型试验相似材料的研制 [J]. 岩石力学与工程学报，2006，25 (9)：1842-1847.
[72] 杜应吉. 地质力学模型试验的研究现状与发展趋势 [J]. 西北水资源与水工程. 1996，7 (2)：64-67.
[73] 李晓红，卢义玉，康勇，饶邦华. 岩石力学模型试验 [M]. 北京：科学出版社，2007.
[74] 张林，杨宝全，丁泽霖，胡成秋. 复杂岩基上重力坝坝基稳定地质力学模型试验研究 [J]. 水力发电，2009，35 (5)：39-42.
[75] 杨宝全，张林，陈建叶，谢立诚. 天然地基与加固地基条件下重力坝坝基稳定分析 [J]. 四川水利发电，2009，28 (1)：79-81.
[76] 陈媛，张林，何江达，王东. 碾压混凝土断裂特性与诱导缝开裂条件研究 [J]. 四川大学学报（工程科学版），2005，37 (3)：15-19.
[77] 沈泰，邹竹荪. 地质力学模型材料研究和若干试验技术的探讨 [J]. 长江科学院院报，1988，4：12-22.
[78] 中华人民共和国国家标准编写组. GB/T 50266—99 工程岩体试验方法标准 [S]. 北京：中国计划出版社，1999.
[79] 中华人民共和国行业标准编写组. SL264—2001 水利水电工程岩石试验规程 [S]. 北京：中国水利水电出版社，2001.
[80] 中华人民共和国行业标准编写组. DL/T5368—2007 水电水利工程岩石试验规程 [S]. 北京：中国电力出版社，2007.
[81] 孔德坊. 工程岩土学 [M]. 北京：地质出版社，1992.
[82] 蔡美峰，何满朝，刘东燕. 岩石力学与工程 [M]. 北京：科学出版社，2002.
[83] 程久龙，于师建，王渭明，等. 岩体测试与探测 [M]. 北京：地震出版社，2000.
[84] 王锺琦，孙广忠，刘双光，等. 岩土工程测试技术 [M]. 北京：中国建筑工业出版社，1986.
[85] 徐志英. 岩石力学 [M]. 3 版. 北京：中国水利水电出版社，1993.
[86] Rossi P，et al. New method for detecting cracks in concrete using fiber optics，Materials and Structures，Research and Testing (RILEM)，1989.
[87] Holst A，et al. Fiber-optic intensity-madulated sensors for continuous observation of concrete and rock-fill dams，Proc. Ist European Conference on Smart Structure and Materials，1992.
[88] Hillerborg A. Numerical Methods to Simulate Softening and Fracture of Concrete，Fracture Mechaanics of Concrete：Structural Application and Numerical calculation，

edited by G C Sih and A Ditominaso，Martinus Nighoff Publishers，1985.

[89] Roelfstra F E，Wittmann F H. Numerical Method to Link Strain Softening with Failure of Concrete，Fracture Toughness and Fracture Energy of Concrete，edited by wittmann F H，Elsevier 1986.

[90] Rots J R，Renede Borts. Ananlysis of Concrete Fracture Speciments，Fracture Thoughness and Fracture Energy of Concrete，edited by wittmann F h，Elsevier 1986.

[91] Rashid Y R. Analysis of Prestressed Concrete Pressure Vessels，Nuclear Engineering and Design，7，NO. 4，334－344，1968.

[92] Chen Qiuhua，Ding Yutong. Study of structural joint design of shapai RCC Arch Dam，Int. symposium on Roller compacted Concrete Dam，April，21－25，1999，Chengdu，China.

[93] Hillerborg A. Analysis of one Single Crack，Fracture Mechaanics of Concrete edited by wittmann F H，Elsevie Scientific Publishing Company，1983.

[94] Mendez A，et al. Application of embedded optical fiber sensors in reinforced concrete buildings and structures，SPIE，1989，1170：60－69.

[95] Udd E. Overview of fiber optic applications to smart structures. Review of Progress in Quantitative Nondestructive Evaluation，Plenum Press，1988.

[96] Tardy A，Jurczyszyn M，Caussignac J M，Morel G and Briant G. High sensitivity transducer for optic pressure sensing to dynamic mechanical testing and vehicle detection on roads. Springer Preceedings in Physics，1989，44：215－221.

[97] Nanni A，Yang C C，Pan K，Wang J and Michael R. Fiber-optic sensors for concrete strain/stress measurement. ACI，Mat.，Jor.，1991，88 (3)：257－264.

[98] Escoder M，et al. Fiber optics and curing concrete. Photonics Spectra，1990，1：22.

[99] Ansari F，Chen Q. Fiber optic refractive index sensors for use in fresh concrete. Appl.，Opt.，1991，30 (28)：4056－4059.

[100] Ansari F. Real-time monitoring of concrete structures by embedded optical fibers. Proceedings of the ASCE，San Autonio. T.，April，1992，1：22.

[101] Wolffr，Miesseler H. Monitoring of concrete structures with optical fiber sensors. Proc. 1st European Conference on Smart Structure and Materials，Glasgow，1992：23－29.

[102] Teral S. Vehicle weighing in motion with fiber optic sensors Proc. 1st European Conference on Smart Structure and Materials，Glasgow，1992：139－142.

[103] Caussignac J M，Chabert A，Morel G，Rogez P，Seantier J. Bearing of a bridge fitted with load mearsuring devices based on an optical fiber technology. Proc. 1st European Conference on Smart Structure and Materials，Glasgow，1992：207－210.

[104] Huston D，Fuhr P L，Kajenski P，Ambrose T，Spillman W. Installation and preliminary resulted from fiber optic sensors embedded in a concrete building. Proc. 1st European Conference on Smart Structure and Materials，Glasgow，1992：409－411.

[105] Pope C. Wu S P，Chuang S L，Caler J，Murtha J. An integrated fiber optic strain

sensors. SPIE，1992，1779：113－121.

［106］Bock W J，Voot M R H，Bcaulien M，Chun J H. Design and performance of fiber-optic pressure cell based on polarimetric sensing，SPIE，1992，1795：28－35.

［107］Ambrose T P，Huston D，Fuhr P L. Lessons learned in embedding fober sensors into large civil structures. SPIE，1992，1978：194－199.

［108］Hendrick R O，Shadram M，Nazarian S，Picornell M. Measuring stress distribution in pavements using single-mode fiber. SPIE，1992，1798：200－252.

［109］Fuhr P L，Huston D，Spillman W B. Multiplexed fiber optic pressure and vibration sensors for hydroelectric dam monitoring. SPIE，1992，1798：247－252.

［110］Measures R M，Alavie T，Maaskant R，et al. Multiplexed Bragg laser sensors for smart structures，SPIE，1993a，2071：21－29.

［111］Measures R M，Alavie T，Maaskant R，et al. Bragg intra-grating sensing system for smart structures，SPIE，1994b，2191：436－445.

［112］Measures R M，Alavie T，Maaskant R，et al. Multiplexed Bragg grating structural sensing system for bridge monitoring，SPIE，1994c，2294：53－59.

［113］Measures R M，Alavie T，Maaskant R，et al. Multiplexed Bragg grating fiber optic sensing for bridge and other structures，Second European Conference on Smart Structure and Materials，Glasgow，Scotland，12－14，October，1994d，SPIE，1994d，162－167.

［114］Gusmeroli V，Martinelli M，Barberis A. Thermal expansion measurements of a concrete structure by embedded fiber-optic an effective example of simultaneous strail-temperature detection，Second European Conference on Smart Structure and Materials，Glasgow，Scotland ，12－14，October，1994d，SPIE，1994d，220－223.

［115］Wanser K H，Voss K F. Crack detection using multimode fiber optical time domain reflectometry，SPIE，1994a，2294：43－52.

［116］Voss K F，Wanser K H. Fiber sensors for monitoring structural strain and cracks，Second European Conference on Smart Structure and Materials，Glasgow，Scotland，12－14.

［117］Carlo Semenza，et al. VAIONT DAM，Slxleme Cougres des Grands Barrages，New York，1985.

［118］Charles Jaeger. Rock meehanics and engineering ［M］. Second edition，1989.

［119］水电部第三工程局. 国内外拱坝概况汇编. 1978.

［120］瓦依昂水库失事，前苏联《水电快报》，1972.

［121］水利水电科学研究院. 岩石力学译文集. 1964.

［122］广东省水利水电科学研究院. 水利水电工程岩石力学性质参考数据汇编. 1976.

［123］水利水电工程地质情报网. 工程地质. 1986.

［124］D M Caric. 伊泰普空心重力坝［J］. 周端庄译. 人民长江，1982，（5）：87－94.

［125］F paes de Barros 等. 利用物理模型评价伊泰普工程的安全度［C］//第十四次大坝会议论文集，卷Ⅰ，赵先平译，1982.

[126] F paes de Barros 等．利用地质力学模型评价伊泰普工程的安全度［C］//第十四次大坝会议论文集，卷Ⅱ，杨国维译，1982.
[127] J De Moraes 等．伊泰普坝基深部夹层和断层处理［C］//第十四次大坝会议论文集，卷Ⅱ，徐台赛译，1982.
[128] J D M Caric 等．影响伊泰普主坝设计的地质和岩土力学特性［C］//第十四次大坝会议论文集，卷Ⅱ，林雪译，1982.
[129] 陈宗梁．伊泰普水电站大坝基础深层处理［J］．水力发电，1983（1）：58－63.
[130] V M Souza Lima 等．伊泰普主坝的水平和垂直变位——现场实测与理论预测的研究［C］//第十五次大坝会议论文集，卷Ⅰ，1985.
[131] D M Caric 等．伊泰普空腹重力坝实测性状与数学和物理模型所得数值的比较［C］//第十五次大坝会议论文集，卷Ⅰ，1985.
[132] L A Seifarts 等．伊泰普各建筑物性态的评价［C］//第十五次大坝会议论文集，卷Ⅰ，1985.
[133] F paes de Barros 等．伊泰普大坝地基的一般特性［C］//第十五次大坝会议论文集，卷Ⅰ，1985.
[134] R Vianna de Andrade 等．伊泰普大坝基础的灌浆处理［C］//第十五次大坝会议论文集，卷Ⅲ，贺桥译，1985.
[135] 张芝祺，于骁中．拱坝坝肩稳定及处理考察报告［C］//水电建设参考资料．1984.
[136] 川俣拱坝有光坝肩稳定的基础处理资料.
[137] 水利电力部成都勘测设计院．高混凝土坝坝基岩体工程综述及附件．1988.
[138] 何显松，马洪琪，张林，陈建叶．地质力学模型试验方法与变温相似模型材料研究［J］．岩石力学与工程学报，2009，28（5）：980－986.
[139] 董建华，谢和平，张林，朱鸿鹄，殷建华，胡成秋，陈建叶．光纤光栅传感器在重力坝结构模型试验中的应用［J］．四川大学学报（工程科学版），2009，41（1）：41－46.
[140] 陈媛，张林，陈建叶，董建华，胡成秋．基于相似理论的重力坝扬压力等效模拟方法研究［J］．四川大学学报（工程科学版），2008，40（3）：53－58.
[141] 董建华，谢和平，张林，陈建叶，胡成秋．大岗山双曲拱坝整体稳定三维地质力学模型试验研究［J］．岩石力学与工程学报，2007，26（10）：2027－2033.
[142] 陈媛，张林，何显松，陈建叶，沈传福．基于断裂力学理论的诱导缝开裂相似试验模拟［J］．四川大学学报（工程科学版），2007，39（1）：28－32.
[143] 陈建叶，张林，陈媛，董建华，胡成秋．武都碾压混凝土重力坝深层抗滑稳定破坏试验研究［J］．岩石力学与工程学报，2007，26（10）：2097－2103.
[144] 何显松，马洪琪，张林，李朝国．地质力学模型试验中变温相似材料的温度特性研究［J］．四川大学学报（工程科学版），2006，38（1）：34－37.
[145] 陈媛，张林，周坤，胡成秋．高碾压混凝土拱坝分缝形式及破坏机理研究［J］．水利学报，2005，36（5）：519－524.
[146] 李桂林，张林，何江达，康增云．物理模型与数学模型对比分析沙牌拱坝的结构特性［J］．水力发电，2005，31（2）：31－34.
[147] 陈建叶，胡成秋，张林．碾压混凝土拱坝破坏试验中诱导缝相似模拟研究［J］．四川

大学学报（工程科学版），2003，35（6）：39-41.

[148] 何显松，陈静，张林，陈建叶．变温相似材料在地质力学模型试验中附加温度场的影响程度评价［J］．四川大学学报（工程科学版），2003，35（3）：38-41.

[149] 何显松，张永，张林，胡成秋．重力坝坝基稳定三验研究［J］．四川大学学报（工程科学版），2002，34（2）：16-20.